21世纪高等教育计算机规划教材

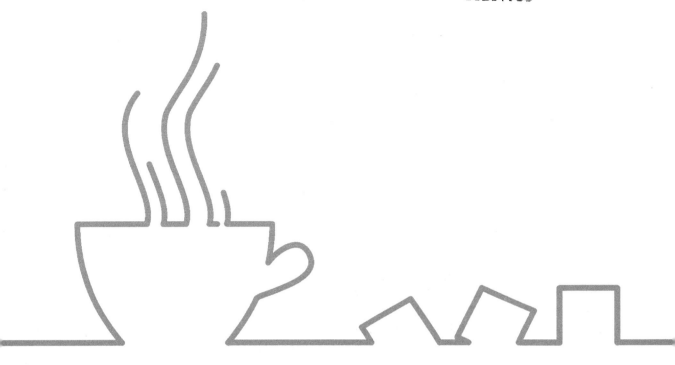

Java程序设计
微课版

普运伟 / **主编**

田春瑾 王樱子 / **副主编**

胡钰 柳翠寅 刘领兵 付湘琼 / **参编**

人民邮电出版社

北 京

图书在版编目（CIP）数据

Java程序设计：微课版 / 普运伟主编. -- 北京：人民邮电出版社，2019.2
21世纪高等教育计算机规划教材
ISBN 978-7-115-50419-7

Ⅰ. ①J… Ⅱ. ①普… Ⅲ. ①JAVA语言－程序设计－高等学校－教材 Ⅳ. ①TP312.8

中国版本图书馆CIP数据核字(2018)第282929号

内 容 提 要

本书详细介绍Java的基本语法、编程思想和主要应用方向。全书共分为11章，第1～4章主要介绍Java语言的基本知识和语法，内容包括Java语言概述、Java语法基础、程序流程控制和数组。第5～8章主要介绍Java面向对象编程的基本思想和方法，内容包括Java面向对象编程、Java实用类库、异常与断言、Java文件操作。第9～11章主要介绍Java应用编程，内容包括Swing程序设计、Applet程序设计、多线程程序设计。本书将理论与实践相结合，核心知识点均结合具体的程序范例进行介绍，每个程序范例均配有微视频进行讲解和提示。

本书既可作为普通高等院校Java程序设计课程的教材，又可供Java初学者和程序开发人员参考使用。

◆ 主　　编　普运伟
　　副 主 编　田春瑾　王樱子
　　责任编辑　刘海溧
　　责任印制　焦志炜

◆ 人民邮电出版社出版发行　北京市丰台区成寿寺路11号
　　邮编　100164　　电子邮件　315@ptpress.com.cn
　　网址　http://www.ptpress.com.cn
　　北京捷迅佳彩印刷有限公司印刷

◆ 开本：787×1092　1/16
　　印张：17　　　　　　　　2019年2月第1版
　　字数：425千字　　　　　2025年1月北京第10次印刷

定价：44.80元

读者服务热线：(010)81055256　印装质量热线：(010)81055316
反盗版热线：(010)81055315
广告经营许可证：京东市监广登字20170147号

前言
PREFACE

Java 是目前十分流行的程序设计语言，具有简单、健壮、跨平台和面向对象等优点。越来越多的高等院校将 Java 作为程序设计教学的首选编程语言。

本书以普通高等院校学生和 Java 初学者为对象，旨在编写一本真正适合高等院校学生和 Java 初学者学习 Java 程序设计的入门教程。全书采用"问题导引式"教学模式组织教学内容，力求通过问题导引、核心要点讲解、专题应用、效果检测等环节使读者迅速掌握 Java 编程的基本思想和方法，提高读者应用 Java 技术解决实际问题的能力。本书既注重对读者程序设计思维能力的培养，又强调理论与实践的结合。对于每一个核心知识点，本书都结合具体的程序范例进行介绍，每个程序范例均给出了问题分析、程序代码、运行结果和程序说明，并配有精心设计的微视频进一步讲解和提示。同时，每章专门设置"专题应用"，力求拓展各章内容并使读者迅速提高程序设计能力。此外，本书内容注重由浅入深、循序渐进，编写力求简洁明了、通俗易懂，以助读者理解和掌握 Java 面向对象编程的基本思想以及 Java 技术的主要应用方向和编程方法。

每章后面配有自测与思考，以便读者及时检测学习效果。配套出版的由田春瑾主编的《Java 程序设计习题与实践（微课版）》可供学习者巩固知识和上机实践使用。

本书由普运伟担任主编并编写第 1 章和第 5 章，田春瑾担任副主编并编写第 3 章和第 9 章，王樱子担任副主编并编写第 4 章和第 8 章，胡钰编写第 2 章，柳翠寅编写第 6 章，刘领兵编写第 7 章，付湘琼编写第 10 章和第 11 章。全书由普运伟负责统稿和定稿工作。

本书得到昆明理工大学特色精品系列教材建设项目立项支持。本书在编写过程中,得到了昆明理工大学教务处、编者所在部门广大教师的关心和大力支持,在此对他们表示衷心的感谢!

编者

2018 年 11 月

目　录
CONTENTS

第1章　Java 语言概述　1

1.1　初识 Java 技术　2
- 1.1.1　Java 发展历程　2
- 1.1.2　Java 技术平台　3
- 1.1.3　Java 语言的特点　3

1.2　理解 JVM、JRE 和 JDK　4
- 1.2.1　Java 程序的运行机制　4
- 1.2.2　JRE　5
- 1.2.3　Java 开发环境　5

1.3　准备 Java 开发环境　6
- 1.3.1　JDK 的下载、安装和配置　6
- 1.3.2　常见的 Java 开发工具　6

1.4　编写第一个 Java 程序　7
- 1.4.1　Java 程序的编辑　8
- 1.4.2　Java 程序的编译　9
- 1.4.3　Java 程序的运行　9

1.5　Java 程序的结构和语法规范　10
- 1.5.1　进一步认识 Java 程序　10
- 1.5.2　标识符和关键字　12
- 1.5.3　程序注释　13
- 1.5.4　对 Java 程序的再次说明　14

1.6　专题应用：为 Java 程序输入数据　14

自测与思考　18

第2章　Java 语法基础　21

2.1　基本数据类型　22

2.2　变量与常量　23
- 2.2.1　变量　23
- 2.2.2　常量　24

2.3　基本数据类型变量的赋值　25
- 2.3.1　整型变量的赋值　25
- 2.3.2　浮点型变量的赋值　27
- 2.3.3　字符型变量的赋值　27
- 2.3.4　字符串变量的赋值　29
- 2.3.5　布尔型变量的赋值　29
- 2.3.6　基本数据类型变量的默认值　30

2.4　表达式与运算符　30
- 2.4.1　表达式　30
- 2.4.2　运算符　31
- 2.4.3　运算符的优先级　35

2.5　扩展表达式和类型转换　36
- 2.5.1　扩展表达式　36
- 2.5.2　表达式的数据类型转换　36

2.6　专题应用：数据的随机产生与高效计算　38

自测与思考　42

第3章　程序流程控制　45

3.1　典型程序结构　46
3.2　选择结构　47
- 3.2.1　if 语句　47
- 3.2.2　switch 语句　50

3.3　循环结构　53

3.3.1	for 语句	53
3.3.2	while 语句	55
3.3.3	do-while 语句	57
3.3.4	嵌套循环	58

3.4 控制跳转语句 60
    3.4.1 标号语句 60
    3.4.2 continue 语句 60
    3.4.3 break 语句 61
3.5 专题应用：典型流程控制算法 62
自测与思考 65

第 4 章 数组 69

4.1 数组的引入 70
    4.1.1 引入数组的必要性 70
    4.1.2 数组的概念 70
4.2 一维数组 71
    4.2.1 一维数组的定义 71
    4.2.2 一维数组的长度 74
    4.2.3 创建一维数组的方法 74
    4.2.4 一维数组应用举例 75
4.3 二维数组 77
    4.3.1 声明二维数组变量 78
    4.3.2 创建二维数组 78
    4.3.3 二维数组的赋值与使用 79
    4.3.4 二维数组的长度 79
    4.3.5 非矩阵型二维数组 80
    4.3.6 二维数组应用举例 82
4.4 多维数组 84
4.5 专题应用：数组元素的排序 84
自测与思考 87

第 5 章 Java 面向对象编程 90

5.1 面向对象程序设计概述 91
    5.1.1 程序设计方法的发展 91
    5.1.2 面向对象程序设计的特点 91
5.2 类和对象 92
    5.2.1 定义类 93
    5.2.2 成员变量 94
    5.2.3 成员方法 95
    5.2.4 创建、使用和销毁对象 96
    5.2.5 方法中的参数传递 99
    5.2.6 成员变量、局部变量和方法参数的区别 101
5.3 构造方法 101
    5.3.1 构造方法的定义 102
    5.3.2 对象的生成过程 104
    5.3.3 this 关键字 105
5.4 类的继承 107
    5.4.1 继承的概念 107
    5.4.2 Java 继承的实现 108
    5.4.3 访问权限修饰符 110
    5.4.4 构造方法与继承 111
    5.4.5 super 关键字 113
    5.4.6 Object 类 113
5.5 类的多态 114
    5.5.1 多态的概念 114
    5.5.2 方法重载 114
    5.5.3 方法覆盖 115
    5.5.4 向上转型和动态绑定 117
5.6 final 关键字 119
    5.6.1 终极变量 119
    5.6.2 终极方法 121
    5.6.3 终极类 121
5.7 static 关键字 122
    5.7.1 静态变量 122
    5.7.2 静态方法 124
5.8 抽象类 124
    5.8.1 抽象方法 125
    5.8.2 抽象类的定义及应用 125

5.9 接口 127
   5.9.1 定义接口 127
   5.9.2 实现接口 128
5.10 内部类 130
   5.10.1 内部类的定义及访问 130
   5.10.2 匿名内部类 132
5.11 专题应用：多类设计 133
自测与思考 136

第 6 章 Java 实用类库 139

6.1 Java 包及核心 API 140
   6.1.1 包的概念和作用 140
   6.1.2 创建包 140
   6.1.3 引用包中的类 142
   6.1.4 常用的 Java 类库 143
6.2 String 类和 StringBuffer 类 144
   6.2.1 String 类 145
   6.2.2 StringBuffer 类 148
6.3 集合接口与集合类 150
   6.3.1 集合接口与相关实现类 150
   6.3.2 常见集合类的用法 153
   6.3.3 泛型集合 155
6.4 专题应用：开发一个应用项目的方法 157
自测与思考 160

第 7 章 异常与断言 162

7.1 异常 163
   7.1.1 Java 异常机制 163
   7.1.2 try-catch 语句 163
   7.1.3 异常类的继承 165
   7.1.4 Exception 异常 167
   7.1.5 try-catch-finally 和 try-with-resource 结构 167

7.2 断言 169
   7.2.1 断言的基本语法 169
   7.2.2 断言在单元测试中的应用 171
7.3 专题应用：账户存款管理 172
自测与思考 175

第 8 章 Java 文件操作 177

8.1 File 类 178
   8.1.1 创建文件对象 178
   8.1.2 常用文件操作 178
8.2 文本文件的输入和输出 181
   8.2.1 抽象字符流 181
   8.2.2 文件字符流 183
   8.2.3 缓冲字符流 184
8.3 字节文件的输入和输出 186
   8.3.1 抽象字节流 186
   8.3.2 文件字节流 188
8.4 数据流和对象流 189
   8.4.1 数据流 189
   8.4.2 对象流 191
8.5 专题应用：记录式文件的读写 192
自测与思考 195

第 9 章 Swing 程序设计 198

9.1 GUI 程序设计简介 199
9.2 Swing 容器 200
   9.2.1 JFrame 容器 201
   9.2.2 JPanel 容器 203
9.3 布局管理器 204
   9.3.1 FlowLayout 布局管理器 205

  9.3.2 BorderLayout 布局
     管理器   206
  9.3.3 GridLayout 布局
     管理器   207
  9.3.4 绝对定位 209
9.4 Java 事件处理 209
  9.4.1 事件模型 209
  9.4.2 事件类和事件监听器 211
  9.4.3 事件适配器 218
  9.4.4 事件监听器的实现方式 219
9.5 常用 Swing 组件 219
  9.5.1 标签 220
  9.5.2 按钮 221
  9.5.3 文本组件 222
  9.5.4 单选按钮和复选框 224
  9.5.5 列表框 225
  9.5.6 组合框 227
  9.5.7 对话框 228
  9.5.8 菜单 229
9.6 专题应用：GUI 的设计与
  实现 230
自测与思考 233

第 10 章　Applet 程序设计　236

10.1 Applet 简介 237
  10.1.1 编写并运行第一个 Applet
     程序 237
  10.1.2 Applet 程序的执行流程
     与生命周期 238
  10.1.3 Applet 类和
     JApplet 类 240
  10.1.4 Applet 程序的安全性 240

10.2 Applet 程序开发过程 240
  10.2.1 使用 NetBeans 创建
     Applet 程序 241
  10.2.2 将 Applet 程序嵌入
     网页中 242
10.3 利用 Applet 程序展示
  多媒体 242
  10.3.1 图形绘制 242
  10.3.2 图像处理 243
  10.3.3 声音输出 244
10.4 专题应用：图片轮换 245
自测与思考 247

第 11 章　多线程程序设计　249

11.1 线程的概念 250
  11.1.1 程序与进程 250
  11.1.2 进程与线程 250
  11.1.3 Java 的多线程机制 250
  11.1.4 线程状态和生命周期 251
  11.1.5 线程调度与优先级 252
11.2 多线程程序的编写 252
  11.2.1 继承 Thread 类 253
  11.2.2 实现 Runnable 接口 254
11.3 线程同步、死锁与合并 255
  11.3.1 线程同步 255
  11.3.2 线程死锁 257
  11.3.3 线程合并 257
11.4 专题应用：龟兔赛跑 258
自测与思考 260

参考文献　263

Chapter 1

第 1 章
Java 语言概述

Java 是目前非常流行的程序设计语言。本章首先介绍 Java 的发展历程、技术平台与语言特点,然后介绍 Java 程序的运行机制、运行环境、开发环境、开发过程以及程序结构和规范,最后专题介绍为 Java 程序输入数据的方法。

本章导学

- ❖ 了解 Java 的发展历程、技术平台和语言特点
- ❖ 理解 Java 程序的运行机制
- ❖ 掌握 Java 程序的编辑、编译和运行过程
- ❖ 掌握 Java 程序的基本结构和语法规范
- ❖ 熟悉常见的为 Java 程序输入数据的方法

1.1 初识 Java 技术

在智能手机、智能家电、网络服务等各种应用领域，无处不见 Java 技术的身影。Java 究竟是一种什么样的技术，为什么具有如此大的魅力？本节将通过 Java 的发展历程、简介 Java 技术平台以及分析 Java 语言的特点，为你揭示答案。

1.1.1 Java 发展历程

Java 语言的诞生既充满神奇色彩，又是顺应时代发展的产物。1990 年末，Sun 公司启动了 Green 项目，旨在将各种家用电子产品（如电视机、微波炉等）和消费性数字产品（如手机、PDA 等）连接起来以形成一个智能化的分布式服务系统。但当 Green 项目组成员在实现此类系统时，却发现当时主流的编程语言 C、C++均无法满足要求，因为他们面对的是型号各异的芯片。于是，Green 项目负责人 James Gosling（被尊称为 Java 之父）在 C++的基础上开发了一种全新的语言，并根据办公室窗外的橡树将这种语言命名为 Oak。但由于 Oak 这个名字已被注册，Green 项目组成员在边喝咖啡边讨论新名字的过程中，最终决定将这种全新的语言取名为 Java。实际上，Java 是印度尼西亚一个盛产咖啡的岛屿，中文名为爪哇。Green 项目组将这种全新的语言命名为 Java，寓意不仅在于 Java 语言给世人带来的是一种咖啡般的美好感觉，还在于使用 Java 进行编程就是一种如同喝咖啡般的美妙享受！

然而当时市场对消费电子智能化分布式服务系统的需求并不像 Sun 公司设想的那样乐观，Green 项目处于一种市场前景惨淡甚至面临夭折的尴尬境地。恰在这时，Internet 的兴起给 Java 带来了生机。James Gosling 意识到 Java 的结构中立特性正好适合开发运行于不同计算机平台上的各种网络软件。在网络浏览器 Mosaic 的启发下，Green 项目组采用 Java 语言开发了 HotJava 浏览器，并推出 Java Applet 技术，使互联网网页互动技术达到前所未有的高度，并据此确立了 Java 网络编程的地位。

1995 年 5 月 23 日，Sun 公司发布了 Java 语言和 HotJava 浏览器，并在 1996 年 1 月正式推出 Java 开发工具包（Java Development Kit，JDK）1.0 版本，这标志着一个新的网络计算时代的到来。在之后的 10 多年中，Java 语言随互联网的高速发展而不断演化，其功能越来越强大。尤其是 1998 年 12 月发布的 1.2 版本，将 Java 划分为 J2EE、J2SE 和 J2ME 3 个版本，以分别满足企业级、桌面级和移动设备应用开发的需要。2004 年 9 月，J2SE 1.5 正式发布，在该版本中，Sun 公司为 Java 增添了许多新的重要功能，为突出这些功能，Java 1.5 版本直接更名为 J2SE 5.0。从 Java SE 6.0 开始，Sun 公司取消了 Java 各种版本中的数字"2"。现在，Java 的 3 个技术分支被分别命名为 Java EE、Java SE 和 Java ME。

2010 年，Oracle 收购 Sun 公司，Java 随之开始了新的历程。2011 年 7 月 28 日，Oracle 公司发布 Java SE 7.0，并于 2014 年 3 月发布 Java SE 8.0，这说明 Java 的更新与改进始终没有停滞。尤其自 2017 年 9 月 21 日发布 Java SE 9.0 以来，Oracle 将 Java 版本的发布计划调整为每半年一次。有关 Java 各主要版本的发布时间如图 1-1 所示。

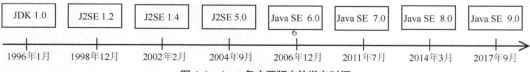

图 1-1 Java 各主要版本的发布时间

1.1.2 Java 技术平台

经过 20 多年的发展，Java 已从最初的网络互动展示技术扩展到各类应用。Java 已不再是一门单纯的程序设计语言，而是包含 Java 语言、各种应用编程接口（Application Program Interface，API）链接库、Java Server Page、Java Servlet、Java RMI、JavaBeans、JavaFX、Java Web Start 等众多技术的业界解决问题的平台。根据 Java 的主流应用方向，Java 包含以下 3 个主要的技术分支。

1. Java SE

Java SE 全称为 Java Standard Edition，即 Java 标准版。Java SE 包含 Java 语言核心和一些 Java 标准 API。Java SE 可用于开发图形用户界面（Graphical User Interface，GUI）、Java Applet、网络应用、数据库应用等传统桌面级应用程序。Java SE 是 Java 技术各类应用平台的基础和核心，也是本书重点讨论的对象。

2. Java EE

Java EE 全称为 Java Enterprise Edition，即 Java 企业版。Java EE 是在 Java SE 的基础上，通过引入 Java Server Page、Java Servlet、Java Mail、JavaBeans 等技术构建的一个多层次、分布式、以组件和 Web 为基础的企业级应用解决方案。

3. Java ME

Java ME 全称为 Java Micro Edition，即 Java 微型版。Java ME 主要用于开发智能手机、PDA 等消费性电子产品或嵌入式系统中广为使用的各类应用程序，如手机 App、Java 小游戏、记事程序以及其他各种控制程序。

1.1.3 Java 语言的特点

Java 语言是整个 Java 技术框架的基础，它具有简单、健壮、面向对象、跨平台、分布式、多线程、动态、API 类库丰富且功能强大等优良特性，这里仅就其中几个关键特性进行简要介绍。

1. 简单

Java 语言源于 C++，因此其语法规则和 C++类似。但 Java 语言对 C++进行了简化和提高，去除了指针和多重继承等复杂概念，转而通过对象引用和接口实现相似功能。同时，Java 通过提供自动垃圾回收机制实现对内存的自动管理，大大降低了程序员管理内存的负担。

2. 面向对象

面向对象是当今主流的程序设计方法。Java 是一种完全面向对象的程序设计语言，其支持面向对象的 3 大显著特征——封装、继承和多态。在 Java 程序中，所有信息和操作都被封装在类和对象中，类和类之间通过单重继承实现代码复用，并通过方法重载、覆盖、动态绑定等进一步提高代码复用的效率和灵活性。因此，使用 Java 语言可以开发各类非常复杂的应用系统。

3. 分布式

Java 是针对 Internet 的分布式环境而设计的。在 Java 中，内置了 TCP/IP、HTTP、FTP 等协议类库，用户可以很方便地通过 URL 访问网络上的对象，访问方式就像访问本地文件系统一样。同时，Java 还提供 Applet、Java Server Page 和 Servlet 等技术来丰富网页效果，实现动态页面，构建网络服务器功能。因此，Java 非常适合用于开发以网络为中心的各种分布式应用。

4. 跨平台

跨平台是 Java 语言的重要特性。Java 程序（*.java 文件）先经 Java 编译器被翻译成一种特殊的二进制文件，即字节码文件（*.class 文件），然后字节码文件由安装在各运行平台上的 Java 虚拟机（Java Virtual Machine，JVM）解释执行。对于不同的运行平台（如 Windows、Linux 等），所安装的 JVM 并不一样，但这些 JVM 都可以将同一个字节码文件正确翻译成本机上可执行的代码。可见，正是 Java 独特的 "虚拟机" 运行机制，使得字节码文件可以独立于具体的机器设备。同时，为了保证程序中使用的数据在各种硬件平台上保持一致性，Java 定义了独立于平台的基本数据类型和运算。Java 语言的跨平台特性保证了 Java 程序良好的可移植性，从而真正实现 "一次编写，到处运行（Write Once，Run Anywhere）" 的宏伟目标。

5. API 类库丰富且功能强大

无论是传统的桌面级应用，还是 Java EE 企业级应用及 Java ME 移动应用，Java 语言均提供了丰富且功能强大的各种 API 类库。有了这些 API 支撑，Java 开发就像 "搭积木" 式的编程，将已经提前准备好的各种组件进行合理组装，便可构建功能强大的各种应用程序。

1.2 理解 JVM、JRE 和 JDK

> Java 语言的跨平台特性主要得益于 JVM 运行机制。JVM 究竟是如何成就 Java 程序的平台无关性的？与 JVM 密切相关的 Java 运行环境（Java Runtime Environment，JRE）和 JDK 又是怎样的概念，它们在 Java 程序开发和运行中扮演什么样的角色？理清 JVM、JRE、JDK 的区别与联系，是 Java 程序设计开发必须解决的首要问题。

1.2.1 Java 程序的运行机制

Java 程序是与平台无关的程序，可以实现 "一次编译，到处运行"。这其中的奥秘正在于 JVM 的使用。图 1-2 给出了 Java 程序的执行过程。

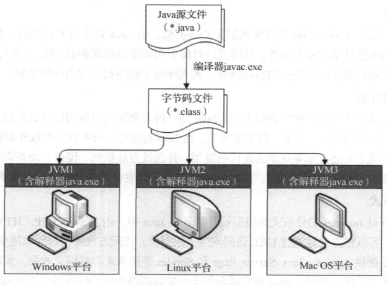

图 1-2　Java 程序的执行过程

从图 1-2 可见，Java 源程序的扩展名为".java"，经过编译器（javac.exe）被翻译成扩展名为".class"的字节码文件。字节码文件又称为类文件，它是一种独立于具体平台的、特殊的二进制文件。字节码文件并不直接面对具体的机器平台，而是面对 JVM，由 JVM 中的解释器（java.exe）负责解释转换成特定系统的机器代码并执行。这样，对于同一个字节码文件，便可实现在不同的平台上运行。要注意的是，每一种平台上的 JVM 和解释器都不相同，这些安装在本地机器上的 JVM，负责为字节码文件提供统一的虚拟运行平台，并和底层实际硬件进行沟通。JVM 如同一个"本地翻译"，可以将字节码文件的内容翻译为本地计算机能够理解的机器语言内容。

不难看出，JVM 是可运行 Java 字节码文件的"虚拟计算机"，它相当于给各种实际运行平台（Windows、Linux、Mac OS 等）包装上 Java 虚拟操作系统，Java 字节码文件便可直接运行在此虚拟平台上。因此，对于特定的计算机和各种消费电子产品，只要按照 JVM 规范实现了设备相应的 JVM，便可保证 Java 字节码文件在该设备上运行。

1.2.2 JRE

JRE 是执行 Java 程序必备的各种要素的集合。从 1.2.1 节的介绍可知，JVM 为 Java 程序的运行提供了一个虚拟的平台，Java 字节码文件正是在 JVM 的支持下才得以运行的。从这个意义上说，JVM 是 JRE 的基础和核心。除此之外，运行 Java 程序还需要别的东西吗？

其实，现代程序设计已经摆脱了"从零开始"的时代。可以设想，我们要设计一个类似 Microsoft Word 的应用程序，如果每一个按钮和菜单项都需要从头开始编写代码，那将是多么麻烦的事情！软件厂商通过提供各种已经设计好的程序组件和大量的 API 类库解决了这个问题，实现了程序代码的复用，提高了编程效率。就 Java SE 而言，Sun、Oracle 以及其他 Java 厂商已经为大家准备好了种类丰富、功能强大的 API 类库，如基本语言和工具库（java.lang 和 java.util）、输入和输出库（java.io）、窗口程序工具库（java.awt 和 javax.swing）等，直接调用这些类库中的组件，便可快速进行程序开发。在 JVM 将字节码文件转换为本地可执行代码的过程中，为了使其能够理解 Java 程序中使用的各种 API，JRE 还具备 Java SE API 类库。

此外，为了能够将设计好的各种 Java 程序方便、快速地安装和应用到客户端，JRE 还具备软件部署技术。JRE 的组成如图 1-3 所示。

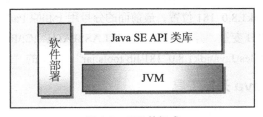

图 1-3 JRE 的组成

1.2.3 Java 开发环境

JRE 是运行 Java 程序的必备环境，而不是开发 Java 程序的环境。如果仅仅只运行 Java 程序，即只想使自己的机器能够理解并执行 Java 字节码文件，则只需安装 JRE 即可。Oracle 官方网站提供了单独的 JRE 下载。如果除了运行 Java 程序，还需要编写和测试 Java 程序，则需要 JDK 的支持。JDK 除了包括 JRE，还包括许多开发和测试 Java 程序的实用工具。例如，用于将 Java 源程序翻译成字节码文件的编译器 javac.exe，用于解释执行字节码文件的解释器 java.exe，用于测试 Java Applet 小程序运行效果的 appletviewer.exe，用于依据程序说明格式生成 HTML 帮助文档的 javadoc.exe，用于将程序进行打包发布的 jar.exe 等。

因此，学习 Java 程序设计的第一步便是下载和安装 JDK，并对 JDK 进行合适的配置，以使计算机满足编写、编译和运行 Java 程序的要求。

1.3 准备 Java 开发环境

厘清了 JVM、JRE 和 JDK 彼此之间的关系后，接下来便可以搭建 Java 开发环境，为开始编写 Java 程序做好准备。Java 程序的编写与测试要做好哪些准备工作呢？常用于开发 Java 程序的工具软件又有哪些？下面进行具体介绍。

1.3.1 JDK 的下载、安装和配置

Java 程序的编译和运行离不开 JDK 的支持，因此，准备 Java 开发环境的第一步便是下载、安装和配置 JDK。这个过程本身并不复杂，详细过程可参阅配套实践教材的第二部分——Java 开发环境及程序调试。在这里，仅简要解释一下为什么要对 JDK 进行配置，以助读者理解 Java 程序的编译和运行过程。

JDK 的配置主要包括系统环境变量 Path 和类变量 CLASSPATH 的配置。其中，Path 变量用于设置 Windows 系统的默认搜索路径，即告诉操作系统默认情况下到什么地方去寻找编译器 javac.exe 和解释器 java.exe 等。显然，如果系统在 Path 指定的路径信息中找不到 javac.exe 和 java.exe 等，编写好的 java 程序便不能被成功编译和运行。另外，CLASSPATH 变量用于设置 JVM 搜索字节码文件的默认搜索路径，即告诉 JVM 默认情况下到什么地方去寻找字节码文件。在实际的 Java 项目中，一个主程序在编译或运行时通常会调用其他的字节码文件，或使用 Java SE API 类库中的某些字节码文件。有了 CLASSPATH 变量，JVM 便会根据该变量的设置去查找所需要的字节码文件，从而保证程序的正常编译和执行。

通常，Path 和 CLASSPATH 变量应做如下配置。

（1）在原 Path 变量后添加 ";C:\Program Files\Java\jdk1.8.0_181\bin"（这里假设 JDK 被安装到 C:\Program Files\Java\jdk1.8.0_181 位置，最前面的分号用于和原 Path 路径列表进行分隔）。

（2）创建 CLASSPATH 变量，并设置其值为 "CLASSPATH=.;C:\Program Files\Java\jdk1.8.0_181\lib\dt.jar;C:\Program Files\Java\jdk1.8.0_181\lib\tools.jar"，这里的 "." 表示当前目录。

1.3.2 常见的 Java 开发工具

Java 源程序本质上是一种无格式的文本文件。在安装和配置好 JDK 后，便可使用 Windows 记事本之类的简易编辑器编写 Java 源程序，然后在命令行方式下使用 javac.exe 和 java.exe 分别对编写好的源程序进行编译和执行。但这样的程序开发方式效率极低、不易于查错，且要求用户对 DOS 操作系统的命令行方式有一定的了解。

为了提高 Java 程序的开发效率，简化程序设计和调试过程，人们开发了一些方便的工具软件和专门的集成开发环境（Integrated Development Environment，IDE），如 UltraEdit、NetBeans 和 Eclipse 等。

1. **UltraEdit**

从严格意义上讲，UltraEdit 并不能算是一个专门的 Java 开发工具软件。实际上，UltraEdit 是一个功能超强且灵活方便的文本编辑器，主要用于取代记事本程序，实现对各种文本文件（*.txt）、系统配置文件（*.conf）和十六进制文件的编辑与修改。但值得一提的是，UltraEdit 内置了对 C/C++、C#、Java、JSP、PHP、HTML 和 XML 等主流设计语言的支持，可以对这些语言的源代码文件进行很好的语法着色，以清晰地区分代码的各个组成部分。同时，通过对 UltraEdit 进行相应的配置，可直接在图形用户界面下编译和运行程序。正因为这些优点，许多人将 UltraEdit 作为常用的源代码编辑器。

本书编者也建议初学者开始学习 Java 编程时使用该工具软件（如学习本书第 1～4 章时），以利于理解和掌握 Java 程序的结构，熟悉 Java 程序关键词和常用 API 类库名称的准确写法。对于如何配置该软件，使之能够适于编辑、编译和运行 Java 程序，可参阅配套实践教材的第二部分。

2. **NetBeans**

NetBeans 最早源于 Sun 公司于 2000 年创建的开源代码计划，旨在向程序员提供一个一流的 Java 程序集成开发环境。利用 NetBeans，可以非常方便地进行 Java 程序的编辑、编译、调试和运行，还可实现清晰、直观的项目管理，以及灵活、高效的 Java 应用程序部署。

NetBeans 的主要特性包括语法着色、代码完成与提示、代码折叠、代码错误提示等，这些特性极大地提高了用户开发 Java 程序的效率。

NetBeans 支持多种语言和多种主流平台，且通过插件支持，还支持 C/C++、PHP、Ruby 和 Ajax 等程序的开发，这是开源软件共同的显著特征。目前，NetBeans 由开源组织 NetBeans 社区负责管理并提供技术交流，通过专门的社区网站可下载最新的 NetBeans 版本，并得到各种最新资讯。本书编者建议读者从第 5 章开始，尝试使用 NetBeans IDE 进行 Java 程序的开发。

3. **Eclipse**

Eclipse 是另外一个较为出色的开源代码集成开发环境，是在 IBM 公司早期开发工具 Visual Age for Java 的基础上发展起来的非常优秀的 Java 开发工具。就功能而言，Eclipse 和 NetBeans 差不多，同样具备语法着色、代码完成与提示等特性，并提供了方便、高效的项目管理等典型功能。

Eclipse 是一个成熟的可扩展的体系结构。它本身只是一个框架和一组服务，通过安装和集成各种各样的插件，可支持 Java Web 和 Java ME 等各种主流开发和应用，并可作为其他语言的开发工具。随着 Java 技术的广泛应用，许多著名的 IT 企业纷纷加入 Eclipse 架构的开发中，并发布了数量众多的支持各种应用的各式插件，使 Eclipse 的发展非常迅速。目前，Eclipse 由 Eclipse 基金会负责管理并提供技术服务，Eclipse 基金会的官方网站提供了最新的软件和插件下载及技术支持。

1.4 编写第一个 Java 程序

了解了 Java 程序的运行机制，并安装、配置好 Java 开发环境，接下来便可亲自体验开发 Java 程序的整个过程。

Java 程序的开发一般需经历编辑、编译和运行 3 个步骤。本节将通过一个简单的范例，说明设计 Java 程序的一般过程和方法。

1.4.1　Java 程序的编辑

Java 程序的编辑指利用 Java 开发工具创建 Java 源文件，并将其保存为扩展名为".java"的文件。

【程序 1-1】 第一个 Java 程序。

问题分析

首先，应按配套实践教材中的方法，安装 UltraEdit 并配置 UltraEdit 的菜单命令和工具栏。之后，在打开的编辑窗口中输入 Java 程序。需要注意的是，由于 Java 语言严格区分大小写，因此输入时要特别注意每个单词的大小写，且所有标点符号均为英文标点。程序输入完毕，可通过"文件→保存"命令或工具栏上的"保存"按钮将程序保存为 HelloJavaDemo.java 文件。这里，也要注意文件名中字母的大小写。编辑结束后，本例的结果如图 1-4 所示。

程序代码

```
01  //我的第一个 Java 程序，文件名为 HelloJavaDemo.java
02  public class HelloJavaDemo {
03      public static void main(String args[]) {
04          System.out.println("Hello,Java!");    //屏幕输出
05      }
06  }
```

程序 1-1 解析

运行结果

Hello,Java!

程序说明

（1）01，02，…，06 是为了说明程序而添加的行号，并非 Java 程序的组成部分，因此输入程序时不必输入。本书的所有范例程序均采用这种形式，以后不再说明。

（2）Java 程序总是从定义一个类开始的。在本例中，定义了名称为 HelloJavaDemo 的类，其内容从类名后的左花括号"{"开始，直到对应的右花括号"}"结束，即 02～06 行。Java 是一种纯粹的面向对象编程语言，"类（class）"和"对象（object）"是其核心概念，本书将在第 5 章进行详述。这里只需知道，定义类时采用 class 关键字，类还可以采用类似 public 的关键字进行描述，表示这个类是一个"公有"的类，可以在整个程序中进行访问。所谓关键字，指 Java 语言中固有的词汇，具有特别的含义，不能再作他用。同时，需要说明的是，当一个类被声明为 public 类时，对应的文件名必须和该类的名称一样。例如，在本例中，HelloJavaDemo 为公有类，则文件名只能为 HelloJavaDemo.java。显然，一个 Java 文件中最多只能有一个类被修饰为 public，否则文件将无法命名。

（3）一个可执行的 Java 程序，总包含且只能含有一个 main 方法。main 方法是程序运行的入口点，由 JVM 负责查找并运行。如果找不到该方法，程序将无法单独运行。"方法（method）"是 Java 语言中另一个重要的概念，用于描述一类对象在某方面的行为和功能。方法被定义在类中，含有 main 方法的类通常称为主类。定义方法时，也采用从左花括号"{"开始，直到对应的"}"结束，如本例的 03～05 行。作为程序起点的 main 方法，采用关键字 public、static 和 void 修饰，表明该方法是公有的、静态的和没有返回值的。也即，JVM 可以在没有对象被创建的情况下调用该方法，且方法执行完毕不会返回任何值。读者现在也许还不能较好地理解这些修饰词的含义，但随着对 Java 程序设计学习的深入，逐渐都能理解。这里，只需要知道"public static void main(String args[])"是定义 main 方法的标准形式。

（4）能完成一定功能的方法通常由多条语句组成。Java 的语句同 C 等其他语言一样，以分号";"标识一条语句的结束。在本例的 main 方法中，只有一条语句，即第 04 行，其功能是将字符串"Hello，Java!"输出到屏幕上。要实现这样的功能，可通过调用 System.out 的 println 方法来实现。println 由 print 和 line 两个单词组合而成，意为输出指定内容后并换行，以后输出的内容将从新的一行开始输出。System.out 中还有一个 print 方法，读者可自行测试它与 println 的区别。

实际上，按照 Java 的描述，第 04 行应解释为：调用 System 类中的 out 成员的 println 方法输出指定的内容。System 类是 Java 标准库中已定义好的类，其 out 成员（写为 System.out）指标准输出。可见，正如前述，Java 编程很多时候是直接调用已设计好的类完成特定的功能。

（5）第 01 行和第 04 行"//"后面的内容为程序注释，通常用于对程序或语句的功能进行说明。Java 编译器遇到程序注释时，会忽略所有的注释。因此，程序注释不会影响程序的执行效率，却有助于提高程序的可阅读性，建议读者养成良好的程序注释习惯。Java 语言的常见程序注释以"//"标志开始，直到其所在行结束为止。

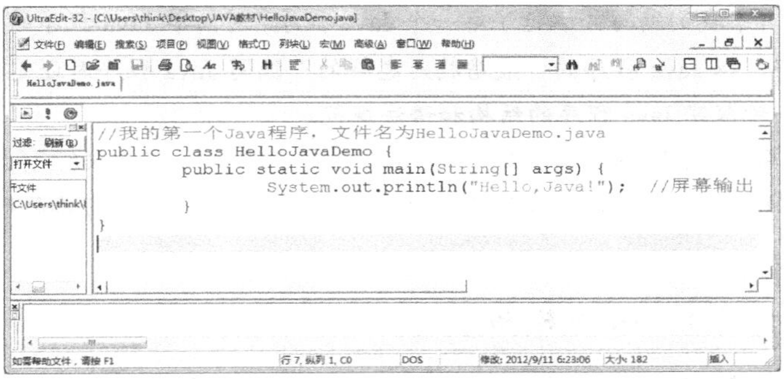

图 1-4 用 UltraEdit 编写第一个 Java 程序

1.4.2 Java 程序的编译

Java 程序的编译指利用 Java 编译器将源文件编译成与具体机器平台无关的字节码文件。例如，对程序 1-1 的 HelloJavaDemo.java 源文件进行编译，可得到相应的字节码文件 HelloJavaDemo.class。此过程若在 DOS 命令行方式下完成（Windows 环境下，可通过"开始→程序→附件→命令提示符"或直接执行命令 cmd.exe 打开命令行窗口），需使用如下命令：

```
javac HelloJavaDemo.java
```

若在 UltraEdit 中进行编译，可通过"高级→编译 Java 程序"命令或直接单击工具栏上相应的按钮即可。实际上，该菜单命令和按钮本质上使用的也是上述命令，只是在准备开发环境时，已经对 UltraEdit 进行了相应的配置，详见配套实践教材第二部分。

若程序书写无误，编译过程中不会产生任何提示信息，并将在源文件 HelloJavaDemo.java 的相同文件夹下产生 HelloJavaDemo.class 文件。若程序有误，编译时将产生错误提示信息。此时，需根据这些信息对源程序进行修改，之后重新进行编译，直到成功编译为止。

1.4.3 Java 程序的运行

Java 程序的运行指调用 JVM 中的解释器将字节码文件解释成本地机器代码。一边解释，一边执行，最后得到程序的运行结果。对于程序 1-1，可采用如下的 DOS 命令执行该程序。

```
java HelloJavaDemo
```

注意，在上述命令中，不包含文件的扩展名".class"，这是因为解释器 java.exe 只负责加载字节码文件，它会自动查找类名对应的字节码文件。若要直接在 UltraEdit 环境中运行程序 1-1，可选择"高级→运行 Java 程序"命令或直接单击工具栏上相应的按钮即可。此时，可在输出框中看本例的运行结果，如下所示。

```
Hello,Java!
```

需要说明的是，Java 程序通常可分为 Java 应用程序（Java Application）和 Java 小程序（Java Applet）两种。上述执行程序的命令仅限于 Java 应用程序，这也是本书讨论的重点。对于 Java Applet 程序，可使用 appletviewer.exe 命令进行查看，详见第 10 章。

1.5　Java 程序的结构和语法规范

在 1.4 节中，我们编写并运行了第一个 Java 程序，对简单 Java 程序的基本形式和操作过程有了一定的了解。但 Java 程序的一般结构是怎样的？编写 Java 程序时还需要注意哪些方面？本节将带领你进一步探究 Java 程序的结构和语法规范。

使用任何程序设计语言编写程序时，都要按照特定的程序结构来编写，并遵守语言所规定的各种语法规范。本节将通过两个简单的例子，进一步介绍 Java 应用程序的基本结构和语法规范。

1.5.1　进一步认识 Java 程序

通过程序 1-1，读者对 Java 程序有了一个感性的认识。但是，很少有程序会像程序 1-1 那样简单，大多数程序在产生输出前往往需要执行一些计算，这时就需要在程序执行过程中提供保存数据的方法。在 Java 语言中，采用"变量"来存储数据。

【程序 1-2】已知长方形的长和宽，编写程序求该长方形的周长和面积。

问题分析

如果长方形的长和宽为整数，可以设计两个整型（int）变量来保存它们，并设计另外两个变量来分别保存长方形的周长和面积，最后调用 System.out.println( )方法输出计算结果。

程序代码

```
01  //计算长方形的周长和面积，文件名为 Rectangle.java
02  public class Rectangle {
03      public static void main(String args[])
04      {
05          int length,width,perimeter,area;     //定义4个整型变量
06          length=4;width=3; //给长和宽赋值
07          perimeter=2*(length+width);          //计算周长
08          area=length*width;      //计算面积
09          System.out.println("该长方形的周长为"+perimeter);
10          System.out.println("该长方形的面积为"+area);
11      }
```

程序 1-2 解析

运行结果

该长方形的周长为 14

该长方形的面积为 12

程序说明

（1）和程序 1-1 不同，标志 main 方法开始的"{"没有放在第 03 行末尾，而是放在第 04 行。实际上，Java 程序的书写相对较为自由，并没有严格的格式，也没有"行"的概念。在可以插入空白的地方都可以插入任意个空格或回车符。为了保证程序的清晰性并考虑到不过多占用篇幅，本书一般采用程序 1-1 的形式。从第 11 行的 main 方法和 Rectangle 类的结束标记进一步可见，Java 程序书写较为灵活。

（2）程序声明了 4 个 int 型变量来保存数据。变量指程序运行过程中其值可以改变的量。整型变量的含义是这些变量只能存放整数，而不能存放实数或其他类型的数据。变量声明时一般采用有意义的名字，如本例中的 length、width、perimeter 和 area，这有助于提高程序的可读性。有关变量的声明详见第 2 章。

（3）采用赋值符号"="给变量赋值，如第 06 行。Java 程序的语句以分号结束，而不是看其是否位于同一行，多条语句可以写在同一行上。

（4）本例中的输出方式和程序 1-1 不同，输出时将输出双引号中的内容和变量中所存放的值，二者之间用"+"号进行连接。这里的"+"号称为字符串连接运算符，其执行过程是：将非字符串数据首先转换为字符串形式，然后和前面的字符串进行拼接组成一个完整的字符串后再输出。使用"+"运算符，可以将任意多个字符串连接在一起。

【**程序 1-3**】设计一个类 Calculator，其包含用于计算 3 个实数平均值的方法 getAverage，在 TestCaculator 类中测试该方法。

问题分析

此程序需要设计两个类：Calculator 和 TestCalculator。其中，Calculator 类中需设计 getAverage 方法，TestCalculator 类中需设计 main 方法。因此，可将 Calculator 设计为普通类，不需要任何访问权限修饰符；TestCalculator 类可设计为公有类，采用 public 关键词修饰，从而文件名为 TestCalculator.java。

程序代码

```
01  class Calculator {    //定义 Calculator 类
02      public static double getAverage(double x,double y,double z) {
03          double sum=0.0;
04          sum=x+y+z;
05          return sum/3;
06      } //getAverage 方法结束
07  } //Calculator 类结束
08
09  public class TestCalculator { //定义 TestCalculator 类
10      public static void main(String args[]) {
11          double a=12,b=20,c=35,ave=0;    //定义 4 个 double 型变量并赋初值
12          ave=Calculator.getAverage(a,b,c);    //调用 Calculator 类的 getAverage 方法
13          System.out.println("这 3 个数的平均值是"+ave);    //屏幕输出
14      } //main 方法结束
```

程序 1-3 解析

15 } //TestCalculator 类结束

运行结果

这 3 个数的平均值是 22.333333333333332

程序说明

（1）当一个 Java 程序要使用多个类时，可以分别将这些类写在不同的源文件中，也可以像本例一样写在同一个文件里，只是此时要注意只能有一个类为 public 类。细心的读者不难发现，编译本程序后，将生成 Calculator.class 和 TestCalculator.class 两个字节码文件。

（2）无论代码书写顺序怎样，Java 程序总是从 main 方法开始执行，并在执行 main 方法过程中调用 Calculator 类的 getAverage 方法（第 12 行），程序转向 getAverage 方法继续执行（此时 main 方法处于"暂停"状态）。调用时，a、b 和 c（实际参数，简称实参）的值分别传给 getAverage 方法的 x、y 和 z（形式参数，简称形参），计算出平均值后由 return 语句返回到 main 方法（第 05 行），返回的结果被赋值给变量 ave（第 12 行）。之后，main 方法继续执行，直到程序结束。

（3）每个类"似乎"都由一些方法组成，每个方法就是一个具体的功能模块。实际上，类除了可以包含方法，还可以包含成员变量，用于说明该类对象某方面的属性，详见第 5 章。本例在定义 getAverage 方法时（第 02 行），使用了修饰词 public、static 和 double。其中，public 表明该方法的访问权限是公有的，以保证另外的类（如 TestCalculator）可以访问；static 和 main 方法前的 static 含义一样，表示在不创建该类对象的情况下可调用该方法；double 则表示该方法将会向调用者返回一个双精度实数。

（4）本程序要处理的数据均为实数，因此方法内部定义的变量及形参都定义为 double 类型。double 也是 Java 语言中的数据类型关键字，称为双精度实数，常用于保存带有小数点的实数。声明变量的同时，可以给变量赋初值。若要在同一行中声明多个同类型变量，需用逗号进行分隔。

1.5.2 标识符和关键字

在程序 1-1、1-2 和 1-3 中，都涉及给变量、方法、类等命名，这些对象的名称统称为标识符。Java 语言规定，标识符可由字母、数字、下划线（_）和符号$组成，长度没有限制，但首字符不能为数字，且标识符不能为 Java 关键字。

例如，以下标识符均为合法的标识符。

username, user_name, a1, b2, $username, _username

而下面则为一些非法的标识符。

```
2sum        //以数字开头
your name   //含有空格
#yourname   //含有非法字符"#"
int         //使用 Java 关键字
```

在实际的编程中，人们通常主要采用英文字母来命名标识符，并给标识符取一些有意义的名字，如 age、address、setAge、getAge、setAddress、getAddress 等，这可提高程序的可读性。

另外，Java 语言严格区分大小写。因此，username 和 Username 是两个不同的标识符，使用时一定要注意区分。

接下来，让我们来看一看什么是 Java 语言的关键字。实际上，很多程序设计语言都有自己保留使用的关键字，这些保留的词汇在程序中具有特殊的含义和用途，不能再用作标识符。Java 语言的常用关键字如表 1-1 所示。读者或许觉得如此众多的关键字难以记忆，其实，随着我们编写的程序不断增多，绝大多数关键字我们都会逐渐熟悉。而且，即使没有记住它们也不要紧，因为编写程序时若使用关键字作为标识符，编辑器将自动提示语法出错。

表 1-1 Java 语言的常用关键字

abstract	continue	finally	interface	public	transient
boolean	default	float	long	return	true
break	do	for	native	short	try
byte	double	if	new	static	void
case	else	implements	null	synchronized	volatile
catch	extends	import	package	super	while
char	false	instanceof	private	this	const
class	final	int	protected	throw	goto

注：const 和 goto 是 Java 中保留的关键字，但并未使用。

1.5.3 程序注释

注释可用于说明程序、变量和语句的含义与用途，帮助理解关键语句和方法的功能，从而提高程序的可读性。而且，Java 编译器在遇到程序注释时，将忽略所有注释。因此，注释不会影响 Java 字节码文件的执行效率。

Java 程序中的注释主要有如下 3 种。

1. 单行注释

单行注释以双斜线"//"开始，直到本行结束。示例如下。

```
int width=5;    //定义整型变量width，并为其赋初值5
```

单行注释是常见的注释形式，常用于对关键变量、重要语句、主要方法的功能进行说明，以加强对程序的理解。

2. 多行注释

多行注释以"/*"开始，直到遇到"*/"为止。示例如下。

```
/*  该程序的功能是求一组数中的最大值
    程序版本：Version 1.0
    程序编制者：王晓萌    */
```

多行注释常用于对程序和方法的功能进行说明，或在调试程序时暂时屏蔽某些语句块。

3. 文档注释

文档注释以"/**"开始，直到遇到"*/"为止。示例如下。

```
/**
   该方法用于求一组数中的最大值
*/
public int getMax(int[] a)
```

文档注释常放在类定义、类成员变量和方法定义的前面,以说明其相应的功能。当用 javadoc 命令对 Java 源文件进行处理时,可生成类似 Java API 帮助文档的 html 格式说明文件。

1.5.4 对 Java 程序的再次说明

通过前面的示例程序,相信读者已对 Java 程序的基本结构和语法规范有了清晰的认识。现对其中较为重要的方面以及业界的编程惯例和风格做简要总结。

(1) Java 源文件通常由一个或多个类组成,但在一个文件中最多只能定义一个 public 类。当有一个类被定义为 public 类时,相应的文件名必须与该 public 类相同。

(2) 每一个 Java 类可以包含成员变量(尚未涉及),也可包含一些具有特定功能的方法。其中,main 方法是 Java 程序的执行起点,也是其执行终点。尽管一个 Java 源文件可以包含多个类,但只能有一个类(主类)中包含 main 方法。

(3) Java 语言严格区分大小写。无论是变量名、方法名、类名,还是文件名,只要大小写不同,就属于不同的标识符。

(4) Java 程序的书写较为自由,并没有严格的格式。一般可在一行中写一条语句,也可在一行中写多条语句,每条语句以分号";"结束。

(5) Java 的类名一般采用名词形式,且每个单词的首字母习惯使用大写,如 HelloJavaDemo、Calculator、TestCalculator 等,这称为编程中的驼峰(Camel-Case)风格。

(6) Java 中的变量名和方法名最好取一些有意义的名字,尽量做到见文知义。变量名一般采用小写的名词,或采用首字符小写而后面各单词首字母大写的形式,如 name、score、byPercent 等。方法名一般采用动词和名词的混合形式,一般也采用首字符小写而后面单词的首字母大写的形式,如 setName、getScore 等。

(7) 养成对重要变量、关键语句、主要方法、类功能等进行注释的良好习惯,以帮助理解程序,提高程序的可读性。

(8) 养成良好的代码缩进格式,尽量使同层次的代码保持相同的缩进距离,以增强程序的清晰性。在关键位置增加适量的空格或空行,也可提高程序的可读性和清晰性。

1.6 专题应用:为 Java 程序输入数据

System.out 指标准输出,常指显示器。通过其中的 println 或 print 方法,可以输出字符串中的内容,也可输出变量的值。反过来,如果希望在程序运行时给程序中的变量输入值,又该如何实现呢?

本章前面的示例程序均未涉及数据的输入,而是直接在程序中给变量赋值,这使得程序的灵活性受到一定的影响。例如程序 1-2,当需要计算其他长方形的周长和面积时,不得不修改源程序,然后再进行编译和运行。如果手上没有源程序和解释器,字节码文件将变得毫无用处。解决的办法是使程序能在运行时"动态"输入所需的数据。

和 System.out.println 方法不同,Java 语言没有提供直接从键盘输入数据的一般方法。本节将通过实例,介绍几种常见的为 Java 程序输入数据的方法。

1. 使用命令行参数为 Java 程序输入数据

【程序 1-4】从键盘输入长方形的长和宽,求该长方形的周长和面积。

问题分析

本例是对程序 1-2 的改进，使之可接收用户输入的数据，从而提高程序的灵活性。注意 main 方法定义中的参数形式为"String args[]"，即参数 args 为一字符串数组，可用于接收用户执行程序时输入的参数信息。需要注意的是，用户输入的参数是以字符串的形式保存在 args 数组中的，必须将其转换为所需要的数据类型，如 int 类型。

程序代码

```java
01  //计算长方形的周长和面积,Ver.2
02  public class RectangleInput {
03      public static void main(String args[]) {
04          int length,width,perimeter,area;
05          //采用 Integer 类的 parseInt 方法将字符串 args[0]转换为 int 型数据
06          length=Integer.parseInt(args[0]);
07          width=Integer.parseInt(args[1]);
08          perimeter=2*(length+width);        //计算周长
09          area=length*width;//计算面积
10          System.out.println("该长方形的周长为"+perimeter);
11          System.out.println("该长方形的面积为"+area);
12      }
13  }
```

程序 1-4 解析

运行结果

该长方形的周长为 14
该长方形的面积为 12
（采用"运行带参数的 Java 程序"命令，并补上所需参数，如 4、3。）

程序说明

（1）在 UltraEdit 中运行本程序时，不能直接使用"运行 Java 程序"命令，因为此时相当于执行的命令为 java RectangleInput，这将导致程序第 06、07 行中的 args[0]和 args[1]无法得到具体参数值而使整个程序运行失败。正确的运行方法是使用"运行带参数的 Java 程序"命令，在打开的"工具命令"窗口中，补上所需参数，如 4 和 3，如图 1-5 所示。

（2）从本例可知，Java 程序的常规运行方法为"java 主类名"。当需要传递命令行参数时，采用如下的命令形式。

java 主类名 [参数1] [参数2] [参数3] …

此时，各参数将按输入顺序依次被传送到 args 数组中保存，参数之间用空格分隔。数组是由一组元素组成的，有关数组的详细讨论参见第 4 章。这里只需知道，数组以"数组名[下标]"的方式标识和访问每一个元素，且下标总是从 0 开始。因此，对于本例输入的命令 java RectangleInput 4 3，args 数组中的内容如图 1-6 所示。

要注意的是，尽管输入命令时各参数并没有用双引号括起来，但由于 args 是一个字符串数组，因此 args 的各个元素 args[0]、args[1]…都为字符串。要使字符串数据转换为 int 型数值数据，必须剥掉字符串身上所穿的"双引号外衣"，这可通过 Integer 类的 parseInt 方法实现，如程序第 06 和 07 行。同理，若需要将字符串转换为 float 或 double 型数值，可分别通过 Float 类的 parseFloat 或 Double 类的 parseDouble 方法。形如基本数据类型的 Integer、Float 和 Double 等类，在 Java 中称为封装类。对于字符串和其他数据类型的转换问题，也可采用类似的封装类中的对应方法，具体请参阅 Java API 文档。

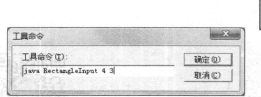

图 1-5　运行带参数的 Java 程序

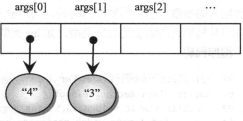

图 1-6　命令行参数和 args 数组元素之间的对应关系

2. 使用 System.in 为 Java 程序输入数据

【**程序 1-5**】从键盘输入一个整数并计算它的平方值。

问题分析

和 System.out 对应标准输出设备一样，System.in 对应标准输入设备，通常指键盘。但 Java 没有提供直接输入数据的方法，而是将 System.in 设备输入的内容当作"数据流"实现统一处理。此时，一般可利用标准输入流（System.in）创建相应的输入流读者（InputStreamReader）对象，继而构造相应的缓冲区读者（BufferedReader）对象，然后调用 readLine 等方法实现输入。有关这些概念，将在第 8 章进行详细介绍。

程序代码

```
01  //使用 System.in 输入一个整数，并输出该数的平方值
02  import java.io.*;        //导入程序中要用到的各种输入流处理类
03  public class InputDemo {
04    public static void main(String args[]) {
05      int data=0,result=0;
06      System.out.print("请输入一个整数（实际是字符串）: ");//提示输入
07      try {
08        BufferedReader br=new BufferedReader(new InputStreamReader(System.in));
09        data=Integer.parseInt(br.readLine());
10      }
11      catch(IOException e) { }
12      result=data*data;
13      System.out.println("输入的数据 data="+data+",其平方值 result="+result);
14    }
15  }
```

程序 1-5 解析

运行结果

输入的数据 data=12，其平方值 result=144

［运行时，屏幕提示"请输入一个整数（实际是字符串）:"，此时输入 <u>12</u>，下划线表示从键盘输入的数据，后同。］

程序说明

（1）使用"运行 Java 程序"命令执行本程序时，需选中"显示 DOS Box"选项，这是因为程序执行过程中需用户在弹出的 DOS Box 对话框中输入数据。

（2）程序第 08 行首先以 System.in 为参数，采用 new 运算符创建输入流读者对象，即 new InputStreamReader(System.in)；然后把创建的输入流读者对象作为参数，创建缓冲区读者对象 br，即 BufferedReader br=new BufferedReader(…)。之后，采用 br 对象的 readLine 方法获取输入的字符串，再采用封装类 Integer 的 parseInt 方法将其转换为 int 型数据，并赋值给 data 变量。这两条语句充分体现了 Java 语言面向对象编程的特点，其中 new 运算符是专门用于创建对象的运算符，详见第 5 章介绍。若需要读入多个数据，多次调用 br 对象的 readLine 方法。

（3）Java 语言规定，对于数据流的读写操作一般需进行异常（Exception）检查，以使程序在数据输入/输出（Input/Output，I/O）发生错误时能得到相应的处理。要进行异常处理，可采用 try{…}-catch{…}结构。具体来说，可将需进行异常检查的语句放在 try 后的语句块中，而将异常发生时的处理语句放入 catch 后的语句块中（本例没有编写任何处理语句）。有关 Java 的异常处理机制和方法详见第 7 章。

（4）本例中使用了标准类库中的 InputStreamReader 类和 BufferedReader 类，因此必须首先导入它们，这可通过第 02 行的 import 语句完成。Java SE API 类库中包含许多类，为了分门别类地管理这些类，Java 采用"包"的概念组织类库中的所有类。每一个包相当于一个文件夹，需要时可采用"import 包名.子包名.类名"或"import 包名.子包名.*"的形式进行导入，其中"*"表示子包中的所有类。同时要注意的是，import 语句须放在类定义之前。

3. 使用 Scanner 类对象为 Java 程序输入数据

【**程序 1-6**】利用 Scanner 类对象输入多个数据。

问题分析

用 java.util 包中的 Scanner 类也可实现数据的输入。Scanner 类采用扫描方式获取从键盘输入的多种数据，可以接受字符串、整型、单精度和双精度等多种类型的数据。使用 Scanner 类对象输入数据时，可将输入流对象 System.in 封装为 Scanner 对象，然后调用读取相应数据类型的各种方法。

程序代码

```java
01  import java.io.InputStream;
02  import java.util.Scanner;
03  public class ScannerDemo {
04      public static void main(String args[]) {
05          InputStream is = System.in;
06          Scanner scan = new Scanner(is);         // 封装成 Scanner 对象
07          System.out.println("请输入汽车名称:");
08          String name = scan.next();  // 读取键盘输入的字符串
09          System.out.println("请输入价格（万元）:");
10          int age = scan.nextInt();   // 读取键盘输入的整数
11          System.out.println("请输入汽车的长度（米）:");
12          float height = scan.nextFloat(); // 读取键盘输入的单精度浮点数
13          System.out.println("请输入汽车的宽度（米）:");
14          double weight=scan.nextDouble(); //读取键盘输入的双精度浮点数
15          System.out.println("汽车名称:" + name);
16          System.out.println("汽车价格:" + age+"万元");
```

程序 1-6 解析

```
17          System.out.println("汽车的长度:" + height + "米");
18          System.out.println("汽车的宽度:" + weight + "米");
19      }
20  }
```

运行结果

请输入汽车名称：××品牌

请输入价格（万元）：93

请输入汽车的长度（米）：5.23

请输入汽车的宽度（米）：1.87

汽车名称：××品牌

汽车价格：93 万元

汽车的长度：5.23 米

汽车的宽度：1.87 米

程序说明

（1）读取不同类型的数据需使用不同的方法。next 方法用于读取字符串，nextInt、nextFloat 和 nextDouble 方法分别用于读取整型、单精度浮点型和双精度浮点型数据。

（2）使用键盘输入数据时，可以像本例一样每次输入一项数据，用回车键确定后，再输入第二项。也可以同时输入多个数据，中间用空格分隔。例如，将本例的第 07 行语句做如下修改。

```
07          System.out.println("请输入汽车名称、价格、长度、宽度:");
```

删除第 09、11、13 行，使用键盘输入的数据：××品牌　93　5.23　1.87。

自测与思考

一、自测题

1. Java 的跨平台特性主要是由_____支持的。
   A. JVM　　　　　　　　　　B. JRE
   C. JDK　　　　　　　　　　D. Java SE API

2. 字节码文件是经 Java 编译器翻译成的一种特殊的二进制文件，由 JVM 负责解释执行，其文件扩展名为_____。
   A. java　　　　　　　　　　B. class
   C. obj　　　　　　　　　　D. bin

3. Java 程序的开发过程中，不包括的步骤是_____。
   A. 编辑　　　　　　　　　　B. 编译
   C. 链接　　　　　　　　　　D. 运行

4. Java 语言的特点不包括_____。
   A. 多线程　　　　　　　　　B. 多继承
   C. 跨平台　　　　　　　　　D. 动态性

5. 下列能生成 Java 文档的命令是_____。
   A. java   B. javaprof   C. jdb   D. javadoc
6. 下列变量名的定义中，符合 Java 命名规范的是_____。
   A. field name   B. super   C. Int-num   D. $number
7. 下列对 Java 语言的叙述中，错误的是_____。
   A. Java 虚拟机解释执行字节码
   B. Java 语言的执行模式是半编译和半解释型
   C. JDK 的库文件目录是 bin
   D. Java 的类是对具有相同行为对象的一种抽象
8. 以下程序的输出结果是_____。

```
public class Test1 {
  public static void main(String args[]) {
    int result;
    result=1+1/2;
    System.out.println("result="+result);
  }
}
```

   A. result=1   B. result=1.0   C. result=1.5   D. result=2.0
9. 有关下列程序的说法中，正确的是_____。

```
01  class Cal {
02      public static int getSum(int x,int y,int z){
03          return x+y+z;
04      }
05  }
06  public class Test2 {
07      public static void main(String pa[]) {
08          int a=10,b=20,c=30;
09          System.out.println("result="+Cal.getSum(a,b,c));
10      }
11  }
```

   A. 第 03 行有语法错误，应为 return(x+y+z)
   B. 第 07 行有语法错误，应将 main 方法的参数由 pa 改为 args
   C. 第 08 行有语法错误，应改为 int a=10；b=20；c=30
   D. 无任何语法错误，输出结果为 result=60
10. 采用命令行参数运行下列程序时，若输入的参数为 4 3，则程序的运行结果是_____。

```
public class Test3 {
  public static void main(String args[])
    {
      int a,b;
      a=Integer.parseInt(args[0]);
      b=Integer.parseInt(args[1]);
      System.out.println("result="+a+b);
    }
}
```

   A. result=43   B. result=7

C. result=1　　　　　　　　　　　　　　D. 程序有误，不能运行

二、思考题

1. Java 程序是如何实现跨平台运行的？其运行机制是什么？
2. 准备 Java 程序的开发环境需要做哪些工作？
3. Java 程序的一般结构和语法规范有哪些？
4. 如何提高 Java 程序的可阅读性？
5. Java 程序如何实现数据的输入和输出？

第 1 章自测题解析

Chapter 2

第 2 章
Java 语法基础

数据类型是程序设计语言的主要构成要素,它指明了变量或表达式的状态和数据可能的操作行为。Java 的数据类型可分为基本数据类型(内置类型)和引用数据类型两种。基本数据类型主要用于描述程序中的字符、整数和实数等"常规"数据,引用数据类型包括数组、"类"类型等抽象类型。本章主要介绍基本数据类型、运算符和表达式等 Java 程序的基本组成元素。

本章导学

- ❖ 掌握 Java 基本数据类型及其变量的声明、赋值和使用
- ❖ 理解运算符的优先级和结合性
- ❖ 掌握表达式的构造方法和运算顺序
- ❖ 掌握表达式的数据类型转换
- ❖ 熟悉 Random 类和 Math 类的常用方法

2.1 基本数据类型

数据类型决定了变量的存储方式和可能的操作行为。不同类型的变量占用内存空间的大小不同,能存储数据的大小以及能参与的运算也不同。Java 的基本数据类型在程序设计中有什么作用?与其他程序语言相比,Java 的基本数据类型有什么特点?

程序设计语言使用变量来保存数据,每一个变量都属于一种数据类型。不同数据类型的变量,其取值范围不同,可能的操作行为也不同。为了程序设计的方便和效率,Java 提供了整数型、浮点型、布尔型和字符型等基本数据类型,如图 2-1 所示。Java 基本数据类型的特点如表 2-1 所示。

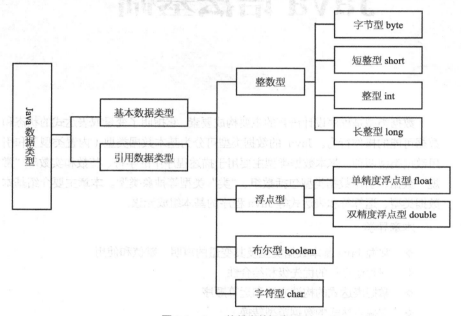

图 2-1　Java 的基本数据类型

表 2-1　Java 基本数据类型的特点

数据类型	关键字	占用内存空间	取值范围(十进制)
字节型	byte	1B（8bit）	-128～127
短整型	short	2B（16bit）	-32 768～32 767
整型	int	4B（32bit）	-2 147 483 648～2 147 483 647
长整型	long	8B（64bit）	-9 223 372 036 854 775 808～9 223 372 036 854 775 807
单精度浮点型	float	4B（32bit）	$-3.4E38(-3.4\times10^{38})\sim3.4E38(3.4\times10^{38})$
双精度浮点型	double	8B（64bit）	$-1.7E308(-1.7\times10^{308})\sim1.7E308(1.7\times10^{308})$
布尔型	boolean	1B（8bit）	只有 true 和 false 两种取值
字符型	char	2B（16bit）	0～65 535

在程序设计中,一般采用十进制来表示数据类型的取值范围。但是,在计算机内部,数值都是以二进制形式存储的,即二进制位数决定了每种数据类型的最大值和最小值。也就是说,数据类型决定了数据的取值范围和数据可执行的操作。显然,不同的数据类型,一般其所占用的内存

空间（也即字节长度）是不一样的。

在 C 和 C++语言中，数据类型的字节长度和取值范围通常与 CPU 的类型和编译器有关。一般情况下，整型的长度与 CPU 的字长相等。例如，整型数据在 IBM PC 机中为 16 位，在 VAX-11 中为 32 位，这就导致了代码的不可移植性。对于 Java 语言来说，程序的可移植性就是最初设计 Java 语言的重要目标之一。Java 采用固定长度的基本数据类型。也就是说，Java 为基本数据类型分配的存储长度总是固定的，其取值范围始终保持不变。例如，在 Java 语言中，整型数据总是 32 位，双精度浮点型数据总是 64 位。因此，使用 Java 语言编程时不需要考虑像 C、C++中相同数据类型在不同平台上会有类型长度变化的问题。

2.2 变量与常量

程序中使用的各种数据（如数字、字符等）怎样进行表示？这些数据有的可以改变，有的不能改变，这便是程序设计语言中普遍使用的变量和常量。Java 的变量和常量有什么特点？怎样使用？这便是本节讨论的主题。

程序中的数据可分为常量和变量两种，前者表示程序运行过程中值不能改变的量，后者则表示值可以改变的量。无论是常量还是变量，都有数据类型之分。而且，Java 是一种"强"类型语言，即任何数据类型的变量都必须先声明并且赋值后才能使用。

2.2.1 变量

在 Java 程序中，值可以改变的量称为变量。变量实质就是一块取了名字的、用来存储 Java 数据的内存区域。在程序中，定义的每块被命名的内存区域都只能存储一种特定类型的数据。如果定义了一个存储整数的变量，就不能用它来存储 0.75 这样的数据，因为每个变量能够存储的数据类型是固定的，所以不论什么时候在程序中使用变量，编译器都要对它进行检查，检查是否出现类型不匹配或操作不当的地方。如果程序中有一个处理整数的方法，却把它用来处理一个字符串或一个非整型的数值，编译器也将提示错误信息。下面介绍 Java 语言中变量的使用规则。

1. 变量命名

变量的命名必须符合 Java 语言标识符的命名规则，并且不能使用 Java 关键字。Java 语言对大小写字母非常敏感，例如，变量 republican 和 Republican 是不同的变量。显然，为变量选定有意义的名称能较好地反映变量的实际用途。假如你要记录一顶帽子的尺寸，hatSize 就是不错的选择，而 qq 就不尽如人意。在 Java 语言中有一个普遍的变量命名习惯，即变量名的第一个字母一般采用小写字母。

2. 声明变量

在 Java 语言中，所有变量在使用前都必须进行声明。声明变量的一般形式如下。

<类型名> <变量列表>;

<类型名>必须是有效的数据类型，如 int、float 等。在 Java 语言中，所有基本数据类型的名称都是关键字，不能再作他用。

<变量列表>可以由一个或多个用逗号分隔的变量名构成，即在一条语句中可以声明一个或多个同种类型的变量。示例如下。

```
int i,number;
float max,min,sum;
double height_value,total_weight,count;
char ch1;
```

上述每条语句都声明了一种特定类型的变量。声明变量时，类型关键字（int、float、double 等）与后面的变量名之间必须用空格分隔。

3. 变量的赋值

声明变量后，变量还需赋值后才能使用。变量的赋值可通过赋值运算符"="来实现，并且通常有以下两种方法。

（1）声明变量的同时进行赋值

Java 语言允许在声明变量时就对变量赋初值，即初始化变量。示例如下。

```
int number1=34, number2=-98;    //声明变量，并直接赋初值
```

（2）声明变量后通过赋值语句赋值

可以先声明变量，然后对变量赋值。此时，如果多个变量具有相同的值，可同时赋值。例如下面的程序段。

```
int numb1,numb2,numb3,numb4,numb5;    //声明整型变量
char ch1,ch2;                         //声明字符型变量
numb1=2;                              //为整型变量赋值
numb2=numb3=numb4=numb5=5;            //为整型变量连续赋值
ch1='a';                              //为字符型变量赋值
ch2='A';                              //为字符型变量赋值
```

4. 变量的动态特性

存储器的存取特点：取之不尽、一存即变。也就是说，变量中的值可以反复读取，在反复读取的过程中，变量中的值不会改变。而把一个新值赋给变量后，变量中原来的值就被新值替代。例如下面的程序段。

```
int a,b;          // 声明变量 a 和 b
a=8; b=9;         // a 的值为 8, b 的值为 9
a=b+1;            // a 的值变为 10, b 的值保持不变, 仍为 9
a=b;              // a 的值变为 9
```

2.2.2 常量

常量是在程序运行期间值不能被修改的量。常量分为普通常量（即常数，如用于为变量赋值的数）和标识符常量。普通常量可以直接使用，包括整型常量、浮点型常量、字符常量、字符串常量等。用标识符代表的常量实质上是"常值变量"，使用前需要先定义。示例如下。

```
final double PI=3.1415;
```

可见，在 Java 语言中，定义标识符常量和变量的方式是一致的，只是标识符常量必须使用关键字 final 进行修饰，且定义时一般需要为其赋值。为了和变量区分，标识符常量名常采用大写字母。

【**程序 2-1**】已知圆的半径，求圆的周长和面积。

问题分析

圆的周长和面积的计算涉及圆周率 π，设计一个常值变量来表示 π，并设计一个双精度浮点型变量来存放半径，最后计算周长和面积并输出。

程序代码

```
01    //程序 Circle.java，计算圆的周长和面积
02    public class Circle{
03        public static void main(String args[]){
04            final  double  PI=3.1415;         //声明常值变量
05            double radius=3.0;                //声明普通变量
06            System.out.println("圆的周长="+2*PI*radius);
07            System.out.println("圆的面积="+PI*radius*radius);
08        }
09    }
```

程序 2-1 解析

运行结果

圆的周长=18.849

圆的面积=28.2735

程序说明

（1）程序中半径 radius 的值采用直接赋值的方式获取，也可采用键盘输入、随机数等方法获取。

（2）程序中定义了标识符常量 PI，用来表示圆周率，如果要修改其精度，只需修改定义处即可，这大大提高了程序的可读性和易维护性。

2.3 基本数据类型变量的赋值

各种基本数据类型的变量能接受什么样的普通常量？哪些类型的变量可以相互赋值？普通常量 1/2 和 1.0/2、'A'和"A"、'A'和 65 的值相同吗？为变量赋值 0123，其值却是 83；赋值 0X123，其值却是 291，这是一种什么样的赋值方式？

局部变量（定义在方法内部的变量，如 main 方法内部）在使用前必须赋值。因此，在使用变量之前，需要熟悉各种基本数据类型的变量能接受什么样的普通常量。如前所述，普通常量可以直接使用，Java 中的任何一种数值都被称为普通常量，如 1、10.5 和"This is text"都是能直接使用的普通常量。

2.3.1 整型变量的赋值

整型变量有 byte、short、int 和 long 4 种类型，其默认类型为 int。因此，1、-9 999、123 456 789 都是 int 型的常量。如果要给一个 long 型变量赋值，可采用的常量形式为 5L、-9999L、123456789L 等，这里的大写字母 L 也可采用小写形式。但由于小写字母 l 和数字 1 太容易混淆，因此建议只采用大写形式。

对于 byte 型或 short 型变量来说，由于计算时总是先转换为 int 型再进行计算，因此 Java 允许直接采用 int 型常量对它们进行赋值。只是要注意的是，赋值时必须确保所赋的值在相应类型变量的取值范围内。Java 允许将存储位数少的整型数据赋值给存储位数多的整型变量，但反过来

则不行（上面提及的 int 型→byte、short 型除外）。例如，把一个 long 型常量赋给一个 int、short 或 byte 型的变量时，编译器会报错。

【程序 2-2】 整型变量赋值错误范例。

问题分析

声明变量时，根据其用途及存放数据的大小范围确定其数据类型；赋值时必须确保该数据在相应类型的取值范围内，否则会造成损失。另外，应避免同一程序块内的变量重名。

程序代码

```
01   //程序 OverFlow.java，整型变量赋值错误
02   public class OverFlow{
03     public static void main(String args[]){
04       byte num1=130;
05       short num2=32780;
06       int num1=130;
07       long num3=31474836470;
08       System.out.println("num1="+num1+"\tnum2="+num2+"\tnum3="+num3);
09     }
10   }
```

程序 2-2 解析

运行结果

num1=127   num2=32767   num3=31474836470（程序修改正确后）

程序说明

（1）编译器在编译该程序时会报错。把 int 型常量赋值给 long 型变量时，如果所赋的值已经超过了 int 型的取值范围，则必须在该数值后面追加一个 L，才能成功编译和运行。

（2）如果赋值超出范围，只需将常量值改为较小的数或将变量的数据类型改为取值范围较大的类型即可避免该错误的发生。可见，在编写程序时，要避免将一个较大的数赋给一个取值范围较小的变量，否则会造成损失。

（3）在绝大多数情况下，整型变量使用 int 类型就足够了。只有在确实需要处理较大的整型数值时，才需要声明一个 long 型变量。使用 byte 和 short 型变量可以节省一些内存，但是，除非程序中有很多这样的数据需要存储，否则不建议使用这两种类型的变量，因为这两种类型的变量取值范围非常有限，不值得为节省这点存储空间而费心。

整型变量可以采用以下 4 种形式的常量为其赋值。

1. 十进制整数

如 123、-456、0 等。如果所赋的值是小数或分数，整型变量只取整数部分且不进行四舍五入处理（小数部分全部舍去）。例如，13.98、1/2，整型变量只取 13 和 0。

2. 八进制整数

以 0 开头，只能由数字 0~7 组成，如 0123 表示十进制数 83，-011 表示十进制数-9。Java 编译器会自动将八进制整数转换成十进制数。

3. 十六进制整数

以 0x 或 0X 开头，由数字 0~9 及字母 A~F（大小写均可）组成，如 0x123 表示十进制数 291，-0X12 表示十进制数-18。Java 编译器会自动将十六进制整数转换成十进制数。

4. 字符常量

计算机在处理字符时，内部总是采用字符相应的编码值进行处理。因此，可以把字符当成不同的整数来看待，也可以将一个字符常量赋值给整型变量。示例如下。

```
int num='A';        //num 变量的值为 65，65 为字符'A'的 Unicode 码值
```

2.3.2 浮点型变量的赋值

非整型数值被存储为浮点型数值。浮点型数值有固定的精度，它的取值范围非常大。虽然数字位数是固定的，但由于小数点可以"浮动"，因此可以获得一个非常大的取值范围。例如，0.000008、800.0 和 8000000000000.0 可以分别书写成 $8×10^{-6}$、$8×10^2$ 和 $8×10^{12}$。只用"8"这一位数字，通过移动小数点的位置便可以获得不同的数值。

浮点型变量有两种类型，即 float 和 double。浮点型常量默认类型是双精度浮点型，因此，1.0、1/2.0 和 345.678 都是 double 类型的常量。若要表示一个 float 类型的常量，需要在数值后加上字母 f 或 F，如 1.0f、1.0F/2 和 345.578F 都表示 float 类型的常量。

浮点型变量可以采用以下两种形式的常量为其赋值。

1. 十进制数

由数字和小数点组成，如 0.123、1.23、123.0F 等。如果采用分数赋值，则分子和分母应至少有一项是带小数点的数值，如 1.0/2、1/2.0、1.0f/2 等。示例如下。

```
double b=1.0/2;     //双精度变量 b 赋值为 0.5
float a=1/2.0F;     //单精度变量 a 赋值为 0.5F
```

2. 科学计数法

对于非常大或非常小的浮点型数值，通常使用指数形式进行赋值，即一个十进制小数乘以 10 的幂。在 Java 中，用十进制小数后跟 E 或 e，之后再跟 10 的幂来表示，这种形式就是科学计数法。例如，$8×10^{-6}$、$8×10^2$ 和 $8×10^{12}$ 可分别表示为 8e-6、8E2 和 8E12。其中，e 或 E 之前必须有数字，且 e 或 E 后面的指数必须为正整数或负整数，不能为小数，如果是正整数，"+"号可省略。示例如下。

```
double d=0.7E-3;    //双精度变量 d 赋值为 0.7E-3，即 7×10⁻⁴
```

由于单精度类型的有效整数位数是 7 位（有效位数是 8 位），双精度类型的有效整数位数是 17 位，显示输出时，如果整数位数超过 7 位，则会用科学计数法表示。

2.3.3 字符型变量的赋值

字符型的普通常量是用英文单引号括起来的一个字符，如'P'、'&'、'g'、'5'等均为字符常量，且一个字符型变量只能接受一个字符。单引号只起定界作用，并不代表字符。单引号中的字符不能为单引号（'）和反斜杠（\）。在 Java 语言中，字符数据的内部表示采用 16 位的 Unicode 编码，而不是 8 位的 ASCII 码。

Unicode 是一种在计算机上普遍使用的字符编码。它为每种语言中的每个字符设定了唯一的二进制编码，以满足跨语言、跨平台进行文本转换和处理的要求。Unicode 编码采用 16 位二进制数表示一个字符，Unicode 字符集的字符数可达 65 535 个，比 ASCII 码字符集（通常最多只有 255

个）多得多。同时，Unicode 字符集兼容了许多不同的字符集，如 ASCII 码字符集。因此，英文字母、数字和标点符号在 Unicode 和 ASCII 码字符集中具有相同的十进制值。表 2-2 列出了部分字符的 Unicode 编码值。

表 2-2　部分字符的 Unicode 码表

字符	Unicode 码	十进制值	字符	Unicode 码	十进制值	字符	Unicode 码	十进制值
0	0030	48	A	0041	65	a	0061	97
1	0031	49	B	0042	66	b	0062	98
…	…	…	…	…	…	…	…	…
8	0038	56	Y	0059	89	y	0079	121
9	0039	57	Z	005A	90	z	007A	122

如前所述，计算机在处理字符时，是把这些字符当成不同的整数来看待。也就是说，字符类型在一定范围内可以当作整数类型来处理。字符又分为普通字符和转义字符两种，因此，字符变量的赋值也分为普通字符和转义字符赋值两种。

1. 普通字符

能用键盘输入的字符均可以赋值给字符型变量，可以是普通字符常量，也可以是它的 Unicode 编码值。另外，由于数字字符、字母是按顺序存放在 Unicode 码表中的，因此字符的 Unicode 编码值可以像整数一样在程序中参与运算，示例如下。

```
char ch1='a';     //字符变量 ch1 赋值为普通字符'a'
char ch2=65;      //字符变量 ch2 赋值为 65，即字符'A'，使用十进制 Unicode 编码值赋值
int x=ch1-32;    //ch1-32 即 97-32，即字符'A'的 Unicode 十进制编码值 65
```

2. 转义字符

某些特殊字符、操作和控制字符（如换行、换页、回车等）无法通过键盘直接输入，可采用以 "\" 开头的转义字符进行表示和输入。表 2-3 列出了 Java 语言的常用转义字符。

表 2-3　Java 语言的常用转义字符

转义字符	含义	对应的 Unicode 编码值
\'	单引号字符	\u0027
\"	双引号	\u0022
\\	反斜杠，输出一个反斜杠字符	\u005c
\r	回车	\u000d
\n	换行	\u000a
\f	走纸换页	\u000c
\t	Tab（制表符）横向跳格	\u0009
\b	退格	\u0008
\ddd	3 位八进制数	
\udddd	4 位十六进制数	

利用转义字符赋值的方法是以单引号包围表 2-3 中所列的转义字符。示例如下。

```
char ch1='\"';            //字符型变量 ch1 的值是一个双引号
char ch2='\101';          //八进制 101 即 65，为字符'A'的 Unicode 编码值，变量 ch2 的值是字符'A'
char ch3='\u006D';        //Unicode 码值 006D 对应的字符为'm'，变量 ch3 的值是字符'm'
```

实际上，以'\u'带出的 4 位十六进制数，不仅可以输出可用键盘输入的字符，还可输出无法用键盘输入的字符，甚至是 Unicode 字符集中的任一字符。

【程序 2-3】 利用转义字符，输出一个 4 行的由"*"组成的等腰三角形。

问题分析

一共要输出 4 行，每一行由一定数量的空格和"*"组成，各行上左端的空格依次是 3、2、1、0 个，"*"依次是 1、3、5、7 个，每一行上的空格和"*"输出完后，都需要换行。

程序代码

```
01  //程序 PrintStar.java，输出由"*"组成的等腰三角形
02  public class PrintStar{
03      public static void main(String args[]){
04          System.out.print("   *\n  ***\n *****\n*******");
05      }
06  }
```

程序 2-3 解析

运行结果

```
   *
  ***
 *****
*******
```

程序说明

程序调用的 System.out.print()方法，输出内容后不换行，通过转义字符（'\n'）实现换行。想一想，如果不用'\n'换行，能实现该等腰三角形的输出吗？

2.3.4 字符串变量的赋值

在 Java 语言中，字符串常量是用英文双引号括起来的一串字符，如"This is a string"。实际上，Java 语言将字符串常量作为 String 类的一个对象来处理，而不是一个普通数据。但字符串在实际编程中较为普遍，为了编程的方便，Java 允许将 String 类型的常量像本章介绍的 8 种基本数据类型一样赋值给 String 类型的变量，并引入字符串"加法（连接）"运算，使一个字符串能够与另一个字符串（或其他类型数据）进行拼接。示例如下。

```
String str="Hello,";      //定义引用变量 str 为 String 类型，且赋初值为"Hello,"
str=str+"Guys!";          //引用变量 str 的值为"Hello, Guys!"
```

有关 String 类型的详细用法将在第 6 章介绍，如果本阶段需要使用字符串，可参考上面的语句。

2.3.5 布尔型变量的赋值

布尔型变量只有 true（真）和 false（假）两个值，且它们不对应任何整数值。布尔型变量的赋值如下。

```
boolean a=true;
```

```
boolean b=false;
```

注意： Java 中的布尔值和数字之间不能来回转换，即 false 和 true 不对应 0 或任何非 0 的整数值。

2.3.6 基本数据类型变量的默认值

在 C/C++语言中，如果程序中所声明的变量没有赋初值，在使用变量时，编译器会随机地为变量设置此时变量地址中的残留值。但是，Java 是一种强类型的语言，如果声明局部变量后，不进行赋值，编译器将提示错误。例如，下面的程序段定义了多个不同类型的变量，但有的变量（如 char 类型变量 c）没有赋值，因此将导致编译时出错。

```
byte b=0x55;           //字节变量用十六进制赋值
short s=0x55ff;        //短整型变量用十六进制赋值
int i=1000000;         //用十进制赋值
long l=0xfffL;         //长整型变量用十六进制赋值
char c;                //声明字符型变量，但没有赋值
float f=0.23F;         //单精度变量赋值
double d=0.7E-3;       //双精度变量赋值
boolean bool=true;     //布尔变量赋值
System.out.println("b="+b+"\ts="+s+"\ti="+i);   //输出各变量的值
System.out.println("l="+l+"\tc="+c+"\tf="+f);
System.out.println("d="+d+"\tbool="+bool);
```

实际上，Java 语言不会对方法内部定义的局部变量提供默认的初始值，因此局部变量必须赋值后才能使用；但 Java 会为对象的成员变量提供默认的初始值，以保证没有初值的对象存在（详见第 5 章）。

2.4 表达式与运算符

❓ 若整型变量 a>0，表达式 a=a+3 在数学中是绝对不成立的，但在计算机程序设计中会大量出现这样的式子。又如 a=1+1/2，在数学中 a 的值是 1.5，但在程序设计中 a 的值是 1。如果已掌握了上一节有关数据类型及其赋值的内容，就不会对这些情况感到惊讶。本节进一步介绍如何利用变量和常量进行运算以及构建各种表达式。

程序由一系列语句组成，语句的基本单位是表达式，而表达式由运算符和操作数组成。表达式根据运算符的操作顺序进行计算，并得到相应的结果。

2.4.1 表达式

Java 中的语句有多种形式，表达式语句就是其中的一种。表达式由操作数和操作符组成，操作数既可以用变量表示，又可以用常量表示；操作符就是各种运算符。一个基本表达式也可以作为操作数来构成更为复杂的表达式。例如下面的程序段。

```
double d2;              //声明变量 d2
int d1=14,a,b,c=1;      //声明变量 d1、a、b 和 c，同时初始化 d1 和 c
d1=d1+3;                //将 d1+3 的结果 17 重新存回变量 d1 中
//下面的语句试图将复杂表达式的结果赋值给 d2，但由于 a 和 b 没有值，因此将导致编译错误
```

d2=(a+b)*c-(b-a)+(b%c)*a;

2.4.2 运算符

在程序设计中,对各种类型的数据进行加工的过程称为运算,表示各种不同运算的符号称为运算符。按功能划分,运算符可分为算术运算符、关系运算符、逻辑运算符、位运算符、赋值运算符、条件运算符等。除此之外,还有几个特殊用途的运算符,如数组下标运算符[ ]、new 运算符等。在这里主要介绍算术运算符、关系运算符、逻辑运算符和条件运算符。

1. 算术运算符

算术运算符主要用于完成变量(或常量)的算术运算,常用的算术运算符如表 2-4 所示。

表 2-4 算术运算符及其作用

运算符	优先级	数学表达式	Java 表达式	作用
+	低	a+b	a+b	加法
−		a−b	a−b	减法
*	中	a(b^2−4ac)	a*(b*b−4*a*c)	乘法(乘号不能省略)
/		(a+b)÷cd	(a+b)/c/d 或 (a+b)/(c*d)	除法
%			a%b	模运算(a 除以 b,结果取余数)
++	高		++a 或 a++	自增 1(变量的值加 1)
−−			−−a 或 a−−	自减 1(变量的值减 1)

在 Java 中,如果参与除法运算的两个变量均为整型,则结果为整数(不进行四舍五入),否则结果为浮点型。Java 中的模运算(%)与 C/C++不同,参与运算的两个变量可以是整型或浮点型,示例如下。

```
1/2        //结果为 0
1.0/2      //结果为 0.5
16%3       //结果是 1
15.7%3     //结果是 0.7
3%16       //结果是 3
```

【**程序 2-4**】声明一个整型变量 x,并任意赋一个 5 位数的值,编程逆序输出这个 5 位数的值。

问题分析

要逆序输出这个 5 位数,关键是将其各位数字分离,分别用 5 个变量存储分离后的个、十、百、千、万位上的数字,然后低位变高位,便可将其翻转。分离的方法一般可以采用除法和模运算,例如:23456%10 的结果为 6。

程序代码

```
01  //程序 InverseOrder.java,逆序输出一个 5 位数
02  public class InverseOrder{
03      public static void main(String args[]){
04          int x=28654, y;           //x 为 5 位的整数,y 是 x 的逆序数
05          int x1, x2, x3, x4, x5;   //存放 x 的各位数字
06          x1=x%10;                  //计算个位数字
```

程序 2-4 解析

```
07        x2=x/10%10;            //计算十位数字
08        x3=x/100%10;           //计算百位数字
09        x4=x/1000%10;          //计算千位数字
10        x5=x/10000;            //计算万位数字
11        y=(((x1*10+x2)*10+x3)*10+x4)*10+x5;    //生成 x 的逆序数 y
12        System.out.println(x+" 的逆序数是: " +y);
13    }
14 }
```

运行结果

28654 的逆序数是：45682

程序说明

程序采用除法和模运算，按照从低位到高位的顺序依次分离出这个 5 位数每一位上的数字，然后从个位起，依次扩大 10 倍，使得低位变高位，便可生成 x 的逆序数 y。

【**程序 2-5**】将一个 5 位数逆序输出的另一种方法。

问题分析

采用除法和减法从高位到低位依次分离出这个 5 位数的万、千、百、十位上的数字，然后采用模运算分离出个位上的数字，最后低位变高位，组合起来就是这个 5 位数的逆序数。

程序代码

```
01 //程序 OrderInverse.java，将一个 5 位数逆序输出的另一种方法
02 public class OrderInverse{
03    public static void main(String args[]){
04        int x=28654, y;              //x 为 5 位的整数，y 是 x 的逆序数
05        int x1, x2, x3, x4, x5;      //存放 x 的各位数字
06        x1=x/10000;                          //计算万位数字
07        x2=(x-x1*10000)/1000;                //计算千位数字
08        x3=(x-x1*10000-x2*1000)/100;         //计算百位数字
09        x4=(x-x1*10000-x2*1000-x3*100)/10;   //计算十位数字
10        x5=x%10;                             //计算个位数字
11        y=x5*10000+x4*1000+x3*100+x2*10+x1;  //生成 x 的逆序数 y
12        System.out.println(x+" 的逆序数是: " +y);
13    }
14 }
```

程序 2-5 解析

运行结果

28654 的逆序数是：45682

程序说明

本程序的运行结果和程序 2-4 一样，但各位数字的分离方法和翻转方法不一样。其实，解决问题的思路和方法是多样的，学习了后续章节内容后，还可以使用循环语句和 StringBuffer 类来实现逆序数的输出。

此外，在表 2-4 中，还有两个特殊的运算符：自增（++）和自减（--）。它们只对整型变量和浮点型变量有效，作用分别是将变量加 1 和减 1。同时，这两种运算符都有前置和后置两种形式。但执行++a 和 a++、--b 和 b--运算后，a 和 b 的值都分别相同。那前置方式和后置方式有什

么区别呢？实际上，如果仅希望使变量自增或自减，两种方式并无区别。但如果将它们用在表达式中，两种形式将对表达式的值产生不同的影响。例如，有语句 int k, a=5; 自增的前置方式和后置方式对表达式值的影响情况分别如下。

前置：k=++a；表示 a 变量先自加 1 后，再把整个表达式的值赋值给 k，结果是 a=6，k=6。
后置：k=a++；表示先使用 a 变量的值后，a 再自加 1，结果是 k=5，a=6。
自减的使用方法与自增类似。

2. 关系运算符

关系运算符用于判断一个表达式成立与否或用于比较多个表达式的值，常用于 if 条件语句的条件表达式中。含有关系运算符的表达式称为关系表达式。关系表达式的运算结果是一个逻辑值，即 true（真）或 false（假）。关系运算符的优先级及含义如表 2-5 所示。

表 2-5 关系运算符的优先级及含义

关系运算符	优先级	数学表达式	Java 表达式	含义
<	高	a<b	a<b	小于
>		a>b	a>b	大于
<=	中	a≤b	a<=b	小于或等于
>=		a≥b	a>=b	大于或等于
==	低	a=b	a==b	等于
!=		a≠b	a!=b	不等于

从表 2-5 可以看出，由于赋值号已经使用了"="号，为避免混淆，在判断"等于"时，使用的关系运算符为"=="（两个等号）。另外，Java 中的不等号用"!="表示。关系运算符的使用方法可参考如下的程序段。

```
int a=3,b=2,c=1;
boolean d,f;
d=a>b;          //d 值为 true
f=(a>b)==c;     //a>b 和 c 的类型分别为 boolean 和 int，不能做比较
d=b+c<a;        //d 值为 false
f=a<c;          //f 值为 false
d=a>b>c;        //a>b 的值为 true，再和 c 比较时因类型不同不能比较
```

3. 逻辑运算符

用关系运算符可以进行简单的关系比较，但若要构建复杂的判断条件，则需要用"!""&&""||"这样的运算符将几个关系表达式连接起来，这样的运算符称为逻辑运算符。

在 Java 语言中，逻辑运算符主要用于表示判断条件中的逻辑关系。逻辑运算符的优先级及含义如表 2-6 所示。

表 2-6 逻辑运算符的优先级及含义

逻辑运算符	优先级	含义	Java 表达式
!	高	逻辑非	!a、!(a>b)
&&	中	逻辑与	(a>b)&&(a<c)
||	低	逻辑或	(a>b)||(a<c)

逻辑表达式的运算结果也是一个逻辑值，要么为 true（真），要么为 false（假）。逻辑运算符的运算规则：若逻辑与"&&"两侧表达式的值都为真，整个逻辑表达式的结果才为真，否则为假；若逻辑或"||"两侧表达式的值都为假，整个逻辑表达式的结果为假，否则为真；逻辑非"!"即取反运算，若它右侧表达式的值为真，则整个逻辑表达式的结果为假，否则结果为真。逻辑运算符的基本运算规则如表 2-7 所示。

表 2-7 逻辑运算符的基本运算规则

a>0	b>0	!(a>0)	a>0&&b>0	a>0||b>0
真	真	假	真	真
真	假	假	假	真
假	真	真	假	真
假	假	真	假	假

用逻辑运算符和关系表达式可组成复杂的逻辑表达式，如(a>b)&&!(c<d++)||(a>=5)。在这样复杂的逻辑表达式中，要特别注意"逻辑短路"问题。例如，下面的程序段。

```
int a=6,b=8,c=3;
boolean f1,f2;
f1=(a>b)&&(b>++c);   //a>b 的值为 false, 无须再判断 b>++c, 但系统会检查其语法错误
System.out.println("f1="+f1+",c="+c);   //输出: f1=false,c=3
f2=(a<b)||(--b>c);   //a<b 的值为 true, 无须再判断--b>c, 但系统会检查其语法错误
System.out.println("f2="+f2+",b="+b);   //输出: f2=true,b=8
```

可见，含有逻辑与（&&）运算的逻辑表达式，程序从左到右逐个判断表达式，若&&左侧表达式为假，则整个逻辑表达式的结果为假，造成逻辑短路，终止判断；含有逻辑或（||）运算的逻辑表达式，程序从左到右逐个判断表达式，若||左侧的表达式为真，则整个逻辑表达式的结果为真，造成逻辑短路，终止判断，否则继续判断右侧的表达式。

【程序 2-6】给定一个年份，判断其是否为闰年。

问题分析

某年为闰年的条件是"年份能被 4 整除但不能被 100 整除，或能被 400 整除"。该条件中的"但"即"并且"，可用逻辑与（&&）描述，"或"用逻辑或（||）描述。

程序代码

```
01  //程序 LeapYear.java, 判断某年是否为闰年
02  public class LeapYear{
03      public static void main(String args[]) {
04          int year=2008;
05          boolean leap=false;
06          leap=(year%400==0)||(year%100!=0)&&(year%4==0);
07          System.out.println(year+"是闰年吗？ "+leap);
08      }
09  }
```

程序 2-6 解析

运行结果

2008 是闰年吗？ true

程序说明

(1)"整除"和"倍数"问题可使用模运算(%)解决。如果一个整数和另一个整数进行模运算,余数为零,那么前者是后者的倍数,或者说前者能被后者整除。

(2)对于既含有逻辑与(&&)又含有逻辑或(||)的复杂逻辑表达式,要特别注意二者的运算顺序和逻辑短路问题。

4. 条件运算符

条件运算符又称三目运算符,由"?"和":"组成。"三目"指操作数的个数有3个。由三目运算符可以构成条件表达式,格式如下。

```
表达式 1 ? 表达式 2 : 表达式 3
```

表达式 1 通常是关系表达式或逻辑表达式。条件表达式的运算规则:若表达式 1 的值为 true,则整个条件表达式的结果取表达式 2 的值;若表达式 1 的值为 false,则整个条件表达式的结果取表达式 3 的值。另外,条件表达式可以嵌套使用。例如,计算如下分段函数。

$$y = \begin{cases} 5, & x > 0, \\ 0, & x = 0, \\ -8, & x < 0。 \end{cases}$$

可采用如下代码。

```
int y, x=-1;
y=(x>0)?5:(x<0)?-8:0;
```

2.4.3 运算符的优先级

在对一个表达式进行计算时,如果表达式中含有多种运算符,则要按运算符的优先顺序依次从高到低进行计算,同级运算符则根据运算符的结合性进行计算。Java 语言中运算符的优先级和结合性如表 2-8 所示。

表 2-8 Java 语言中运算符的优先级和结合性

类型	运算符	名称	优先级	结合性
强制	( )	括号运算符	1(最高)	从左向右
逻辑	!	逻辑非	2	从右向左
算术	+、-	取正、取负	2	从右向左
	++、--	自增、自减		
算术	*、/、%	乘、除、取余	3	从左向右
	+、-	加、减	4	
关系	>=、>、<=、<	大于等于、大于、小于等于、小于	5	从左向右
	==、!=	等于、不等于	6	
逻辑	&&	逻辑与	7	
	||	逻辑或	8	
条件	? :	三目运算符	9	从右向左
赋值	=	赋值	10(最低)	

由表 2-8 可见，小括号的优先级最高，因此可用小括号改变运算符的优先级。结合性表示运算符与操作数的相对位置及关系。例如，当使用同一优先级的运算符时，结合性就非常重要了，它决定优先计算哪一个表达式。示例如下。

```
x=b+c/6*8;        //结合性可以决定运算符的处理顺序
```

这个表达式含算术运算符和赋值运算符，优先级是"/"和"*"高于"+"，而"+"高于赋值运算符"="。"/"和"*"的优先级相同，具有"从左向右"的结合性，因此，先计算 c/6，再乘以 8，然后将结果加上变量 b 的值后，将所得结果赋值给变量 x。

2.5 扩展表达式和类型转换

自反赋值运算是强类型数据语言特有的一种赋值方式，是一种表达式简写方式，计算时先进行还原处理，再计算。例如，"x*=y+5;"是等同于"x=x*y+5;"，还是等同于"x=x*(y+5);"？很显然，这两个表达式的计算结果是完全不同的。此外，整型、实型和字符型数据可以组成混合型表达式，那么混合型表达式的计算结果是什么数据类型？能随心所欲地确定自己想要的数据类型吗？

在 Java 语言中，除了如上面所述的表达式，还有一些写法相当简洁的形式，这些形式虽然看起来有些怪异，但它们可以简化表达式，提高运行速度。

2.5.1 扩展表达式

表达式是由操作数和运算符按一定的语法形式组成的符号序列。Java 语言将运算符和赋值运算符组合，组成新的运算符，称为扩展运算符或自反赋值运算符。用这些运算符可以构建十分简洁的表达式，即扩展表达式。自反赋值运算符只适合算术运算和位运算，表 2-9 列出了自反赋值运算符及其含义。

表 2-9 自反赋值运算符

运算符	表达式范例	说明	含义
+=	a+=b	a+b 的值存放在 a 中	a=a+b
-=	a-=b	a-b 的值存放在 a 中	a=a-b
*=	a*=b	a*b 的值存放在 a 中	a=a*b
/=	a/=b	a/b 的值存放在 a 中	a=a/b
%=	a%=b	a%b 的值存放在 a 中	a=a%b

对于表 2-9 中的自反赋值运算符，其执行过程示例如下。

若程序中的表达式为 y*=x+2，则编译器处理后的表达式为 y=y*(x+2)。

可见，在分析计算结果的时候，必须先将赋值号右边的整个表达式用括号括起来，再将赋值号左边的变量和运算符整体移到右边后，代入各变量的值，然后把计算结果赋值给左边的变量。

2.5.2 表达式的数据类型转换

一般情况下，应尽可能地使一个表达式中各变量的数据类型保持一致，以保证程序计算结果的正确性。在 Java 语言中，允许同一个表达式中含有不同数据类型的常量和变量，但是表达式的结果只能是某一种数据类型，因此必须进行数据类型转换。

1. 自动转换数据类型

（1）赋值时自动转换类型

在 Java 的 8 种基本数据类型中，除 boolean 类型只能取 true 和 false 两种逻辑值外，其余类型都与"数值"有关。这些"数值"类型按位数从少到多排序为 byte、short 和 char、int、long、float 和 double。Java 语言规定，赋值时可以将位数少的各类型数据赋值给位数多的类型变量，从而构成赋值时的自动类型转换。示例如下。

```
int x='d';      //char 型常量赋值给 int 型变量，x 的值为 100
long y=100;     //int 型常量赋值给 long 型变量，y 的值为 100L
double z=2;     //int 型常量赋值给 double 型变量，z 的值为 2.0
```

（2）混合型表达式自动转换类型

整型、实型和字符型数据可以组成混合型表达式。计算混合型表达式时，不同类型的数据需先转化为同一类型，然后进行计算。转换的基本原则：以不丢失数据信息为前提，从占用字节少的类型转换为占用字节多的类型。具体来说，当 Java 程序中有混合型表达式时，按以下顺序进行自动类型转换。

（char、byte、short）→int→long→float→double

可见，对于占用字节少的 char、byte 和 short 类型，计算时总是被转换为 int 类型，即 Java 混合表达式计算结果的最低类型为 int。示例如下。

```
byte a=2,b=3;
int x=a+b;          //赋值号右边的变量 a 和 b 先转换为 int 型后再相加
double y=x+2.5;     //x 被转换为 double 型后再参与计算
float z=1.0F/100;   //100 被转换为 float 型后再参与计算
```

2. 强制转换数据类型

上面所述的混合型表达式数据类型转换是默认处理，有时计算结果差强人意，例如在下面的程序代码中。

```
int r1=3,r2=2;
double result=1.5+r1/r2; //r1/r2 的结果为 1，result 的值为 2.5
```

由于 r1/r2 的结果为 1，所以 result 的值为 2.5。若想让 r1/r2 为 1.5，result 的值为 3.0，就需要强制转换数据的类型。强制转换数据类型的一般形式如下。

（数据类型名）变量或表达式

例如，下面的程序代码。

```
01    result=1.5+(double)r1/r2;
02    result=1.5+(double)(r1/r2);
```

第 01 行语句将导致存储在 r1 变量中的数值在除法运算执行前被转换成 double 类型，于是除法运算将应用自动转换数据类型规则，使 r1/r2 的结果为 double 型，result 的值为 3.0；第 02 行语句是将表达式 r1/r2 的结果 1 强制转换成 double 类型，result 的值仍为 2.5。

Java 允许将一种基本数据类型转换成另一种基本数据类型，但在操作时，一定要确保不丢失数据信息。显而易见，把数值范围较大的整型转换成数值范围较小的整型就有可能丢失数据信息。另外，如果将任何一个浮点型数值转换成整型，丢失数据信息就不可避免。若原始数值大于 float 类型的最大值，将 double 类型转换成 float 类型就有可能产生数据错误。

一般来说，从占用字节多的类型转换为占用字节少的类型，必须使用强制转换数据类型。示例如下。

```
int i;
float x=3.6f;
byte b=(byte)i;        //把 int 型变量 i 的值强制转换为 byte 型
i=(int)x;              //把 x 的值强制转换为 int 型，变量 i 的值为 3，变量 x 仍为 float 型
```

2.6 专题应用：数据的随机产生与高效计算

Java 程序中的数据，可以直接赋值或从键盘输入，也可以从文件或数据库中获取，还可随机生成。那么怎样才能得到随机的数据呢？另外，在科学、工程、数学和统计学等领域中常常需要进行各种数学计算，如求一元二次方程 $ax^2+bx+c=0$ 的根，计算公式为 roots = $(-b \pm \sqrt{b^2-4ac})/2a$，这样复杂的式子该怎样计算？

编程时，有时需要生成一批一定范围内的随机数，程序中的一些业务逻辑常常通过随机数的方式来处理，测试过程中人们也希望通过随机数的方式生成包含大量数字的测试用例。另外，程序中常常会有一些复杂的计算，例如，求方程的根，计算距离、面积、三角函数的值等，如果自己编写代码实现，工作量较大。而使用 Java 提供的 Random 类和 Math 类可轻松解决这些问题，并且达到事半功倍的效果。

Java 是面向对象的程序设计语言，类和对象是其重要的两个概念。类是一组对象共有的属性和行为，是这组对象的模板，而对象是类的具体实例。属性用于描述对象的状态，行为指对象所具备的某些功能，常用方法来实现。Java 提供了许多实用的类供程序使用，类库中的类大多封装在特定的"包"里，每个包都具有自己的功能。这些包涉及广泛的应用领域，是 Java 程序开发的重要工具。本节仅介绍 java.util 包中的 Random 类和 java.lang 包中的 Math 类，其他类详见第 6 章。

1. 数据的随机产生

真正的随机数是由物理现象产生的，比如掷钱币、电子元件的噪音、核裂变等，这样的随机数发生器叫做物理性随机数发生器，但是技术要求比较高。在实际应用中，往往使用伪随机数就足够了，这些"似乎"随机的数，可以通过一个固定的、可重复的计算方法产生，是固定的周期性序列，也就是有规则的随机。

随机数是由随机数种子根据一定的计算方法计算出来的数值，只要具有确定的计算方法和随机数种子，便可产生随机数。Java 语言提供了两种生成随机数的方法：一是使用 Random 类，二是使用 Math 类的 random 方法。Random 类是 java.util 包中的类，需要用 import 语句来导入，使用时要先调用构造方法构造对象，然后通过对象才能使用该类提供的方法。

Random 类的构造方法主要有以下两种。

（1）public Random()

该方法创建一个随机数生成器，并以系统当前时间作为随机数种子。因为每时每刻的时间都

不尽相同，所以产生的随机数也不同。示例如下。

```
Random rnd = new Random();          //构造对象，创建随机数生成器 rnd
```

（2）public Random(long seed)

该方法使用一个 long 类型的种子 seed 创建一个新的随机数生成器。该种子是伪随机数生成器的内部状态的初始值。示例如下。

```
Random rnd =new Random(997L);       //创建随机数生成器 rnd, 并设置随机数种子为 997L
```

此语句等价于以下语句。

```
Random rnd = new Random();
rnd.setSeed(997L);
```

此外，Random 类的常用方法如表 2-10 所示，详细的说明请参考 Java SE API 文档。

表 2-10 Random 类的常用方法

方法名	功能描述
nextDouble()	返回下一个伪随机数，范围在 0.0～1.0 之间的 double 值
nextFloat()	返回下一个伪随机数，范围在 0.0～1.0 之间的 float 值
nextInt()	返回下一个伪随机数，它是此随机数生成器序列中均匀分布的 int 值
nextInt(int n)	返回下一个伪随机数，取值为 0 和指定值 n（不含）之间均匀分布的 int 值
nextLong()	返回下一个伪随机数，它是此随机数生成器序列中均匀分布的 long 值
setSeed(long seed)	使用 long 类型参数 seed 设置随机数生成器的随机数种子，返回类型为 void

调用 Random 类的构造方法创建对象后，通过对象调用表 2-10 中的各种方法便可以随机生成一个任意范围内的数据，示例如下。

```
Random rnd = new Random();          //创建随机数生成器对象 rnd
int a=rnd.nextInt(10);              //随机产生一个 0～10 的整数
int b=rnd.nextInt(900)+100;         //随机产生一个 3 位整数
double c=rnd.nextDouble()*10        //随机产生一个 0.0～10.0 之间的浮点数
```

【程序 2-7】随机出几道小学生四则运算题，要求加法、减法、乘法、除法和参与运算的两个整数（0～100 之间）均随机产生，显示题目，等待作答并判断答案是否正确。

问题分析

用 0～3 之间的整数分别表示加法、减法、乘法、除法，随机产生该范围内的一个整数，判定是哪种运算，然后显示题目并作答，最后判断答案是否正确，若错误，则给出正确答案。

程序代码

```
01  //程序 Arithmetic.java，随机出几道四则运算题，然后作答并判断答案是否正确
02  import java.io.*;
03  import java.util.Random;
04  public class Arithmetic{
05      public static void main(String args[]) throws IOException{
06          int a,b,op,i,result=0, answer;
07          char opr=' ';
08          BufferedReader br;
09          br=new BufferedReader(new InputStreamReader(System.in));
```

程序 2-7 解析

```
10      Random r_dom=new Random();          //构造对象,创建随机数生成器
11      for(i=1;i<=5;i++)
12      {   a=r_dom.nextInt(100);           //随机产生 0~100 之间的整数
13          b=r_dom.nextInt(100)+1;         //随机产生 1~101 之间的整数
14          op=r_dom.nextInt(4);            //随机产生 0~4 之间的整数
15          switch(op){                     //运算符的判定
16              case 0: opr='+'; result=a+b; break;
17              case 1: opr='-'; result=a-b; break;
18              case 2: opr='*'; result=a*b; break;
19              case 3: opr='/'; result=a/b;
20          }
21          System.out.print(i+"题: "+a+" "+opr+b+"=");    //显示题目
22          answer=Integer.parseInt(br.readLine());        //答题
23          if(answer==result)//批改
24              System.out.println("\t 回答正确! ");
25          else System.out.println("\t 错误! 正确答案应为: "+result);
26      }
27  }
28 }
```

运行结果

1 题: 1 +22=<u>23</u>
     回答正确!

2 题: 0 -17=<u>-17</u>
     回答正确!

3 题: 25 +19=<u>3</u>
     错误! 正确答案应为: 44

4 题: 96 *23=<u>138</u>
     错误! 正确答案应为: 2208

5 题: 60 *8=<u>48</u>
     错误! 正确答案应为: 480

程序说明

(1)程序首先使用 import 语句导入 Random 类,然后创建随机数生成器 r_dom,用它随机产生 3 个整数,分别是运算符对应的整数和两个运算对象。

(2)每道算术题都按照出题、显示、答题、批改的步骤完成。for 语句控制算术题的数量;switch 语句根据随机整数 op 判定采用"+、-、*、/"中的哪种运算符,然后显示题目并等待输入计算结果,if 语句判断计算结果是否正确,若错误则给出正确答案。

2. 数据的高效计算

程序中的基本数学运算,如圆周率 π、初等指数、对数、平方根和三角函数等复杂的运算,采用 Java 提供的 Math 类,可达到事半功倍的效果。Math 类是 java.lang 包中的类,所提供的成员变量为类变量(静态变量),所提供的方法为类方法(静态方法),即使用 Math 类的成员时,不需要构造对象,便可通过类名进行调用,有关静态成员的相关知识详见第 5 章。Math 类提供了如下的类变量和类方法。

（1）Math 类的类变量

Math 类提供了两个类变量，这两个变量可以直接使用。

Math.E：自然对数，数据类型为 double。

Math.PI：圆周率 π，数据类型为 double。

回顾程序 2-1，是否可以不使用常值变量，而使用 Math 类的 PI 变量实现圆周长和面积的计算呢？

（2）Math 类的类方法

Math 类提供了几十种类方法，常见的如表 2-11 所示，其余类方法可参考 Java SE API 文档。

表 2-11　Math 类提供的类方法

数据类型	方法名	功能描述
static double	abs(a)	返回 a 值的绝对值。a 的数据类型为 double、float、int 或 long
static double	sin(a)	返回角的正弦值
static double	cos(a)	返回角的余弦值
static double	tan(a)	返回角的正切值
static double	asin(a)	返回一个值的反正弦值；返回的角度范围在 -π/2～π/2 之间
static double	acos(a)	返回一个值的反余弦值；返回的角度范围在 0.0～π 之间
static double	atan(a)	返回一个值的反正切值；返回的角度范围在 -π/2～π/2 之间
static double	cosh(x)	返回 x 的双曲线余弦值
static double	exp(a)	返回欧拉数 e 的 a 次幂的值
static double	log(a)	返回 a 值的自然对数（底数是 e）
static double	log10(a)	返回 a 值的底数为 10 的对数
static double	max(a,b)	返回两个值中较大的一个。a、b 的数据类型为 double、float、int 或 long
static double	min(a,b)	返回两个值中较小的一个。a、b 的数据类型为 double、float、int 或 long
static double	pow(a,b)	返回 a 的 b 次幂的值
static double	random()	返回带正号的随机数的值，该值大于或等于 0.0 且小于 1.0
static double	rint(a)	对 a 值取整
static long	round(a)	四舍五入，a 的数据类型为 double 或 float
static double	sqrt(a)	返回 a 值的平方根

使用上述 Math 类的类变量和类方法时，无须构造对象，可通过类名直接进行调用。示例如下。

```
Math.sin(Math.PI/2)                        //计算 sin(π/2)
Math.pow(Math.E,2)                         //计算 e 的 2 次幂
Math.exp(2)                                //计算 e 的 2 次幂
(int)(100*Math.random()+0.5)               //随机产生一个 0~100 之间的整数
(char)('a'+Math.random()*('z'-'a'+1))      //随机生成'a'~'z'之间的一个字母
Math.rint(9.99)                            //取整，结果为 10.0
```

【程序 2-8】求一元二次方程 $ax^2+bx+c=0$ 的根（$a\neq 0$），设 $b^2-4ac>=0$。

问题分析

假定一元二次方程的系数 a 不为 0，判别式 $b^2-4ac>=0$，那么方程有两个实根，求解公式为

$roots = \dfrac{-b \pm \sqrt{b^2 - 4ac}}{2a}$，使用 Math 类的 sqrt 方法和 pow 方法即可解决问题。

程序代码

```
01  //程序 Equation.java，求一元二次方程的根
02  import java.util.Random;
03  public class Equation{
04      public static void main(String[] args) {
05          int a,b,c;
06          double discriminant,root1,root2;
07          Random r_dom=new Random(); //构造对象，创建随机数生成器
08          while(true)
09          { a=r_dom.nextInt(10)+1;    //随机生成系数 a
10            b=r_dom.nextInt(10);     //随机生成系数 b
11            c=(int)(Math.random()*10);  //随机生成常数 c
12            discriminant=Math.pow(b,2)-(4*a*c);  //计算判别式
13            if(discriminant>=0) //判别式为非负
14              break;
15          }
16          root1=((-1*b)+Math.sqrt(discriminant))/(2*a);
17          root2=((-1*b)-Math.sqrt(discriminant))/(2*a);
18          System.out.println("系数 a,b,c 分别为:"+a+","+b+","+c);
19          System.out.println("实根 1:"+root1);
20          System.out.println("实根 2:"+root2);
21      }
22  }
```

程序 2-8 解析

运行结果

系数 a，b，c 为：3，9，1
实根 1：-0.11556268951365418
实根 2：-2.8844373104863457

程序说明

（1）程序采用随机数的方式生成系数 a、b、c，注意 a≠0。也可使用 Math 类的 random 方法构造表达式(int)(Math.random()*m)产生一个 0~m 范围内的随机整数。

（2）Math 类是 java.lang 包中的类，默认情况下，Java 编译器会自动导入，无须使用 import 语句导入。使用 Math 类的方法时，无须创建对象，通过类名直接调用即可，如 Math.sqrt()。

（3）while 循环确保判别式为非负，其内容详见第 3 章。

自测与思考

一、自测题

1. 下列常量定义合法的是_____。

   A. int TIMKF=1024;

   B. char TIMKF="1024";

   C. final int TIMKF =1024;

   D. byte TIMKF='1024';

2. 下列是十六进制整数的是_____。
   A. 0176   B. 0xC5   C. 6590   D. f178
3. 有如下的程序段，执行完 x 和 y 的值分别是_____。
   ```
   int  x= 8, y=2, z;
   x=++x*y;
   z=x/y++;
   ```
   A. x=16,y=2   B. x=16,y=4   C. x=18,y=2   D. x=18,y=3
4. 整型变量 x=1，y=3，经下列计算后，x 的值不等于 6 的是_____。
   A. x=9-(--y)   B. x=y>2?6:5   C. x=9-(y--)   D. x=y*4/2
5. 语句"x*=y+1;"等价于_____。
   A. x=x*y+1;   B. x=x*(y+1);   C. x=y+1;   D. x=y+x;
6. 下面程序的运行结果为_____。
   ```
   public class Test3{
     public static void main ( String args[] ) {
       System.out.println(100%3);
       System.out.println(100%3.0);
     }
   }
   ```
   A. 1 和 1   B. 1 和 1.0   C. 1.0 和 1   D. 1.0 和 1.0
7. 下面程序的运行结果为_____。
   ```
   public class Test4{
     public static void main ( String args[] ) {
       int a=4,b=6,c=8;
       String s="abc";
       System.out.println( a+b+s+c );
       System.out.println();
     }
   }
   ```
   A. ababcc   B. 464688   C. 46abc8   D. 10abc8
8. 执行完下面的程序代码后，c 与 result 的值是_____。
   ```
   boolean a = false;
   boolean b = true;
   boolean c= ( a&&b)&&(!b);
   int result = c == false?1:2;
   ```
   A. false 和 1   B. true 和 2   C. true 和 1   D. false 和 2
9. 有关下列程序的说法中，正确的是_____。
   ```
   01  public class Test {
   02    public static void main(String args[]) {
   03      int x=5,a=8;
   04      float c=9.88F,d;
   05      double b,x=1.23;
   06      b=(double)5/c;
   07      d=(float)-a/5+c*2;
   08      System.out.println("b="+b+",d="+d);
   09    }
   ```

10 }
A. 第 03 行和第 05 行定义的 x 命名冲突
B. 第 06 行必须强制转换，否则会丢失数据信息
C. 第 04 行定义有错，应将 9.88F 修改为 9.88f
D. 第 07 行无论强制转换与否，d 的值都一样

10. Math.round(11.5)和 Math.round(-11.5)的结果分别为_____。
A. 11 和-11   B. 12 和-11   C. 12 和-12   D. 11 和-12

二、思考题

1. 什么是表达式？什么是运算符？它们之间的关系怎样？
2. 算术运算符包含哪些？各有什么作用？
3. 关系运算符和逻辑运算符的作用分别是什么？写出两个有逻辑短路问题的语句。
4. 扩展运算符有哪些？在表达式中如何表示？其意义是什么？
5. Math 类的 random 方法和 Random 类都可以生成一个随机数据，二者有什么不同？

第 2 章自测题解析

Chapter 3

第 3 章
程序流程控制

前一章详细介绍了 Java 的各种运算符和表达式。在实际的程序开发中,仅仅使用运算符和表达式是远远不够的,还需对程序的执行流程进行控制。流程是指程序代码的执行顺序。流程控制就是控制代码的执行顺序,使程序可以根据不同状况而执行不同的代码,这在程序设计中具有十分重要的作用。因此,能否熟练地掌握流程控制语句对程序质量的影响很大。本章首先简要介绍 Java 的典型程序结构,然后重点讲解 Java 的选择结构、循环结构和控制跳转语句,最后专题介绍 Java 的典型流程控制算法。

本章导学

- ❖ 了解结构化程序设计思想以及 3 种典型程序结构的基本流程
- ❖ 掌握 if 与 switch 语句,熟练使用这 2 种语句及嵌套语句实现选择控制
- ❖ 掌握 for、while 及 do-while 语句,熟练使用这 3 种语句及嵌套循环实现循环控制
- ❖ 掌握使用 break 和 continue 语句实现程序流程跳转的方法
- ❖ 熟悉典型的流程控制算法

3.1 典型程序结构

到目前为止,大家所运行的程序都是按照语句编写的先后顺序逐条执行。例如:声明变量,给变量赋值,输出变量的值。然而,在日常生活中往往会遇到很多复杂的情况。比如:怎样把某个数字显示100次?怎样实现反复播放自己喜欢听的曲子?走到"丁"字路口前,该选择哪个方向?通过本章的讲解,读者将能用程序流程控制方法来解决这些问题。

结构化程序设计首先是由迪克斯特拉(E.W.Dijkstra)于1969年提出的,结构化程序设计的核心思想是以模块化设计为中心,使程序逻辑结构清晰、层次分明、可读性好,进而提高程序的开发效率。按照结构化程序设计的观点,任何算法功能都可以由程序模块的3种基本流程结构组成,这3种基本流程结构分别是顺序结构、选择结构和循环结构。

Java语言虽然是面向对象的程序设计语言,但是每个方法里的语句块需要按照结构化程序设计的思想来组织,从而完成相应的逻辑功能。下面简要介绍3种基本流程结构。

顺序结构是一种简单的程序结构,它表示程序的执行顺序是按照语句编写的先后顺序执行的,其流程如图3-1所示。该结构从入口点a开始,按顺序执行所有的语句,直到出口点b结束。

选择结构指程序通过判断给定条件的结果来选择执行哪个程序分支,其典型的程序流程如图3-2所示。该结构的入口点a是一个条件表达式,如果条件表达式的结果为真,则执行语句块1,否则执行语句块2。显然,语句块1和语句块2必须选择其中之一执行,但无论执行哪个语句块,最后只有一个出口点b。

循环结构指程序在满足一定条件的情况下反复执行某个程序块,这个程序块通常称为循环体。其典型的程序流程如图3-3所示。该结构的入口点a是一个条件表达式,如果条件表达式结果为真,则一直执行循环体内的所有语句,直到条件表达式结果为假时,跳出循环体至循环体外的唯一出口点b。

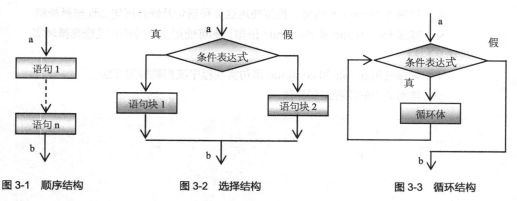

图3-1 顺序结构　　　　图3-2 选择结构　　　　图3-3 循环结构

通过3种基本流程结构的流程图,可以清楚地看出结构化程序设计采用的是"单入口单出口"的控制结构。如果一个复杂的程序仅由顺序、选择和循环3种基本流程结构通过组合、嵌套构成,那么这个新构造的程序一定也是一个单入口单出口的程序,且程序的总流程都是按照顺序结构进行的。这样的程序结构良好,易于调试。另外,用流程图表示算法是一种极好的方法,读者可以把本章介绍的每种语句都用流程图表示出来,从而加深对语句的理解。

3.2 选择结构

❓ 相信大家都对各种手机套餐资费有所了解。现在假设有一种手机套餐：每月基本套餐使用费 20 元，其中包括主叫 100 分钟通话时间，超过 100 分钟后，主叫每分钟 0.15 元。给定一个主叫通话时间，试计算所需要的电话费用？

通过分析该问题可以得出：如果要计算所需费用，必须判断通话时间是在 100 分钟以内还是在 100 分钟以外，因此需用选择结构进行求解。本节将详细介绍 Java 提供的两种选择语句：if 语句和 switch 语句。

3.2.1 if 语句

1. 基本的 if-else 语句

if-else 语句的基本形式如下。

```
if(条件表达式)
    语句块 1;
[else
    语句块 2;]
```

说明

（1）语句的执行过程：先判断条件表达式，当结果为 true 时，执行语句块 1；反之，执行语句块 2。在实际编程时，else 子句是可以省略的。若省略 else 子句，则当条件表达式结果为 false 时，程序直接绕过语句块 1 转到流程的出口处继续执行。

（2）if 语句中条件表达式的结果必须为逻辑型，既可以是逻辑型的常量或变量，也可以是关系表达式或逻辑表达式。如果是其他类型，Java 不提供默认转换，程序编译将会出错，例如下面的程序段。

```
int x=0;
if(x)       //不能直接使用整型表达式
{…}
```

该程序段将不能编译通过。而需改写如下。

```
int x=0;
if(x==0)
{…}
```

（3）语句块既可以是一条语句，也可以是多条语句。若为多条语句，则必须采用大括号将多条语句括起来组成"语句块"。当然，语句块中的语句也可以是 if 语句，这就构成了 if 语句的嵌套。例如下面的程序段。

```
01  int x=5;
02  if(x<=0)
03  {
04      x=-x;
05      System.out.println("x="+x);
06  }
```

第 04、05 行的语句被放入大括号内，属于一个语句块。当条件结果为真时，语句块中的两条语句都会被执行。但由于 x 的值为 5，条件 x<=0 结果为假，所以语句块不会被执行，程序直接跳转到第 06 行后面的语句去执行，执行后没有任何结果输出。试想，如果把第 03、06 行的大括号去掉，程序有结果输出吗？

答案是肯定的。去掉大括号后，if 语句内只有一条语句，即 x=-x。第 05 行的输出语句属于结构出口后面的语句，与 if 语句无关。因此，无论 x 的值是多少，第 05 行的输出语句都会被执行。

接下来，再看下面的程序段。

```
01  int x=-5;
02  if(x<=0)
03      if(x==0)
04          System.out.println("x 是零");
05      else
06          System.out.println("x 为负数");
```

上述程序段称为嵌套的 if 语句。初看起来，可能无法准确判断 else 与哪个 if 配对，实际上，在嵌套 if 语句中，Java 编译器总是将 else 与最近的还没有配对的 if 配对，除非用花括号指定不同的匹配方式。在编写嵌套程序时，建议采用"锯齿形"风格，使同级别的语句保持相同的缩进量，以增强程序的可读性。例如，上面的程序段，我们很容易就能发现第 03 行的 if 和第 05 行的 else 配对。当然，也可以把第 03~06 行的程序段用大括号括起来。此时，程序输出的结果为"x 为负数"。试想，如果把第 03、04 行的语句用花括号括起来，那么 else 和 if 的配对情况又怎样？结果又是多少呢？

【程序 3-1】 分析本节引例并编写程序。

问题分析

计算电话费用时，需分通话时间在 100 分钟以内和 100 分钟以外两种情况，可通过 if 语句解决此问题。同时，还需要考虑通话时间输入的有效性。因此，可以通过嵌套的 if 语句完成程序功能。

程序代码

```
01  public class TelephoneFee {
02    public static void main(String args[]){
03      int callTime;              //记录通话时间
04      float callCharge;          //记录电话费用
05      callCharge=20.0f;
06      callTime=Integer.parseInt(args[0]);
07      if(callTime>=0)            //通话时间大于等于 0
08      {
09          if(callTime<=100)      //通话时间小于等于 100 分钟
10            System.out.println("电话费用是"+callCharge+"元。");
11          else                   //通话时间大于 100 分钟
12          {
13              callCharge=callCharge+(callTime-100)*0.15f;
14              System.out.println("电话费用是"+callCharge+"元。");
15          }
16      }
17      else
```

```
18            System.out.println("输入时间有误！");
19        }
20  }
```

运行结果

电话费用是 35.0 元。（运行时输入"java TelephoneFee 200"。）

程序说明

程序采用"运行带参数的 Java 程序"命令执行。运行时，提供的命令行参数为通话时间，并且输入的时间以分钟为单位。当时间大于 0 时，程序分两种情况计算通话费用。

2. 多选择的 if-else 语句

试想：如果把本节的引例进行扩展，通话时间超过 500 分钟后，主叫每分钟 0.1 元，超过 1 000 分钟，主叫每分钟 0.05 元。若直接修改程序 3-1，则至少需要再加入两层嵌套才能解决问题，这会大大降低程序的可读性。Java 提供了多选择的 if-else 语句来解决此类问题。多选择的 if-else 语句的基本形式如下。

```
if(条件表达式 1)
    语句块 1;
else if(条件表达式 2)
    语句块 2;
…
[else
    语句块 n;]
```

说明

（1）语句的执行过程：流程的入口依次判断各个"条件表达式 n"，当遇到第一个条件表达式的结果为 true 时，执行相应的语句块，然后直接转到流程的出口，不会再判断该结构的其他条件表达式。例如下面的程序段。

```
01  int score=80;
02  char grade='D';
03  if(score>=90)
04      grade='A';
05  else if(score>=80)
06      grade='B';
07  else
08      grade='C';
09  System.out.println("成绩等级为: "+grade);
```

程序首先判断 score>=90，结果为 false；接着判断 score>=80，结果为 true，则变量 grade 被赋值'B'，之后直接转到多选择 if-else 语句出口处，继续执行第 09 行的语句。

（2）if 语句中条件表达式的结果必须是逻辑型；else 表示所有的条件表达式均为 false，执行语句块 n，该部分可以省略。

【程序 3-2】 分析扩展引例并编写程序。

问题分析

扩展引例将通话时间分为 4 种情况。同时，还要考虑通话时间输入的有效性。因此，可以采用多选择的 if-else 语句完成程序的编写。

程序代码

```java
01  public class TelephoneFee1{
02    public static void main(String args[]){
03      int callTime;              //记录通话时间
04      float callCharge=20.0f;    //记录电话费用
05      callTime=Integer.parseInt(args[0]);
06      if(callTime>1000){         //通话时间多于1000分钟
07        callCharge=callCharge+400*0.15f+500*0.1f+(callTime-1000)*0.05f;
08        System.out.println("电话费用是"+callCharge+"元。");
09      }
10      else if(callTime>500){     //通话时间在500～1000分钟之间
11        callCharge=callCharge+400*0.15f+(callTime-500)*0.1f;
12        System.out.println("电话费用是"+callCharge+"元。");
13      }
14      else if(callTime>100){     //通话时间在100～500分钟之间
15        callCharge=callCharge+(callTime-100)*0.15f;
16        System.out.println("电话费用是"+callCharge+"元。");
17      }
18      else if(callTime>=0)       //通话时间在0～100分钟之间
19        System.out.println("电话费用是"+callCharge+"元。");
20      else
21        System.out.println("输入时间有误");
22    }
23  }
```

程序 3-2 解析

运行结果

电话费用是 155.0 元。（运行时输入"java TelephoneFee1 1500"。）

程序说明

程序 3-1 仅需判断通话时间在 100 分钟以内以及在 100 分钟以外两种情况，可以用 if-else 语句完成。而程序 3-2 中，通话时间有多种区间范围，因此采用多选择的 if-else 语句完成。此外，程序 3-2 将输出结果的语句放在每种区间范围内，共出现了 4 次（第 08、12、16 和 19 行），显得有些冗余，能否将该语句放到 if-else 结构之后统一输出呢？请实际上机测试。

3.2.2 switch 语句

3.2.1 节讨论的 if 语句及 if-else 语句，有时可能会因为嵌套层次太多，造成条件判定不太直观，程序的可读性差。Java 提供了另一种多分支语句：switch 语句。Switch 语句的基本形式如下。

```
switch(表达式) {
    case 值 1：
        语句块 1；
        break；
    case 值 2：
        语句块 2；
        break；
```

```
    ...
    case 值n:
        语句块n;
        break;
    [default:
        语句块n+1;
    ]
}
```

> **说明**

（1）语句的执行过程：流程的入口首先计算表达式的值，将该值与case后的值进行比较。如果相同，则转入case值所对应的语句块执行，遇到break语句后直接跳转到流程出口；如果没有匹配的case值，则执行default子句中的语句块n+1，若省略default子句，则直接转到流程的出口。示例如下。

```
char grade='A';
switch(grade){
    case 'A':
        System.out.println("优秀");
        break;
    case 'B':
        System.out.println("良好");
        break;
}
```

上述程序段的输出结果为"优秀"。

（2）switch语句的每个case不负责指明流程的出口，一旦遇到相等的值，执行完相应的语句块后，不再判断后面的case值，仍会顺序往下执行各个语句块，直到遇到break或执行到流程的出口。这也就是为什么每个语句块后都有一个break语句的原因。例如下面的程序段。

```
char grade='A';
switch(grade){
    case 'A':
        System.out.println("优秀");
    case 'B':
        System.out.println("良好");
    case 'C':
        System.out.println("中等");
    default:
        System.out.println("不及格");
}
```

该程序段由于没有为每个case值后的语句块配备break语句，因此程序段的输出结果如下。

优秀
良好
中等
不及格

（3）并非所有的case值后面都必须有语句块。比如多个case值对应相同的结果时，只需在最后一个case值后面填写相应的语句块。示例如下。

```
01 char grade='B';
02 switch(grade){
03     case 'A':
04     case 'B':
05     case 'C':
06         System.out.println("及格");
07         break;
08     default:
09         System.out.println("不及格");
10 }
```

该程序段在第 04 行遇到与表达式相同的值'B'，但是该 case 值后为空语句并且没有 break 跳转语句，因此程序继续向下执行，直到第 06 行输出"及格"后，在第 07 行遇到 break，结束 switch 语句。程序段的执行结果如下。

及格

（4）switch 后的表达式既可以是单个变量，又可以是带有各种操作符的表达式。但是，表达式的结果必须是 byte、short、int、char 类型。在 JDK 7 的后续版本中，增加了 String 类型。case 后面的值不能是变量或带有变量的表达式，其值的类型必须与 switch 表达式结果的类型相同。示例如下。

① ```
float x=2.0;
switch(x){   //错误，switch 后的表达式不能是浮点型数据
    case 2.0: …}   //错误，case 后不能是浮点型数据
```

② ```
int y=1;
switch(y*5){…}          //正确，switch 后可以是结果为整型的表达式
```

③ ```
int x=3,y=1;
switch(x){
    case y+2: …}   //错误，case 后面不能为带有变量的表达式
```

④ ```
String s="hello";       //在 JDK 7 及以上版本中，该程序段是正确的
switch(s){
    case "hello":
        System.out.println("hello");
        break;
}
```

【程序 3-3】将程序 3-2 用 switch 语句完成。

问题分析

程序 3-2 采用多选择的 if-else 语句，将其改写成 switch 语句时，不能使用简单的关系运算符进行判断，而需要将通话时间枚举出来。显然，不进行任何处理直接进行枚举是不可能的。但是，将通话时间进行适当变换，其值便是可以进行枚举的。

程序代码

```
01 public class TelephoneFee2{
02     public static void main(String args[]){
03         int callTime;                        //记录通话时间
04         float callCharge=20.0f;              //记录电话费用
05         callTime=Integer.parseInt(args[0]);
06         switch(callTime/100){
```

程序 3-3 解析

```
07      case 0:
08        callCharge=20;
09        break;
10      case 1: case 2: case 3: case 4:
11        callCharge=callCharge+(callTime-100)*0.15f;
12        break;
13      case 5: case 6: case 7: case 8: case 9:
14        callCharge=callCharge+400*0.15f+(callTime-500)*0.1f;
15        break;
16      default:
17        callCharge=callCharge+400*0.15f+500*0.1f+(callTime-1000)*0.05f;
18    }
19    System.out.println("电话费用是"+callCharge+"元。");
20  }
21 }
```

运行结果

电话费用是 135.0 元。（运行时输入"java TelephoneFee2 1100"。）

程序说明

怎样将 if 语句的关系表达式改成 switch 语句的表达式是解决本问题的关键。另外，本例没有判断输入数据的有效性，若要完善程序，可以在 if-else 语句中嵌套 switch 语句，请读者尝试自行完成。

3.3 循环结构

先来讨论一个关于薪酬的问题。甲对老板说：每月（30 天）给我 3 000～5 000 元。乙对老板说：你第 1 天给我 1 分钱，第 2 天给我 2 分钱，第 3 天给我 4 分钱……你每天给我的钱是前一天的 2 倍。丙对老板说：我家境比较好，出来工作主要是想锻炼一下自己的能力。酬金方面，我每天给你 10 万，你只要付我乙所说的工资就行了。老板经过考虑聘用了丙，请问 30 天后双方各得多少钱？

分析该问题可以看出，若要计算丙实际得到的薪酬，必须通过多次累乘计算才能完成。其实，这种不辞辛苦地反复做一件事情的工作正是计算机的主要优势之一，循环结构正是解决此类问题最好的方法。本节将介绍 Java 语言的 3 种循环语句：for 语句、while 语句和 do-while 语句。

3.3.1 for 语句

for 语句是较简洁的一种循环语句，其语法格式如下。

```
for(初始语句; 逻辑表达式; 迭代语句)
    循环体;
```

说明

（1）语句的执行过程：for 循环先执行初始语句，然后判断逻辑表达式，当结果为 true 时，执行循环体，循环体内的语句全部执行完毕后立即执行迭代语句。之后，继续判断逻辑表达式，如果结果为 true 就一直进行下去，直到逻辑表达式的结果为 false 时停止循环，转到流程的出口处。示例如下。

```
int i;
for(i=1;i<=2;i++)
    System.out.println(i+i);
```

上述程序段的执行过程：①给变量 i 赋初值 1；②判断 i<=2?，结果为 true；③循环体输出 2（1+1）；④执行 i++，i 的值变为 2；⑤判断 i<=2?结果为 true；⑥循环体输出 4（2+2）；⑦执行 i++，i 的值变为 3；⑧判断 3<=2?结果为 false，不再执行循环体，结束 for 循环。因此，循环体执行了 2 次，执行结束后，i 的值为 3。试想，如果条件变为 i<=5，循环体执行多少次？循环结束后 i 的值为多少？

（2）for 语句小括号内是 3 条独立的语句，都可以为空。但要注意的是，如果循环体内没有逻辑判断及跳转语句，很容易造成程序无休止地循环下去，即死循环。例如下面的程序段。

```
01  int i=1;
02  for( ; ; ){
03      if(i<=3){
04          System.out.println("循环能结束吗？");
05          i=i+1;
06      }
07  }
```

程序在第 01 行声明变量并赋初值，在循环体内有一个选择结构 if 语句来选择循环是否终止，并在第 05 行对变量的值进行修改。看似程序中有了判断与迭代语句，但该 for 循环仍然是一个死循环。要解决此类问题需要使用跳转语句，详见 3.4 节。

（3）逻辑表达式可以是包含逻辑运算符的表达式，初始化语句和迭代语句可以是用逗号分开的按照顺序执行的多条语句。示例如下。

```
for(int i=1,j=10;i<=3 && j<4;i++,j--){…}
```

（4）初始化语句可以直接声明变量并初始化。若声明多个变量，可以用逗号将它们分开，但这些变量必须是同种数据类型。在 for 语句内声明的变量，只在循环体内有效，for 循环结束，变量将不再起作用。示例如下。

① `for(int i=1,j=1;i<=3;i++){…}`   //正确，声明两个整型变量并赋初值
② `for(int i=1,j=1.0;i<=3;i++){…}`   //错误，声明的两个变量必须是同种类型
③ `int i;`
   `double j;`
   `for(i=1,j=1.0;i<=3;i++){…}`   //正确，循环之前声明变量
④ `double j;`
   `for(int i=1,j=1.0;i<=3;i++){…}`   //错误，重复声明变量 j

了解了有关 for 语句的知识，接下来可分析以下程序段所实现的功能。

```
int sum=0;
int i;
for(i=1;i<=100;i++)
    sum+=i;
System.out.println("sum="+sum);
System.out.println("i="+i);
```

显然，该程序段的功能是计算 1+2+…+99+100，结果为 5 050。循环结束后，i 的值为 101。

若将变量 i 的声明放在 for 语句中，则循环结束后，变量 i 便不再有效，这将导致程序的最后一行编译出错。

【程序 3-4】 分析本节引例并编写程序。

问题分析

丙员工每天的实际薪酬要通过累乘计算，再对每次累乘的结果进行累加而得到，可以使用 for 语句来完成。

程序代码

```
01  public class Remuneration {
02    public static void main (String args[]){
03      int i;
04      long money=1,sum=0;  //以分为单位
05      for(i=1;i<=30;i++){
06        sum=sum+money;
07        money=2*money;
08      }
09      System.out.println("30 天后老板应给员工："+sum/1000000+"万元");
10      System.out.println("30 天后员工应给老板："+30*10+"万元");
11    }
12  }
```

程序 3-4 解析

运行结果

30 天后老板应给员工：1073 万元

30 天后员工应给老板：300 万元

程序说明

一个月按 30 天计算，可用于确定 for 循环的循环次数。累乘计算，通过语句"money=2*money;"实现；累加计算，通过语句 "sum=sum+money;" 实现。

3.3.2 while 语句

一般情况下，明确知道循环执行次数时常采用 for 语句来实现，这通常称为计数型循环。但当程序需用某种逻辑表达式来决定循环的执行与否时，使用 while 或 do-while 语句来实现更为方便。这两种类型的语句通常称为条件型循环。while 语句的一般语法格式如下。

```
while(逻辑表达式)
    循环体;
```

说明

（1）语句的执行过程：先判断逻辑表达式，若结果为 true，则执行循环体，然后再判断逻辑表达式，直到结果为 false 时，结束循环，转到流程的出口。

（2）一般情况下，循环体内要有能够改变逻辑表达式结果的语句，以保证逻辑表达式的结果可以从 true 变为 false，避免出现死循环。例如下面的程序段。

```
01  int i=1
02  while(i<=3){
03    System.out.println(i+i);
04    i++;
05  }
```

上述程序段第 04 行保证每次循环都能改变 i 的值，使程序能正常运行。如果把该语句删除，那么 i 的值将始终为 1，条件永远为真，就会形成死循环。

分析下面两个程序段的执行结果。

① `for(int i=1;i<=3;i++);`
   `System.out.println("for 语句后面可以接分号吗？");`

② `int i;`
   `While(i<=3);`
   `System.out.println("while 语句后面可以接分号吗？");`

上述两个程序段在编译时都不会出错，但是结果却出人意料：第①段代码 for 后面的分号意味着循环体为空，它会通过迭代语句进行自加，直到 i=4 时结束循环，然后执行一次输出语句；第②段代码，while 后面的循环体是空语句，但是却没有迭代语句的出现，这样将导致程序一直在空语句中循环，形成死循环。

接下来，分析下面程序段的功能。

```
int x,y,z,i=100;
while(i<1000){
    x=i/100;        //取出百位数字
    y=i/10%10;      //取出十位数字
    z=i%10;         //取出个位数字
    if(x*x*x+y*y*y+z*z*z==i)
        System.out.println("narcissistic number:"+i);
    i++;
}
```

实际上，上述程序段的功能是找出各位上的数字的 3 次幂之和等于该数字本身的三位数。在 while 循环中，主要利用"/"和"%"两个运算符的特性，分离出数值各位上的数字，然后进行判断处理。

【**程序 3-5**】修改本节引例，计算从哪天开始老板付给员工的薪酬总额多于员工付给老板的酬金总额？

问题分析

本程序结束循环的条件不是指定的次数，而是一个关系判断，即老板付给员工的薪酬多于员工付给老板的酬金。因此，可以通过 while 语句来实现。在循环体内计算每天两个人分别拿到的钱数，再使用一个变量来记录天数即可。

程序代码

```
01  public class Remuneration1 {
02    public static void main (String args[]){
03      int i=1;
04      long money=1;                         //以分为金额单位
05      long sumB=10000000,sumE=1;            //sumB 为老板应得，sumE 为员工应得
06      while(sumE<sumB){
07        i=i+1;                              //增加一天
08        money=2*money;                      //递增的金额
09        sumE=sumE+money ;                   //员工得到的薪酬总额
10        sumB=i*10000000;                    //老板得到的酬金总额
11      }
```

程序 3-5 解析

```
12        System.out.println("第"+i+"天 老板得到的酬金总额:"+sumB+"分");
13        System.out.println("第"+i+"天 员工得到的薪酬总额:"+sumE+"分");
14        System.out.println("从第"+i
                      +"天后,老板付给员工的薪酬多于员工付给老板的酬金! ");
15    }
16 }
```

运行结果

第 29 天老板得到的酬金总额：290000000 分
第 29 天员工得到的薪酬总额：536870911 分
从第 29 天后，老板付给员工的薪酬多于员工付给老板的酬金！

程序说明

本程序中循环次数不确定，循环条件是比较员工和老板得到的总金额，因此用 while 语句较为方便。在循环过程中，用循环次数标记工作的天数，进而得到从哪一天开始老板付给员工的薪酬多于员工付给老板的酬金。

3.3.3 do-while 语句

do-while 语句的语法格式如下。

```
do
    循环体;
while(逻辑表达式);
```

说明

（1）do-while 语句和 while 语句很相似，do-while 语句的执行过程：先执行循环体，然后判断逻辑表达式的值，如果结果为 true，则继续执行循环体，反之，则结束循环，转到流程的出口。例如下面的程序段。

```
01  int i=10;
02  do
03     i=i+1;
04  while(i<5);
05  System.out.println(i);
```

上述程序段进入循环体后，首先执行第 03 行语句，i 的值变为 11，第 04 行的逻辑表达式此时结果为 false，循环结束。之后，执行第 05 行语句，输出 i 的值，为 11。在本程序段中，尽管 i 的初始值已为 10，逻辑表达式的结果已经为 false 了，但是按照 do-while 的执行逻辑，循环体仍要执行一次。因此，i 的值也随之发生变化。

（2）do-while 语句的特点是先执行循环体，再判断逻辑表达式。因此，循环体至少都会被执行一次。而 while 语句的循环体可能一次都不执行。使用 do-while 语句时，注意在 while 语句的结尾处要有分号。

【程序 3-6】 求 e=1+1/1!+1/2!+1/3!+…+1/n! 的近似值，要求累加到最后一项的值小于 0.00000001 为止。

问题分析

从求取 e 的表达式可以看出，分母的阶乘就是累乘计算，每一项的相加就是累加计算。因此，可以设计一个 do-while 循环，循环终止条件设置为累加项的值小于 0.00000001，在循环体内依次求出每一个累加项后累加进结果 e 中即可。

程序代码

```
01  public class logarithm {
02    public static void main(String args[]){
03      int n=1;
04      double e=0,item=1;
05      do{
06        e=e+1/item;      //e 的值
07        item=item*n;     //分母项
08        n=n+1;           //递增的阶乘
09      }while(1/item>0.00000001);
10      System.out.println("累加了"+n+"项后，e 的值为"+e);
11    }
12  }
```

程序 3-6 解析

运行结果

累加了 13 项后，e 的值为 2.718281826198493

程序说明

item 理论上可以达到无穷大。当数值非常大的时候，计算机也会出现"无穷大加 1 还是无穷大"的现象，这称为"浮点值上溢"现象。示例如下。

```
double x=9.9999e15;
if (x==x+1)
    System.out.println("x 等于 x+1");
```

该程序段会输出"x 等于 x+1"。无穷小也有类似的"浮点值下溢"现象。因此，在程序中处理这类问题的时候，需注意对数值的取值范围进行控制，避免出现不可预期的情况。

3.3.4 嵌套循环

如果在一个循环内又包含另外一个或多个循环，就构成了嵌套循环。各种类型的循环语句都可以作为嵌套循环的内层或外层部分，但是内层循环一定要包含在外层循环之内，不允许出现交叉。嵌套循环可以是二重循环、三重循环……典型的嵌套循环结构如下所示。

```
for( ; ;){        //外层循环开始
    do{           //内层循环开始
        …
    }while();     //内层循环结束
}                 //外层循环结束
```

嵌套循环的流程图如图 3-4 所示。

从图 3-4 可以看出，流程的入口先判断外层循环条件，如果为 true，则开始执行外层循环体，而内层循环将在外层的循环体内反复执行自己的循环体，直到内层循环条件为 false，转到外层循环，再判断外层循环的条件，如果为 true，则继续进入循环体，重新执行内层循环，直到外层条件为假，结束循环。根据上述分析，假设外层循环次数为 *m* 次，内层循环次数为 *n* 次，则实际嵌套循环的执行次数为 *m*×*n* 次。

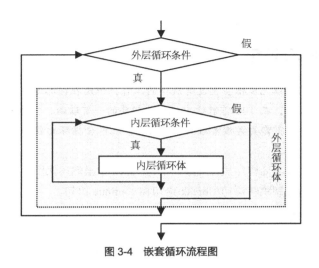

图 3-4 嵌套循环流程图

【程序 3-7】 采用嵌套循环，打印九九乘法表。
问题分析

采用两重循环实现该问题。其中，外循环控制当前输出的是第几行，内循环控制当前行需要输出的计算式个数。循环体不仅要输出"j*i=xx"格式的计算式，还需要注意何时进行换行以及空格的输出技巧。

程序代码

```
01  public class MultiplicationTable{
02    public static void main (String args[]){
03      int i,j;
04      for(i=1;i<=9;i++){
05        for(j=1;j<=i;j++)
06          System.out.print(j+"*"+i+"="+j*i+"\t");
07        System.out.println();
08      }
09    }
10  }
```

程序 3-7 解析

运行结果

```
1*1=1
1*2=2    2*2=4
1*3=3    2*3=6    3*3=9
1*4=4    2*4=8    3*4=12   4*4=16
1*5=5    2*5=10   3*5=15   4*5=20   5*5=25
1*6=6    2*6=12   3*6=18   4*6=24   5*6=30   6*6=36
1*7=7    2*7=14   3*7=21   4*7=28   5*7=35   6*7=42   7*7=49
1*8=8    2*8=16   3*8=24   4*8=32   5*8=40   6*8=48   7*8=56   8*8=64
1*9=9    2*9=18   3*9=27   4*9=36   5*9=45   6*9=54   7*9=63   8*9=72   9*9=81
```

程序说明

第 06 行的"\t"是转义字符，代表 tab 键所对应的空格数。此外，第 07 行的作用是换行，该语句为外循环的最后一条语句,也即实现输出下一行之前先进行换行。

3.4 控制跳转语句

通过循环结构可以完成很多重复有规律的工作,但是在循环过程中可能会有突发事件,需要立即终止循环。比如,在100首歌曲中找到你想要的一首歌曲,当你发现找到第40首的时候就已找到了,那么就不需要再搜索后面的曲目了。在包含循环的程序中,是否可以强制终止本应继续执行的语句呢?

控制跳转语句是用来改变程序执行顺序的语句。Java中虽然还保留关键字goto,但是并未使用,取而代之的是两条控制跳转语句:break语句和continue语句。

3.4.1 标号语句

一个语句前放置一个标号即成标号语句。标号语句的语法格式如下。

标号:语句;

说明

(1)标号命名规则与一般的标识符命名规则相同,它只是用来标识语句,并不影响语句的执行效果。

(2)标号只可以放在for、while和do语句之前,用于配合break和continue两种语句实现程序跳转功能。

3.4.2 continue语句

continue语句的作用是终止本次循环,直接进入下一次循环。该语句只能用在循环语句中,分为带标号和不带标号两种形式。

1. 不带标号的continue语句

在while或do-while循环体内遇到continue时,程序将忽略continue之后的语句,直接跳转去判断逻辑表达式。若在for循环体内遇到continue,则程序直接跳转到迭代语句执行。例如下面的程序段。

```
01  for(int i=1;i<=20;i++){
02    System.out.print("☆");
03    if(i%5!=0) continue;
04    System.out.println();
05  }
```

若程序段没有第03行的if语句,则经过20次循环连续输出20个"☆",并且每输出一个就换行一次。加入第03行的if语句后,就会在循环过程中判断i能否被5整除,如果不能整除,则执行continue语句,将导致第04行的输出语句被跳过而直接执行迭代语句i++。换句话说,程序只有在i能被5整除的时候才会去执行第04行的语句进行换行,以达到每行输出5个"☆"的目的。显然,该程序段的输出结果如下。

☆☆☆☆☆
☆☆☆☆☆

☆☆☆☆☆
☆☆☆☆☆

2. 带标号的 continue 语句

带标号的 continue 语句的一般形式如下。

```
continue 标号名;
```

这种语句形式一般用在嵌套循环中，标号通常放到 continue 所在循环的外层循环处，表明流程会跳转到标号所在的循环的下一次循环执行。

【程序 3-8】编写程序，查找 1~20 之间的所有素数。

问题分析

素数是在大于 1 的自然数中，除了 1 和它本身以外不再有其他因数的数。根据定义，可以推出求素数的一个简单方法：将一个数与小于这个数的所有数相除，判断是否有余数，一旦碰到没有余数，就说明这个数不是素数。因此，在循环体中可以用 continue 语句提早结束本次循环，进入下一个数的判断。

程序代码

```
01 public class PrimeNumber {
02   public static void main (String args[]){
03     System.out.print("素数为: ");
04     out: for(int i=2;i<=20;i++){       //标号后面一定是循环语句
05       for(int j=2;j<i;j++){
06         if(i%j==0)
07           continue out;                //若发现能被整除(即不是素数)，就执行 i++继续外层循环
08       }
09       System.out.print(i+", ");
10     }
11   }
12 }
```

程序 3-8 解析

运行结果

素数为：2，3，5，7，11，13，17，19，

程序说明

本程序通过双重 for 循环来查找 1~20 之间的所有素数。其中，外层循环依次从 2 循环到 20，内层循环用于检测外层循环变量 i 的当前值是否为素数。

3.4.3 break 语句

break 语句的作用是使程序的流程从一个语句块内部跳转出来，即跳转到流程的出口。break 用在 switch 语句和循环语句中，也分为带标号和不带标号两种形式。

1. 不带标号的 break 语句

不带标号的 break 语句指从所在的 switch 分支或循环结构中跳转出来，即强制结束该结构流程，转到出口处继续执行。示例如下。

```
for(int i=1;i<=100;i++){
   if(i==10)
```

```
            break;
        }
```

若该程序段没有 break 语句，则循环体要执行 100 次才能结束，但是遇到 break 跳转语句后，程序仅执行 10 次就结束了。

2. 带标号的 break 语句

带标号的 break 语句指从标号所标记的循环结构中跳转出来，即强制结束标号所在的循环结构。与 continue 相似，如果从单重循环体内部跳出，常用不带标号的 break 语句；如果从嵌套循环的内层循环直接跳出所有的循环，则必须用带标号的 break 语句，并且标号要放到需要跳出的循环语句入口处。

修改程序 3-8，把第 07 行语句改为 "break out;"，那么程序的输出结果是什么呢？仔细分析后可知：当 i 为 4 时，"i%2==0" 的结果为 true，程序将跳出第 04 行标记的循环语句，即结束外层循环。程序的输出结果如下。

素数为：2, 3,

3.5 专题应用：典型流程控制算法

如何对几个给定的数进行排序？输入某年某月某日，如何计算这一天是这一年中的第几天？如何解决经典的"百钱买百鸡"问题？这些看似纷繁复杂的问题，都可用本章介绍的选择和循环结构来解决。本节将介绍几种典型的流程控制算法，以启迪读者的程序设计思维。

本章前面的示例程序分别展现了常用程序结构的一般用法。在现实生活中，还有一些看似很复杂的问题，其实也可以用常见的选择结构和循环结构来解决。本专题将通过 3 个具体的实例，帮助读者进一步熟悉和掌握常用程序结构的设计，以达到融会贯通的目的。

【程序 3-9】 从键盘上输入 3 个整数，按照由小到大的顺序输出这 3 个整数。

问题分析

要比较 3 个数的大小，可以首先判断前两个数的大小，如果第一个数大于第二个数，则把这两个数进行位置交换；继续比较交换后的第一个数和第三个数的大小，若第一个数大于第三个数，则二者交换位置。两次比较之后，第一个数即为 3 个数中最小的一个，最后比较第二个数和第三个数，若第二个数大于第三个数，则二者交换位置。最后按从小到大的顺序输出。可见，解决本问题的关键是"比较"和"交换"。

程序代码

```
01  public class SortNum {
02    public static void main(String args[]){
03      int x,y,z;
04      int temp;
05      x=Integer.parseInt(args[0]);
06      y=Integer.parseInt(args[1]);
07      z=Integer.parseInt(args[2]);
08      System.out.println("输入的 3 个数分别为: "+x+","+y+","+z);
09      if(x>y){
10        temp=x;
11        x=y;
```

程序 3-9 解析

```
12         y=temp;
13      }
14      if(x>z){
15         temp=x;
16         x=z;
17         z=temp;
18      }
19      if(y>z){
20         temp=y;
21         y=z;
22         z=temp;
23      }
24      System.out.println("从小到大排序后为: "+x+","+y+","+z);
25   }
26 }
```

运行结果

输入的 3 个数分别为：23，46，35

从小到大排序后为：23，35，46

（运行时输入：java SortNum 23 46 35。）

程序说明

本程序采用 3 条并列的 if 语句来实现 3 个数的比较和交换。当两个数进行交换时，需要借助一个中间变量，如图 3-5 所示，而相应的程序代码可以通过 3 条赋值语句来完成，如第 10～12 行。

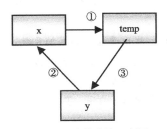

图 3-5 两个数交换示意图

【**程序 3-10**】输入某年某月某日，计算这一天是这一年中的第几天？

问题分析

通过输入的年份来判断是否为闰年，从而可得出 2 月份的天数，通过输入的月份可以计算出整月的天数，再加上输入的日，即可得出最后的结果。

程序代码

```
01 public class CountDay {
02    public static void main(String args[]) {
03       int year;          //输入的年份
04       int month;         //输入的月份
05       int day;           //输入的天数
06       int sumday=0;      //总天数
07       year=Integer.parseInt(args[0]);
08       month=Integer.parseInt(args[1]);
```

程序 3-10 解析

```
09        day=Integer.parseInt(args[2]);
10        for(int i=1;i<month;i++){           //计算直到month月（不含month月）的天数
11           switch(i){
12            case 1: case 3: case 5: case 7: case 8: case 10: case 12:
13              sumday+=31;
14              break;
15            case 2:                         //2月先按28天计算
16              sumday+=28;
17              break;
18            case 4: case 6: case 9: case 11:   //30天的月份
19              sumday+=30;
20              break;
21           }
22        }
23        //如果是闰年并且所求的时间月份是2月以后的，把天数加一天
24        if((year%400 ==0 ||(year%4==0&&year%100!=0)) && month>2){
25           sumday+=1;
26        }
27        sumday=sumday+day;                  //最后加上本月的日期
28        System.out.println(year+"年"+month+"月"+day+"日是"+year+"的第
                            "+sumday+"天");
29     }
30  }
```

运行结果

2018年10月22日是2018的第295天（运行时输入"java CountDay 2018 10 22"）。

程序说明

本程序首先得到输入的年月日，然后通过循环累加天数。在循环中，先进行月份的判断，然后进行累加；再进行年份的判断，确定2月份的天数；最后加上输入的日期数即为问题答案。

【程序3-11】 我国古代算书《张丘建算经》中有一道著名的百钱买百鸡问题：公鸡每只值5文钱，母鸡每只值3文钱，而3只小鸡值1文钱。现在用100文钱买100只鸡。问：这100只鸡中，公鸡、母鸡和小鸡各有多少只？

问题分析

首先考虑极值情况，100文钱最多能买20只公鸡，这样公鸡的数量可以为0~20；母鸡最多是33只。3种鸡的总数是一定的，当公鸡和母鸡的数量确定后，就可以确定小鸡的数量。可以通过嵌套循环列举出满足条件的各种鸡的数量。

程序代码

```
01  public class BuyChicken {
02     public static void main(String args[]) {
03        int x;        //可买公鸡只数
04        int y;        //可买母鸡只数
05        int z;        //可买小鸡只数
06        for(x=0;x<=100/5;x++){
07           for(y=0;y<=33;y++){
08              z=100-x-y;
09              if (x*5+y*3+z/3==100 && z%3==0){
10                 System.out.println("可买公鸡只数:"+x);
```

程序3-11解析

```
11              System.out.println("可买母鸡只数:"+y);
12              System.out.println("可买小鸡只数:"+z);
13              System.out.println("--------------------");
14          }
15        }
16      }
17    }
18 }
```

运行结果

可买公鸡只数：0
可买母鸡只数：25
可买小鸡只数：75

可买公鸡只数：4
可买母鸡只数：18
可买小鸡只数：78

可买公鸡只数：8
可买母鸡只数：11
可买小鸡只数：81

可买公鸡只数：12
可买母鸡只数：4
可买小鸡只数：84

程序说明

本程序采用双重循环，共循环 21×34 次，外层循环用于计算公鸡的只数，内层循环用于计算母鸡的只数，每次循环通过第 08 行的表达式来确定小鸡的数目，如果满足条件就输出公鸡、母鸡和小鸡的数目。

自测与思考

一、自测题

1. 下面各程序段可以输出"OK"结果的是_____。

   A. double x = 1.0;
      int y = 1;
      if(x == y)
        { System.out.println("OK"); }

   B. int x = 1;
      int y = 2;
      if(x = 1 && y = 2)

        { System.out.println("OK"); }
  C. boolean x = true,y = false;
    if(x == y)
      { System.out.println("OK"); }
  D. int x = 0;
    if(x)
      { System.out.println("OK"); }
2. 下面程序段的输出结果是_____。

```
int x;
for(x=5;x>0;x--);
  System.out.print (x);
```

  A. 54321   B. 0   C. 程序报错   D. 12345

3. 下面程序段的输出结果是_____。

```
for(int i=1;i<=20;i++) {
  if(i==20-i) {
    break; }
  if(i%2!=0) {
    continue; }
  System.out.print(i+" "); }
```

  A. 4 6 8 10
  B. 2 4 6 8
  C. 1 2 3 4 5 6 7 8 9 10 11 12 13 14 15 16 17 18 19 20
  D. 2 4 6

4. 下列程序段的输出结果为_____。

```
public static void main(String args[]){
  int x=0;
  int y=0;
  do{
    switch(x){
      case 0: case 1: case 2:
        y=y+3;
      case 4: case 5: case 6: case 7:
        y=y+4;
      case 8: case 9: case 10:
        y=y+5;
      default:
        y=y+10;
        break;
    }
    System.out.print(y+" ");
    x=x+2;
  } while(x<5);
}
```

  A. 3 3 7   B. 3 3 4   C. 22 44 63   D. 22 44 66

5. 下列程序的执行结果是_____。

```java
public class Test {
  public static void main(String args[]) {
        int x=5,y=10;
        if(x>=5)
           System.out.print("x>=5"+'\t');
        if(y<=10)
           System.out.print("y<=10"+'\t');
        else
           System.out.println("y>10"); }}
```

    A. x>=5   B. y<=10   C. x>=5 y<=10   D. y>10

6. 能表示"n 介于 0 和 10 之间"的 Java 语句是_____。

    A. if(0<=n<=10){
       System.out.println("n 介于 0 和 10 之间");}

    B. if(n>=0 n<=10) {
       System.out.println("n 介于 0 和 10 之间");}

    C. if (n>=0|| n<=10) {
       System.out.println("n 介于 0 和 10 之间");}

    D. if(n>=0 && n<=10) {
       System.out.println("n 介于 0 和 10 之间");}

7. 下面程序执行后的结果是_____。

```java
public class Temp{
public static void main (String args[]){
  int i=0,j=5;
tp:for(;;i++){
    for(;;--j)
      if(i>j)break tp; }
  System.out.println("i="+i+",j="+j); } }
```

    A. i=1, j=-1   B. i=0, j=-1   C. i=1, j=4   D. i=0, j=4

8. 给定下面的程序段，变量 i 不可以是_____数据类型。

```java
switch(i){
  default:
    System.out.println("hello");}
```

    A. char   B. float   C. byte   D. String

9. 下面的程序段有输出结果，不构成死循环的是_____。

    A. int i=1;
       while(i<10)
         if(i%2==0)
           System.out.println(i);

    B. int i=1;
       while(i<10)
       if(i%2==0)
         System.out.println(i++);

```
C. int i=1;
   while(i<10)
     if(i%2==0)
       System.out.println(++i);
D. int i=1;
   while(i<10)
     if((i++)%2==0)
       System.out.println(i);
```

10. 标号语句不能放在_____语句之前。
    A. for   B. do   C. while   D. if

二、思考题

1. 结构化程序设计有哪些基本流程结构？分别对应 Java 中的哪些语句？
2. do-while 语句和 while 语句有哪些区别？请分别画出它们的流程图。
3. 在循环体中，break 语句和 continue 语句的执行效果有什么不同？
4. 在 switch 语句中，表达式结果的数据类型可以是哪些类型？
5. 在嵌套循环中，如果明确了每层循环的循环次数，那么总循环次数为多少？

第 3 章自测题解析

Chapter 4

第 4 章
数组

数组是由类型相同的多个元素组成的有顺序的数据集合，是 Java 引用数据类型的一种。数组为处理一组同类型数据提供了方便，可实现对这些数据的统一管理。本章介绍数组的相关知识及应用。

本章导学

- ❖ 了解 Java 语言引入数组的必要性
- ❖ 理解数组的概念
- ❖ 掌握一维数组的声明、创建及使用方法
- ❖ 掌握二维数组的声明、创建及使用方法
- ❖ 熟悉常用的数组元素排序方法

4.1 数组的引入

基本数据类型的变量只能存储一个不可分解的简单数据，如一个整数或一个字符等。但在实际应用中，有时需要处理大量的数据，例如：统计某专业的学生英语四级考试的平均成绩，在这里假定该专业有 100 名学生，那么如何存储这 100 名学生的成绩呢？在程序中又如何利用表达式计算所有学生成绩的累加和，进而计算出平均成绩？答案就是借助数组。

4.1.1 引入数组的必要性

上面的问题，可以使用基本数据类型的变量来存储学生的成绩，如 float 类型。此时，需要定义 100 个 float 类型变量，显然这种程序设计方法效率是非常低的。因此，仅有基本数据类型无法满足实际应用的需求，需要使用效率更高的构造类型。

数组是一种处理大量同类型数据的有效数据类型。使用数组存储 100 名学生的成绩，可定义如下的数组。

```
float x[]= new float[100];
```

该语句定义的数组 x 可用于存储 100 个 float 类型的数据。定义数组，并对数组中的元素赋值后，就可以使用以下简单的循环语句求出所有学生的总成绩和平均成绩。

```
float sum = 0;
for (int i = 0; i < 100; i++) {
    sum += x[i];
}
float average = sum / 100;
```

对于上述需求，采用数组类型可使问题变得十分简单，大大简化了程序代码。此外，数组使用统一的名字"x"来管理数组中的每一个元素 x[0]、x[1]、…、x[98]、x[99]，这不仅使变量的管理较为方便和统一，而且节省了命名空间。使用数组不但可以处理大量相同类型的数据，在许多场合，解决问题所涉及的变量之间存在某种内在联系，而又不想用单独的变量来命名时，也可以考虑使用数组。例如，三维坐标系中一个点的坐标值就可以用一个一维数组来表示，类似地，一个矩阵可以用二维数组来表示。这有利于体现数据内部的逻辑关系。

4.1.2 数组的概念

数组是由数据类型相同的元素组成的有顺序的数据集合。数组中的每个元素具有相同的数据类型。数组的元素个数称为数组的长度，元素在数组中的位置用下标（或索引）来标识。采用一个下标可唯一确定一个元素的数组称为一维数组，采用两个下标可唯一确定一个元素的数组称为二维数组，以此类推。

可以把数组理解为一组按序号排列的变量的集合。在 Java 语言中，数组被看作一种对象，相应的数组变量被称为引用类型变量，有关引用类型的详细介绍参见 5.2 节。在本章中，只需知道数组是一种引用类型，数组中元素的数据类型既可以是基本数据类型，也可以是引用数据类型，对数组元素所能进行的操作取决于数组元素的数据类型。

4.2 一维数组

数组是一系列同类型数据的集合。简单、常用的数组是一维数组，即通过一个下标可以唯一确定一个元素的数组。在 Java 语言中，如何定义、创建和使用一维数组呢？本节将围绕一维数组这一主题展开介绍。

4.2.1 一维数组的定义

首先来看一个简单的数组使用例子。

【**程序 4-1**】使用数组求一个学生 3 门课的平均成绩。

问题分析

首先需要声明数组变量，创建数组对象，然后将成绩数据作为数组元素存储，最后通过表达式语句求出平均成绩。

程序代码

```
01  public class ArrayExample {
02      public static void main(String args[]) {
03          //使用数组来存放 3 门课的成绩
04          float scores[];              //声明单精度浮点型数组变量 scores
05          float avg;
06          scores = new float[3];       //创建数组：数组长度为 3
07          scores[0] = 63.0F;           //数组元素赋值
08          scores[1] = 90.0F;
09          scores[2] = 75.0F;
10          //数组元素的使用：计算平均成绩
11          avg = (scores[0] + scores[1] + scores[2]) / 3;
12          //数组元素的使用：输出数组元素的值
13          System.out.println("语文成绩: " + scores[0]);
14          System.out.println("数学成绩: " + scores[1]);
15          System.out.println("英语成绩: " + scores[2]);
16          System.out.println("平均成绩: " + avg);
17      }
18  }
```

运行结果

语文成绩：63.0
数学成绩：90.0
英语成绩：75.0
平均成绩：76.0

程序说明

本程序仅计算 3 门课的平均成绩，似乎不足以充分展示数组的优势，但从本例可清晰地看出数组使用的一般过程和方法。

从程序 4-1 中可以看出，数组的使用包含 4 个步骤：声明数组变量，创建数组，给数组元素赋值和使用数组。下面分别进行介绍。

1. 声明数组变量

声明数组变量的语法格式如下。

数据类型[ ] 数组变量；

或

数据类型 数组变量[ ]；

例如，程序 4-1 的第 04 行"float[] scores;"，这里，float 说明数组元素的数据类型为 float 类型，scores 是数组变量的名字。在 Java 语言中，声明数组时用一对方括号[]来区别普通变量和数组变量。方括号[]是数组运算符，既可以放在数据类型的后面，也可以放在数组变量名之后，如"float scores[];"。

如果说变量可以理解为贴有名字标签的容器，则声明数组变量相当于在内存中准备了贴有数组变量名字标签的容器，如图 4-1 所示。

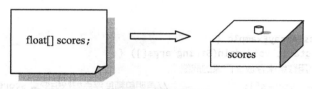

图 4-1 声明数组变量

2. 创建数组

在使用基本数据类型变量时，声明变量后就可以直接给变量赋值。那么，声明数组变量 scores 后，可以直接给每一个数组元素赋值吗？

其实，与基本数据类型变量不同，声明数组变量后不能直接给数组元素赋值。在声明一个基本数据类型变量的同时，变量容器的大小（内存空间）就已确定，这个容器的大小就是为该种基本数据类型量身定制的，因此可以直接给变量赋值，就好比将基本数据类型的数据放进变量这个容器中。而在声明一个数组变量时，只知道这个数组元素的类型，并不知道这个数组具体包含多少个元素，因此，在给数组元素赋值之前，必须确定数组元素的个数（即数组的长度），系统才能按数组元素的个数准备相应数量的变量容器，这就是数组的创建。

创建数组的一般形式如下。

数组变量 = new 数据类型[长度]；

其中，new 是为数组分配内存空间时所使用的特殊运算符。在 Java 语言中，数组是对象，所有对象都必须通过 new 运算符生成。数组的长度指数组元素的个数。在程序 4-1 中，通过语句"scores = new float[3];"创建了一个长度为 3 的单精度浮点型数组，如图 4-2 所示。

注意：指定数组的长度，在这里使用了常量 3，也可以使用变量或表达式形式，但应保证数组的长度大于 0（长度为 0 的数组称为空数组，无意义）。

从图 4-2 可以看出，创建数组后，系统将根据数组元素的个数及数据类型准备相应的内存空间。可见，数组可理解为一组命名的变量，这组变量用数组名 scores 统一管理，并采用"数组名[下标]（如 scores[0]）"的方式唯一确定每一个变量，即数组元素变量。

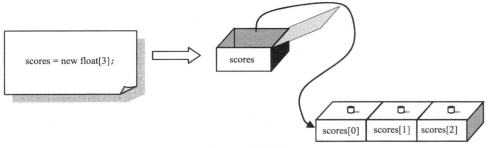

图 4-2　创建数组

只有当数组创建时,才在内存空间准备存放数组元素的变量容器。在图 4-2 中,数组变量 scores 与数组元素之间是通过指向数组第一个元素所在容器的"曲线"连接起来的。事实上,数组变量 scores 中存放的内容是对数组第一个元素 scores[0] 的"引用",即 scores[0] 在内存中的地址。而在数组创建之前,数组变量 scores 是不指向任何具体数组元素的。在 Java 语言中,将这种变量本身存放的不是具体的数据而是某个对象的引用称为引用变量,并规定,当数组变量 scores 或其他引用类型变量没有指向任何对象时其值为 null。可见,仅声明数组 scores 而未创建数组时,scores 的值为 null。

也可以将程序 4-1 中第 04、06 行语句组合为一条语句,如下所示。

```
float[] scores = new float[3];
```

即声明数组变量的同时创建数组。

3. 给数组元素赋值

声明并创建数组后,数组变量 scores 指向的数组对象有 3 个元素。程序 4-1 在第 07、08、09 行分别给这 3 个数组元素赋值语文、数学、英语 3 门课的成绩,结果如图 4-3 所示。

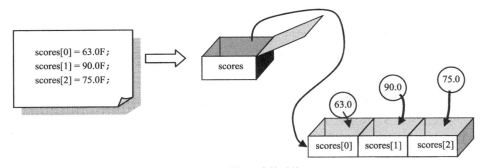

图 4-3　数组元素的赋值

由图 4-3 可见,在内存空间中给数组元素赋值就好比将具体的数据放入数组各元素对应的变量容器中。其中,数组元素对应的变量容器用标签"数组名[下标]"进行标识。通过图 4-3 中 3 条赋值语句,scores[0]、scores[1] 和 scores[2] 分别取得值 63.0F、90.0F 和 75.0F。

数组元素的下标也称为索引(index)。Java 语言规定,数组元素的下标从 0 开始,上限为数组的长度减 1。因此,长度为 3 的数组可以使用元素 scores[0]、scores[1] 和 scores[2],而不能使用 scores[3]。如果在程序中使用 scores[3] 访问数组的第 4 个元素将会引发数组下标越界异常

（ArrayIndexOutOfBoundsException），有关异常的概念和处理参见第 7 章。

4. 使用数组

声明、创建数组并对数组元素进行赋值之后，便可以使用数组中的元素了。使用数组元素与数组元素的赋值相同，可采用如下的形式。

```
数组变量[索引]
```

例如，程序 4-1 的第 11 行使用数组元素求平均值，第 13～15 行通过 System.out.println()方法输出各数组元素的值。

在程序设计中，通常采用数组下标配合循环结构的形式访问数组，这称为数组的遍历。这样的方式可以提高数据的访问效率，并使程序简化。例如，程序 4-1 中的求和和求平均成绩的过程可改写为如下形式。

```
for (int i = 0; i < 3; i++)
    sum += scores[i];
avg = sum / 3;
```

4.2.2 一维数组的长度

Java 语言自动为每个数组变量提供 length 属性用来表示数组中元素的个数。使用点运算符便可获得数组的长度，其格式如下。

```
数组变量.length
```

当使用 new 运算符创建数组时，系统自动给 length 赋值。数组一旦创建，其 length 属性就确定下来了。程序运行时可以使用"数组变量.length"进行数组边界检查。例如下面的程序代码。

```
for (int i = 0; i < 3; i++)
```

可以改写如下。

```
for (int i = 0; i < scores.length; i++)
```

建议使用"数组变量.length"的形式获取数组的长度，尽量避免使用常量，这样做有以下好处。

（1）"数组变量.length"的意义一目了然，它表示数组的长度，因而可以增强程序的可读性。相反，如果使用常量 3，阅读程序时就必须思考"3"在此处的含义。

（2）"数组变量.length"有利于增强程序的健壮性，避免引起数组下标越界异常。当数组元素个数改变时，比如求 10 门课的平均成绩，程序中的 i<scores.length 语句不必做任何修改。

4.2.3 创建一维数组的方法

Java 语言提供了两种方法来创建数组。使用 new 关键字创建和直接赋值创建。

1. 使用 new 关键字创建

使用 new 关键字创建数组的语句示例如下。

```
int a[];              //先声明
a = new int[2];       //再创建
a[0] = 4;             //给数组元素赋值
```

```
a[1] = 7;
char c[] = new char[2];          //声明和创建一起完成
c[0] = 'a';
c[1] = 'b';
```

这种方法前面已经介绍过。Java 对所有使用 new 运算符动态分配的存储单元都进行初始化工作，数组元素根据其所属的数据类型获得相应的初值，如表 4-1 所示。

表 4-1 Java 各种数据类型初始值

数据类型	初始值	数据类型	初始值
byte、short、int、long	0	char	'\u0000'
float	0.0F	boolean	false
double	0.0	引用数据类型	null

2. 直接赋值创建

直接赋值创建数组即声明数组变量的同时为数组元素赋值，数组的长度由所赋值的个数决定。示例如下。

```
int[] intArray = new int[]{1, 2, 3, 4};
```

或简写如下。

```
int[] intArray = {1, 2, 3, 4};
```

在创建整型数组 intArray 的同时，通过"{}"指明数组的元素为 1、2、3、4，数组的长度为 4。

采用直接赋值方式，声明数组的同时按照指定的值来进行数组元素的初始化，并根据赋值的个数分配内存空间，赋值的个数即为数组的长度。

注意

（1）只有声明数组变量时可以采用直接赋值方式，如果在程序中使用下列语句，则直接赋值会使程序出错。

```
scores = {63.0F, 90.0F, 75.0F};      //错误
```

（2）无论采用何种方法创建数组，声明数组变量时均不可指定数组的长度。如下面的语句是错误的。

```
char[10] strs;                                  //声明字符型数组变量 strs
double datas[3] = new double[3];                //使用 new 运算符创建双精度浮点型数组
boolean[4] tired = {true, false, false, true};  //使用直接赋值方法创建布尔型数组
```

4.2.4 一维数组应用举例

【**程序 4-2**】输出命令行参数的内容。

问题分析

正如第 1 章所述，main 方法是 Java 程序执行的入口。"String[] args"是命令行参数（其接收运行参数），运行 Java 程序时，可以在 Java 命令行后面带上参数，JVM 负责把它们存放到"args"字符串数组中。因此，输出命令行参数的内容即是输出参数数组 args 中元素的值。

程序代码

```
01  public class CmdLineParamTester {
02      public static void main(String[] args) {
03          System.out.println("args的长度为: " + args.length);
04          for (int i = 0; i < args.length; i++)
05              System.out.println("args[" + i + "]的值是" + args[i]);
06      }
07  }
```

程序 4-2 解析

运行结果

args 的长度为：3（运行时输入 "java CmdLineParamTester This is good"）。

args[0]的值是 This

args[1]的值是 is

args[2]的值是 good

程序说明

main 方法的参数 args 为一个字符串类型的数组。程序执行时，通过命令行为程序提供参数。程序中通过 for 循环遍历 args 数组，逐一输出各数组元素中保存的字符串数据。

【**程序 4-3**】找出一维整型数组中的最大元素及其所在的位置。

问题分析

可以通过直接赋值的方式创建数组，并假定最大值为数组的第 1 个元素，然后依次与数组的其他元素进行比较，从而找到最大元素及其下标。

程序代码

```
01  public class OneDimArrayExample1 {
02      public static void main(String[] args) {
03          int data[] = {31, 41, 59, 26, 53, 58, 97, 93, 23, 84};
04          int i = 0, k = 0, max_data = data[0];
05          for (; i < data.length; i++) {
06              if (max_data < data[i]) {
07                  max_data = data[i];
08                  k = i;
09              }
10          }
11          System.out.println("数组中索引为" + k + "的元素值最大，其值为: " + max_data);
12      }
13  }
```

程序 4-3 解析

运行结果

数组中索引为 6 的元素值最大，其值为：97

程序说明

使用 for 循环遍历数组时，判断 max_data 是否比当前元素小，若结果为 true，则表示找到更大的元素，因此将 max_data 更新为该元素，并记录此时的下标。

【**程序 4-4**】用 2～20 范围内的偶数初始化数组，并向这组数据中插入指定的数。

问题分析

本程序是向一个已经排好序的数组中插入数据的问题。首先需要找到插入点的位置并将插入点及其后面的数据依次向后移动一个位置，最后插入指定数据，也即给插入点对应的数组元素赋值。

程序代码

```
01 public class OneDimArrayExample2 {
02     public static void main(String[] args) {
03         int intArray[] = new int[11];
04         System.out.println("插入数据前数组: ");
05         int i = 0;
06         for (; i < intArray.length - 1; i++) {
07             intArray[i] = 2 * (i + 1);      //数组元素赋值
08             System.out.print(intArray[i] + "\t");
09         }
10         System.out.println();
11
12         int num = 15;  //要插入的数
13         int insertIndex = 0;      //记录插入位置变量
14 //由于原数组中数据已排列，所以找到第一个比插入数据大的元素所对应下标即为插入位置，结束查找
15         for (i = 0; i < intArray.length - 1; i++)
16           if (num < intArray[i]) break;
17         insertIndex = i;
18
19         for (i = intArray.length - 1; i > insertIndex; i--)
20             intArray[i] = intArray[i - 1];        //将插入点及以后的数据向后移动一个位置
21
22         intArray[insertIndex] = num; //插入指定数据
23         System.out.println("插入数据后数组: ");
24         for (i = 0; i < intArray.length; i++) {
25             System.out.print(intArray[i] + "\t");
26         }
27     }
28 }
```

程序 4-4 解析

运行结果

插入数据前数组：

2　4　6　8　10　12　14　16　18　20

插入数据后数组：

2　4　6　8　10　12　14　15　16　18　20

程序说明

向数组中插入数据要保证数组具有足够的长度。插入数据的关键是找到插入位置，即下标。将插入位置原数据及后面的数据依次向后移动一个位置，目的是空出插入位置以插入新数据。在数组应用中，数组元素的插入、删除、修改、查找、排序都是常用的操作。

4.3 二维数组

现实事物往往难以通过一维进行描述，例如平面上的图形描画。在坐标原点确定后，只需知道组成图形的各个点的坐标就可以描画出点，进而描画出图形。那么，在 Java 语言中，采用何种数据类型来存放这些点的坐标呢？

要想描画平面上的任一图形，就必须建立图形点的集合。集合可以采用数组形式进行描述，

但图形上的点有两个属性,一个是横向坐标,另一个是纵向坐标。使用一维数组只能确定其中的一个属性。这种情况下就需要使用二维数组来存储点的坐标值。

在 Java 语言中,如果一维数组的每个元素又是一个一维数组,那么就构成了二维数组。下面介绍二维数组的相关知识及应用。

4.3.1 声明二维数组变量

与一维数组类似,二维数组使用两个中括号[][]来声明,其语法格式如下。

数据类型[][] 数组变量;

或

数据类型 数组变量[][];

二维数组的声明示例如下。

```
float scores[][];        //声明一个单精度浮点型二维数组变量 scores
char[][] strs;           //声明一个字符型二维数组变量 strs
```

4.3.2 创建二维数组

与一维数组相同,声明二维数组变量并不会给二维数组分配内存空间,数组元素并不存在。二维数组的创建同样有两种方法:使用 new 关键字动态创建和直接赋值创建。

1. 使用 new 关键字创建

语法格式如下。

数组变量 = new 数据类型[第一维长度][第二维长度];

下面是使用 new 关键字创建二维数组的例子。

```
float points[][];                    //声明二维数组变量 points
points = new float[100][2];          //使用 new 关键字创建 100 行 2 列的单精度浮点型数组
                                     //在这里可以用于描述 100 个平面上的点
int[][] a = new int[3][4];           //声明二维数组变量的同时创建 3 行 4 列的整型数组
```

说明

语句"points = new float[100][2];"第一个中括号里的数字 100 表示所创建二维数组的第一维长度为 100,第二个中括号中的数字 2 表示所创建二维数组的第二维长度为 2。也可以将上述二维数组的逻辑结构设想成矩阵,则上述二维数组 points 由 100 行 2 列的元素组成,二维数组 a 由 3 行 4 列的元素组成。

以上创建二维数组的形式,在创建二维数组的同时即确定第一维及第二维的长度。也可以将上述过程分解,先创建第一维的长度,然后确定第二维的长度。示例如下。

```
float points[][] = new float[100][];    //先确定二维数组的第一维长度为 100
points [0] = new float[2];              //再确定二维数组的第二维长度为 2
points [1] = new float[2];
…
points [99] = new float[2];
```

以上创建二维数组的过程与语句"float points[][] = new float[100][2];"的作用是一样的，都是创建一个 100 行 2 列的二维数组。

2. 直接赋值创建

声明数组变量的同时可以通过直接赋初值的方法创建二维数组。示例如下。

```
int[][] twoDim = {{63, 90, 75},
                  {85, 100, 95}};
```

说明

（1）利用直接赋值方法创建二维数组，不必指出数组每一维的长度，系统会根据初始化时给出的初始值的个数自动计算二维数组每一维的长度。

（2）二维数组的值用两层大括号括起来。其中，外层大括号用逗号分隔的是第一维（行）的元素{63，90，75}和{85，100，95}。可以看出，第一维有 2 个元素，每个元素又分别由一个一维数组组成。内层大括号用逗号分隔的是第二维（列）的元素。比如第一维的第一个元素{63，90，75}，它是一个由 3 个元素组成的一维数组，其长度为 3，元素分别为 63、90、75。如果用矩阵形式表示，这个二维数组由 2 行 3 列数组成，如下所示。

$$\begin{pmatrix} 63 & 90 & 75 \\ 85 & 100 & 95 \end{pmatrix}$$

4.3.3 二维数组的赋值与使用

一维数组是通过索引来唯一确定数组中的元素的。同样，二维数组元素也是由索引来唯一确定，其一般形式如下。

二维数组变量[索引1][索引2]

其中，索引 1 和索引 2 分别用于指定数组元素第一维和第二维的下标。例如：points[1][2]表示数组 points 第 2 行第 3 列的元素。与一维数组相同，二维数组的索引也是从 0 开始的。若需访问数组 points 第 1 行第 1 列的元素，应为 points[0][0]。

二维数组赋值示例如下。

```
int a[][] = new int[3][2];
a[0][0] = 1;
a[0][1] = 2;
a[1][0] = 3;
a[1][1] = 4;
a[2][0] = 5;
a[2][1] = 6;
```

以上创建了一个 3 行 2 列的二维数组，其矩阵形式如下。

$$\begin{pmatrix} 1 & 2 \\ 3 & 4 \\ 5 & 6 \end{pmatrix}$$

4.3.4 二维数组的长度

在介绍一维数组时，一维数组的长度指的是一维数组中元素的个数，使用"数组变量.length"可以获得一维数组的长度。在 Java 语言中，二维数组的含义：一维数组的每个元素又是一个一维数组，故称之为二维数组。

二维数组的长度也可以通过"数组变量.length"得到吗？二维数组的长度与二维数组中元素的个数具有怎样的关系？下面对此问题进行讨论。例如，有如下二维数组定义。

```
float points[][] = new float[100][2];
```

可以理解为二维数组 points 有 100 个元素，其中每一个元素又是一个长度为 2 的一维数组。因为 points 拥有 100 个元素，所以 points.length 的值是 100。points 的第一个元素用 points[0]表示，points[0]又是一个拥有 2 个元素的一维数组，即 points[0].length 的值是 2，如图 4-4 所示。

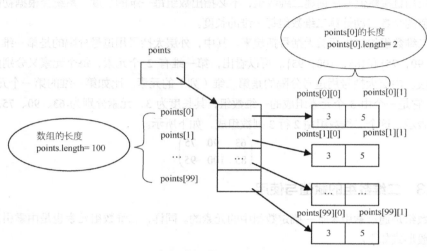

图 4-4　矩阵型二维数组示意图

注意： 使用二维数组时，要区分"二维数组的长度 length"与"二维数组中所能存放具体数据的个数"这两句话，它们的含义不同。二维数组的长度指第一维元素的个数。在二维数组中，第一维的各个元素又是一个一维数组，是指向第二维数组元素的引用。二维数组通过索引 1 和索引 2 唯一确定一个元素，所能存放具体数据的个数由第一维的长度和第二维的长度共同决定。例如，在上述二维数组 points 中，二维数组的长度 points.length 是 100，由于该二维数组为 100×2 的矩阵型二维数组，所以数组元素个数为 200。

4.3.5　非矩阵型二维数组

在 Java 语言中，由于把二维数组看作数组的数组，数组空间不是连续分配的，所以不要求每个元素（是一个一维数组）具有相同的长度。长度相同的二维数组元素规则排列成矩阵，称之为矩阵型二维数组。反之，每个元素长度不同的二维数组称为非矩阵型二维数组或不规则二维数组。

非矩阵型二维数组同样可以通过直接赋值和 new 关键字两种方式创建。下面先介绍较为简单的直接赋值创建非矩阵型二维数组的方法，后介绍使用 new 关键字创建非矩阵型二维数组的方法。

1. 直接赋值创建非矩阵型二维数组

采用直接赋值方式创建非矩阵型二维数组与采用直接赋值方式创建矩阵型二维数组的方法相同，只要给出每一维的具体值即可。示例如下。

```
int[][] arr = {{3, 14, 159, 26},
               {53, 5},
               {897, 93, 238}};
```

该非矩阵型二维数组中有效的元素与值的对应关系如下。

元素	值
arr[0][0]	3
arr[0][1]	14
arr[0][2]	159
arr[0][3]	26
arr[1][0]	53
arr[1][1]	5
arr[2][0]	897
arr[2][1]	93
arr[2][2]	238

注意： 如果访问 arr[1][2]这个元素，会产生数组下标越界异常。因此，在使用非矩阵型二维数组时，要注意每一行元素的个数可能不同，避免对不存在的数组元素进行访问。

通过上述定义和赋值，arr 数组的各维长度如下。

```
arr.length = 3
arr[0].length = 4
arr[1].length = 2
arr[2].length = 3
```

arr 数组所能容纳的元素个数为 arr[0].length + arr[1].length + arr[2].length = 4 + 2 + 3 = 9。

arr 数组在内存中的形式如图 4-5 所示。

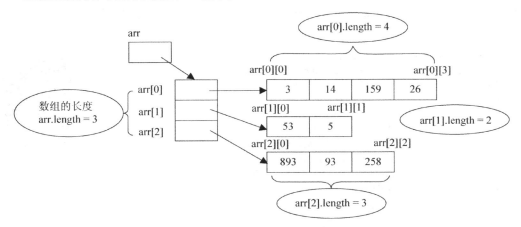

图 4-5　非矩阵型二维数组示意图

2. 使用 new 关键字创建非矩阵型数组

在使用 new 关键字创建二维数组时，用类似 "float points[][]=new float[100][2]" 的语句将创建矩阵型二维数组。那么，怎样使用 new 关键字创建非矩阵型二维数组呢？

在创建矩阵型二维数组时，经常同时指定数组的第一维及第二维的长度。由于非矩阵型二维数组第一维中各个元素的长度不同，因此创建非矩阵型二维数组不能采用这种方法。要创建非矩阵型二维数组，可先创建数组的第一维，然后创建数组的第二维。示例如下。

```
int arr[][] = new int[3][];    //先创建数组的第一维，其长度为3
arr[0] = new int[4];           //再分别创建数组的第二维，第一个元素的长度为4
arr[1] = new int[2];
arr[2] = new int[3];
```

创建的非矩阵型二维数组的形式如下。

$$\begin{pmatrix} \times & \times & \times & \times \\ \times & \times & & \\ \times & \times & \times & \end{pmatrix}$$

要注意的是，创建非矩阵型二维数组时，必须先创建第一维，后创建第二维。例如，下面的数组声明是错误的。

```
int arr1 = new int[][4];       //错误，不能先创建数组的第二维
```

4.3.6 二维数组应用举例

【**程序 4-5**】求下列矩阵的转置矩阵。

$$\begin{pmatrix} 1 & 2 & 3 & 4 \\ 5 & 6 & 7 & 8 \\ 9 & 10 & 11 & 12 \end{pmatrix}$$

问题分析

所谓矩阵的转置，是将一个矩阵的行和列元素对调构成一个新的矩阵。如果原矩阵为 m 行 n 列，经过转置后的矩阵变为 n 行 m 列，第 i 行第 j 列的元素在转置矩阵中位于第 j 行第 i 列。

程序代码

```
01 public class MatrixTranspose {
02     public static void main(String[] args) {
03         int[][] a = {{1, 2, 3, 4},
04                      {5, 6, 7, 8},
05                      {9, 10, 11, 12}};
06         int[][] b = new int[4][3];
07         System.out.println("转置前矩阵：");
08         for (int i = 0; i < a.length; i++) {
09             for (int j = 0; j < a[i].length; j++) {
10                 System.out.print(a[i][j] + "\t");
11                 b[j][i] = a[i][j];     //完成转置
12             }
13             System.out.println();
14         }
15         System.out.println("转置后矩阵：");
16         for (int i = 0; i < b.length; i++) {
17             for (int j = 0; j < b[i].length; j++) {
18                 System.out.print(b[i][j] + "\t");
19             System.out.println();
20         }
21     }
22 }
```

程序 4-5 解析

运行结果

转置前矩阵：

1　 2　 3　 4
5　 6　 7　 8
9　10　11　12

转置后矩阵：

1　 5　 9
2　 6　10
3　 7　11
4　 8　12

程序说明

本程序通过嵌套的 for 循环结构遍历二维数组，将转置前矩阵的列数作为转置后矩阵的行数，将转置前矩阵的行数作为转置后矩阵的列数，实现矩阵的转置。

【程序 4-6】 有一组位置（坐标）已知的村庄，现需选择其中一个村庄设立邮局，该如何选定呢？

问题分析

村庄位置坐标包括横坐标和纵坐标，因此使用浮点型二维数组存放村庄的位置。应该选择与其他各村的距离和最小的村庄设立邮局。

程序代码

```
01 public class TwoDimArrayExample {
02     public static void main(String[] args) {
03         char[] villages= {'A', 'B', 'C', 'D', 'E'};
04         double[][] points = {{15.4, 54},          //给定各村位置坐标数组
05                              {35.1, 23},
06                              {1.5, 90},
07                              {62.5, 5},
08                              {85.5, 2.1}};
09         char centerVillage= villages [0];          //定义中心村变量
10         double shortestDistance = Double.MAX_VALUE;   //最短距离变量初始化
11         //计算各村与其他村的距离总和
12         for (int i = 0; i < points.length; i++) {
13             double totalDistance = 0.0;
14             for (int j = 0; j < points.length; j++) {
15                 if (j != i)
16                     totalDistance+=Math.sqrt((points[j][0] - points[i][0])
17                         * (points[j][0] - points[i][0])
18                         + (points[j][1] - points[i][1])
19                         * (points[j][1] - points[i][1]));
20             }
21             if (shortestDistance > totalDistance) {
22                 centerVillage = villages [i];    //记录中心村
23                 shortestDistance = totalDistance;
24             }
25         }
26         System.out.println("应该在" + centerVillage + "村设立邮局");
```

```
27     }
28 }
```

运行结果

应该在 B 村设立邮局

程序说明

第 12~25 行采用嵌套的双层循环结构，外层循环遍历村庄坐标数组，内层循环用于计算外层循环对应村庄与其他各村的距离之和。选择与各村距离之和最小的村庄设立邮局。

4.4 多维数组

通过对二维数组的学习可知，平面图形点的集合可以使用二维数组来存储。那么空间立体图形点的集合是不是可以用三维数组来存储呢？Java 语言是不是像其他高级语言一样存在多维数组？在 Java 语言中又如何创建和使用多维数组呢？

Java 语言中并没有真正的多维数组，只有数组的数组。就像二维数组的定义：如果一维数组的元素还是一个一维数组，则称之为二维数组。类似地，如果 n-1 维数组的元素仍为一维数组，那么就构成了 n 维数组。二维及二维以上的数组均称为多维数组。

二维以上数组的声明、创建及使用方法与二维数组类似，只需在声明数组时将其下标与中括号增加即可。例如，三维数组的声明，语法格式如下。

数据类型[ ][ ][ ] 数组变量；

又如四维数组的声明，语法格式如下。

数据类型[ ][ ][ ][ ] 数组变量；

使用多维数组时，数组元素输入/输出的方法和一维、二维数组相同，但是每增加一维，嵌套循环的层数就需增加一层。所以数组的维数越高，数组的复杂程度也就越高。

4.5 专题应用：数组元素的排序

数组具有结构简单、容易实现存储（只是一个单纯的线性序列）等特点。在 Java 语言中，对于大量同类型数据的存储，使用数组是效率较高的方式。实际应用中，对数据的排序、查找和计算是数组经常用到的操作。那么，如何实现数组元素的排序呢？本专题应用具体演示实现对数组元素的排序。

【程序 4-7】 设计程序对学生的成绩进行排序，统计各分数段的人数，并输出统计的结果。

问题分析

可以使用一维数组存放成绩。对于成绩数组中的数据，程序需提供排序功能，如按成绩从低到高的升序排列。对于统计各分数段的人数，可以 10 分为一个分数段统计其中的学生人数。因此，程序需提供以下功能：

- 成绩输入的功能；
- 对于给定的成绩数据进行排序的功能；
- 按各分数段统计人数的功能；
- 数组元素的输出功能。

下面逐一分析上述 4 个功能的实现方法。为了程序的清晰性，将这 4 个功能分别编成相应的功能模块，即方法。

（1）输入成绩：input 方法

采用从标准输入设备动态输入的方式。利用 Scanner 类提供的 nextFloat 方法来读取从键盘输入的数据，并将输入的数据存放于事先定义的一维数组中。

（2）排序：sort 方法

排序是程序设计中的常见功能，排序算法有很多种，其中冒泡排序法（Bubble Sort）简单易懂，实现也较为方便，故本程序采用冒泡排序法对数组进行排序。

冒泡排序法的基本思想：依次比较相邻的两个数，将较小的数放在前面，较大的数放在后面。设所需排序的元素个数为 N，如图 4-6 所示，则第一轮首先比较第[0]号数和第[1]号数，将较小的数 3 放在前面，较大的数 34 放在后面。然后比较第[1]号数和第[2]号数，将较小的数 11 放在前面，较大的数 34 放在后面，如此继续，直至比较最后两个数。这样，经过第一轮的比较交换，将最大的数放到了最后。第二轮：仍从第一个数开始比较（因为有可能由于第[1]号数和第[2]号数的交换，使得第[0]号数不再小于第[1]号数），将较小的数放在前面，较大的数放在后面，一直比较到倒数第二个数（倒数第一的位置上已经是最大的数），第二轮结束，在倒数第二的位置上得到一个新的最大数（其实在整个数列中是第二大的数）。如此下去，重复以上过程，直至最终完成排序。

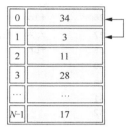

图 4-6　冒泡排序法示意图

这种排序方法，由于在排序过程中总是较小的数往前放，较大的数往后放，相当于"气泡"往上升，所以称作冒泡排序。

（3）按分数段统计人数：stat 方法

以 10 分为单位统计各分数段的人数。可以利用 Java 语言中浮点型数强制转换为整型数时小数部分被舍去的特点来统计各个分数段的人数。例如，成绩为 65.5 分，则 65.5/10 的值为 6.55，强制转换为整数后为 6，统计计算值等于 6 的学生个数即为 60~69 分数段的人数。

（4）输出数组元素：output 方法

这个方法比较简单，只需通过循环语句输出数组元素的值即可。

程序代码

```
01 import java.util.Scanner;
02
03 public class ArrayTester {
04     public static void main(String[] args) {
05         //通过标准输入设备创建成绩数组，数组的长度设为10
06         float[] scores = ArrayOperator.input(10);
07
08         ArrayOperator.sort(scores);              //排序
09         ArrayOperator.output(scores);            //输出排序后数组元素
10         ArrayOperator.stat(scores);              //以10分为单位统计各分数段的人数
11     }
12 }
13 //数组操作类，对学生成绩进行排序，统计各分数段人数
14 class ArrayOperator {
```

```java
15    public static float[] input(int length) {
16        float[] scores = new float[length];    //创建成绩数组
17        for (int i = 0; i < length; i++) {
18            //创建 Scanner 对象,以便从标准输入设备读取数据
19            Scanner io = new Scanner(System.in);
21            scores[i] = io.nextFloat();
20        }
22        return scores;
23    }
24    //对指定的数组元素按从小到大排序
25    public static void sort(float[] scores) {
26        float temp;    //声明临时变量
27        //利用冒泡排序法实现数组元素升序排序
28        for (int i = 0; i < scores.length - 1; i++) {
29            //依次比较相邻的两个数,将较小的数放在前面,较大的数放在后面
30            //内层循环结束时,排在最后的将是这组数列的最大值
31            for (int j = 0; j < scores.length - 1 - i; j++) {
32                if (scores[j] > scores[j + 1]) {
33                    temp = scores[j];
34                    scores[j] = scores[j + 1];
35                    scores[j + 1] = temp;
36                }
37            }
38        }
39    }
40    //以 10 分为单位统计各分数段的人数
41    public static void stat(float[] scores) {
42        int s[] = new int[11];    //定义存放分数段的整型数组
43        //统计各分数段的人数
44        for (int i = 0; i < scores.length; i++) {
45            int j = (int) (scores[i] / 10);
46            s[j]++;
47        }
48        //输出各分数段的分值及人数信息
49        for (int i = 0; i < s.length; i++)
50            System.out.printf("%3s - %3s: %d\n", i * 10,
                    ((i + 1) * 10 - 1) > 100 ? "" : (i + 1) * 10 - 1, s[i]);
51    }
52    // 输出给定数组元素的值
53    public static void output(float[] scores) {
54        for (int i = 0; i < scores.length; i++)
55            System.out.print(scores[i] + "\t");
56        System.out.println();
57    }
58 }
```

运行结果

(运行时输入 10 个成绩数据。)

47.0   50.0   66.0   75.0   78.0   80.0   88.0   90.0   93.0   100.0
  0 -   9: 0
 10 - 19: 0

```
 20 -  29: 0
 30 -  39: 0
 40 -  49: 1
 50 -  59: 1
 60 -  69: 1
 70 -  79: 2
 80 -  89: 2
 90 -  99: 2
100 -    : 1
```

程序说明

（1）本例设计了两个类：ArrayTester 和 ArrayOperator。ArrayOperator 类中包含成绩输入、排序、统计及输出 4 个静态方法。ArrayTester 用于测试类 ArrayOperator 中的各项功能。

（2）本程序采用双层循环实现冒泡排序法（第 28～38 行）。外层循环用于对排序中比较的基准值进行控制。内层循环用于对每轮比较次数进行控制，内层循环的比较次数与外层循环所进行的轮次有关。当进行第 i 轮比较时，由于数组中最大到倒数第 i-1 大的数据已经选出，所以本轮从数组中第[0]号元素开始比较，直到第 scores.length-1-i 号元素止。在 Java 语言中，数组是引用数据类型，由于参数变量 scores 里存放的是对数组元素的引用，在程序中对数组元素的改变即是对 scores 所指向数组元素的改变，故 sort 方法不需要返回值。

（3）第 50 行输出语句中的"%3s - %3s: %d\n"用于控制输出格式，"%s"表示输出的是字符，"%d"表示输出的是整数，其中的"-"和":"是数据之间的分隔符。

自测与思考

一、自测题

1. 下列关于数组的描述中，错误的是_____。
    A. 数组的下标从 0 开始，上限为数组的长度减 1
    B. 数组的元素只能是基本数据类型的数据
    C. 数组一经创建，其大小不可以改变
    D. 数组要经过声明、分配内存及赋值后，才能被使用
2. 下列关于数组的定义形式，正确的是_____。
    A. int[] a; a = new int;
    B. char b[]; b = new char[80];
    C. int[] c = new char[10];
    D. int[] d[3] = new int[2][];
3. 下列程序代码的运行结果是_____。

```
int[] array = new int[5];
for(int i=1; i <= 5; i++)
    System.out.println(array [i]);
```

    A. 打印 5 个 0
    B. 编译出错，数组 array 必须初始化

C. 没有输出结果

D. 发生 ArrayIndexOutOfBoundsException 的异常

4. 执行下面的语句，数组的长度是_____。

```
int[] myArray = new int[3];
myArray = new int[6];
```

  A. 3   B. 6   C. 9   D. 执行错误

5. 下列程序代码的执行结果是_____。

```
int index = 1;
int foo[] = new int[3];
int bar = foo[index];
int baz= bar + index;
```

  A. 整形变量 baz 的值为 0   B. 整形变量 baz 的值为 1

  C. 整形变量 baz 的值为 2   D. 执行错误

6. 有以下程序代码。

```
int k[] = {1, 2, 3, 4, 5, 6, 7, 8};
int i, t, len = k.length;
for (i = 0; i < len / 2; i++) {
    t = k[i]; k[i] = k[len - 1 - i]; k[len - 1 - i] = t;
}
for (i = 0; i < len; i++)
    System.out.print(k[i]);
```

运行后，输出的结果是_____。

  A. 12345678   B. 43218765

  C. 87654321   D. 87651234

7. 若 a 为 3 行、4 列的矩阵型二维数组，则 a.length*a[0].length 的值为_____。

  A. 3   B. 4   C. 12   D. 表达式错误

8. Java 的数据结构类型中，正确的说法是_____。

  A. 有多维数组

  B. 不可实现多维数组

  C. 只有一维数组，不可实现多维数组

  D. 可用"一维数组的数组"实现多维数组

9. 执行下列程序代码后，结论正确的是_____。

```
String [ ] s=new String [10];    //String 是 Java 的引用数据类型，即字符串类型
```

  A. s[10]为" "   B. s[9]为 null

  C. s[0]为未定义   D. s.length 为 101

10. Java 用于为数组元素分配内存空间的关键字是_____。

  A. array   B. create   C. new   D. instance

二、思考题

1. 作为引用数据类型，数组变量与基本数据类型的变量使用时有哪些区别？

2. 对于二维数组，数组变量名.length 是数组中所有元素的个数吗？为什么？

3. 使用 new 关键字创建矩阵型二维数组与非矩阵型二维数组的步骤有何不同？

4. 数组是 Java 语言中引用数据类型的一种，如何理解数组变量与数组元素之间的引用关系？

5. "Java 语言中没有真正的多维数组，只有数组的数组"，如何理解这句话？

第 4 章自测题解析

Chapter 5

第 5 章
Java 面向对象编程

Java 是面向对象的程序设计语言,类和对象构成了 Java 语言的核心。本章介绍 Java 语言面向对象的编程思想和方法,内容涉及类和对象、构造方法、类的继承、类的多态、final 关键字和 static 关键字、抽象类、接口和内部类等。

本章导学

- ❖ 理解程序设计的基本方法和面向对象程序设计的特点
- ❖ 理解类和对象的概念及其相互关系,并掌握 Java 定义类和构造对象的方法
- ❖ 掌握 Java 类的封装、继承和多态编程的基本方法
- ❖ 掌握 final 关键字和 static 关键字的使用方法
- ❖ 理解抽象类和接口的含义,掌握接口的定义和实现方法
- ❖ 了解内部类的概念,熟悉 Java 匿名内部类的一般使用方法

5.1 面向对象程序设计概述

❓ 常见的程序设计方法有哪些？面向对象程序设计方法有什么特点？Java 是怎么实现面向对象编程理念的？通过本节的介绍，你将理解为什么面向对象编程成为当今主流的程序设计方法。

5.1.1 程序设计方法的发展

自计算机诞生以来，人们编写程序指挥和控制计算机工作的方式经历了面向计算机的程序设计（Face Computer Programming，FCP）、面向过程的程序设计（Process Oriented Programming，POP）和面向对象的程序设计（Object Oriented Programming，OOP）3 个阶段。

在早期阶段，计算机的计算能力和存储能力相对低下，主要的编程语言是机器语言和汇编语言，因此，程序设计的目标是在尽可能少占用内存等系统资源的前提下尽量提高程序的执行效率。编制程序时，需考虑计算机实现特定任务所必须采取的执行步骤，即以计算机的工作方式来思考和组织程序。这种面向计算机的编程方式使得程序的编写较为困难，非专业程序员几乎无法胜任。

20 世纪 60 年代后，随着计算机硬件性能的明显提升以及各种高级语言的相继出现，面向过程的程序设计方法悄然兴起。POP 方法采用结构化和模块化设计思想，编制的程序具有较好的可读性、清晰性和可维护性，易于通过自顶向下、逐步求精的规划解决许多复杂问题。在 POP 方法中，程序经常被看成"数据结构"和"算法"的组合。这种将数据存储和数据操作方法分别进行考虑的思路使得编程极易出错，且程序难于调试。同时，由于 POP 方法设计的程序本质上也是一系列依次执行的指令，因此仍然模仿的是计算机的工作方式，这非常不利于大型程序的开发。

20 世纪 80 年代后，软件的规模越来越大，尤其是 GUI 程序的开发变得十分困难，这直接导致 OOP 方法的流行。实际上，面向对象的思想最早源于 20 世纪 60 年代中期的 Simula 67 语言。OOP 方法模仿现实世界中物体组合在一起以形成复杂系统的描述方式，把软件系统抽象成各种对象的集合，通过对象的组建和对象间的消息传递构建程序，这种思想非常接近人的自然思维，大大降低了程序开发的复杂性。在 OOP 方法中，相似的对象被抽象为"类"，类是对象的模板（如汽车图纸），对象是由类产生的具体实例（如具体的一辆汽车），也是程序的基本组成单元。OOP 方法将数据和操作数据的方法紧密地结合在一起，降低了程序维护的复杂性。同时，OOP 采用继承和多态机制，显著提高了软件开发的可重用性和灵活性。

需要指出的是，OOP 和 POP 方法各适其所，且互为补充。OOP 方法适于复杂、大型软件系统的设计，而 POP 方法擅长于小型问题的模块化求解。此外，具体到 OOP 方法中一个功能模块的编写，也处处离不开 POP 编程技术，如第 3 章介绍的选择结构和循环结构等。

5.1.2 面向对象程序设计的特点

面向对象程序设计方法彻底改变了人们编程的思维方式，使得人们相较以往能以更自然的方式考虑程序的组织和实现，从而设计更加健壮和强大的软件。面向对象程序设计的主要特点是封装性（Encapsulation）、继承性（Inheritance）和多态性（Polymorphism）。

1. 封装性

面向对象编程的核心思想之一便是封装，即将一组数据和与这些数据有关的操作方法统一组织在一起，以形成对对象的描述。其中，数据部分用于描述对象的属性；而与数据有关的操作则封装成方法，用于描述对象所具有的行为和功能。用户只需知道对象提供的属性和方法，而不需要知晓对象内部的具体实现细节，便可轻松地访问和使用对象。例如，一辆汽车就是一个被封装起来的对象，用户可以看到它的外观、颜色、尺寸、内饰等属性，可以通过提供的方向盘、油门、刹车、前进/后退等档位驾驶该汽车，并不需要知道汽车的内部构造和实现细节。被封装起来的对象就像一个"黑匣子"，可以通过该对象提供的访问手段（即方法）操作该对象，接收来自其他对象的消息。OOP方法使得编程就像组装计算机，将各个配件（封装好的对象）组装在一起，便可搭建一台功能强大的计算机（程序）。

封装所带来的好处是对象之外的部分不能随意修改对象内部的数据，从而限制了各种非法访问，有效避免了外部错误对内部数据的影响。同时，封装还实现了错误的局部化，大大降低了查找错误的难度。封装也使程序的可维护性显著提高，因为当一个对象的内部发生变化时，只要其提供的访问方式没有改变，就不必修改程序的其他部分。这正如升级更换一个计算机配件，一般并不需要变动计算机的其他组成部件。

在Java语言中，封装的基本单元是类。类是数据（称为成员变量）和相关操作（称为成员方法）的集合。同时，类是对象的抽象和模板，对象是类的具体实例。Java编程很多时候就是定义类、由类创建对象、访问对象的过程。

2. 继承性

继承也是面向对象程序设计的重要特性。通过继承，可以显著提高代码复用的效率，减少许多重复劳动。OOP方法支持在现有类的基础上创建新的类。新类在保持现有类的某些特性甚至全部特性的基础上，还可以增加其他新的特性，从而拓展原有类的功能。其中，原有类称为新类的父类，新类称为原有类的子类。在现实世界中，继承的概念比比皆是。例如，可以在普通手机的基础上派生出智能手机，在普通小轿车的基础上派生出高级跑车，在计算机的基础上派生出笔记本电脑等。继承机制提供了一种在现有类基础上快速定义新类的方法，极大地简化了类的设计。

继承具有传递性，即若B类继承于A类，C类继承于B类，则C类间接继承A类的特性。尽管Java语言的继承机制为"单重继承"，即一个类只能有一个父类，但接口技术使Java具备类似多重继承的能力。

3. 多态性

多态是面向对象程序设计的另一重要特性。多态常指不同的对象接收到相同的消息时，表现出不同的行为和动作。例如，不同的人，当他们说要去运动的时候，根据他们兴趣爱好的不同，有的人可能去游泳，有的人可能去跑步，有的人可能去打球。多态特性使得不同的对象可以依照自身的需求对同一消息做出恰当的处理。

在Java语言中，多态常常表现在两个方面：一是在同一个类中，允许多个方法同名但它们的参数个数或类型不同，这是方法重载（Overload）导致的多态；二是在子类继承父类的过程中，允许子类和父类具有相同的方法名，即子类重写（Overwrite）父类中的方法，这是成员覆盖（Override）引起的多态。多态特性不仅扩大了对象的适应性，而且增强了程序的灵活性。

5.2 类和对象

类和对象是Java实现面向对象编程的核心概念。类是一组对象的共性抽象和描述，是该组对象的模板。对象是类的具体实例，由同一个类生成的一组对象具有共同的属性和行为。Java 中的类究竟是怎样的？如何用类创建对象？如何访问对象？下面具体讲解 Java 中类和对象的相关知识。

5.2.1 定义类

类（class）是一组对象（object）共有的属性和行为。属性用于描述对象的状态，常用变量表示，称为成员变量；行为指对象所具备的某一方面的功能，常用方法来表示，称为成员方法。类把属性和行为封装在一起，也即类是成员变量和成员方法的封装体。

在 Java 语言中，类的一般定义格式如下。

```
[修饰符] class 类名 [extends 父类名] [implements 接口列表] {
    [修饰符] 类型 成员变量1;
    [修饰符] 类型 成员变量2;
    …
    [修饰符] 返回值类型 成员方法1(参数列表) {
        方法体
    }
    [修饰符] 返回值类型 成员方法2(参数列表) {
        方法体
    }
    …
}
```

对上述类定义说明如下。

（1）class 是关键字，类的名称由 class 后的类名标识，类名一般为首字母大写的词汇或几个词汇的组合。

（2）class 前的修饰符为可选，可以没有，也可以有 1~2 个，用于指定类的访问权限和使用方式，常见的有 public、abstract、final 等。例如，若采用 public 修饰类，则表示该类为"公有类"，即类中的可见成员（包括变量和方法）可以被其他所有类访问。但正如第 1 章所述，此时文件名必须和该 public 类的名称一致。

（3）"extends 父类名"部分为可选，用于指定所定义的类继承于哪个父类。若省略此部分，默认表示所定义的类继承于 Object 类（该类是 Java 中所有类的父类）。

（4）"implements 接口列表"部分也为可选，用于指定所定义的类实现了哪些接口。有关接口的概念详见 5.9 节。

（5）类定义中首行开始的"{"和最后一行的"}"之间的部分称为类体，由成员变量和成员方法组成，成员变量和成员方法都可以有 0 到多个。

下面给出一个简单的类定义的例子。

【程序 5-1】结合本校实际情况定义一个课程类 Course。

问题分析

对一门课程的描述，可以从课程编号、名称、学分 3 个方面去描述其属性。考虑到封装性要求，这些属性一般设置为"私有"访问权限，因此需配套 3 组"设置/获取"这 3 个属性值的方法，还可为 Course 类设计一个用于输出课程信息的方法，如 print( )方法。

程序代码

```java
01  class Course {
02      private String courseID;              //课程编号
03      private String courseName;            //课程名称
04      private float credit;                 //学分
05      public void setCourseID(String id){   //设置课程编号
06          this.courseID=id;                 //this 代表对象本身
07      }
08      public void setCourseName(String name){ //设置课程名称
09          this.courseName=name;
10      }
11      public void setCredit(float cd){      //设置学分
12          this.credit=cd;
13      }
14      public String getCourseID(){          //得到课程编号
15          return courseID;
16      }
17      public String getCourseName(){        //得到课程名称
18          return courseName;
19      }
20      public float getCredit(){ //得到学分
21          return credit;
22      }
23      public void print(){ //输出课程信息
24          System.out.println("课程编号： "+this.getCourseID());
25          System.out.println("课程名称： "+this.getCourseName());
26          System.out.println("学    分： "+this.getCredit());
27      }
28  }
```

程序 5-1 解析

程序说明

（1）本程序编译通过后将得到类文件 Course.class。但由于 Course 类中不包括 main 方法，因此程序不能直接运行。实际上，在实际的程序设计中，大量的类都设计成类似 Course 的类，以供主类在需要时调用。

（2）Course 类的 3 个成员变量均采用 private 修饰，说明它们都只能在 Course 类中被访问。同时，Course 类包含 3 组和这些成员变量"配套"的"设置/获取"属性值的方法，形式为 setXxx( ) 和 getXxx( )，且它们均被修饰为 public（也可不用 public 修饰），这是 Java 封装性的常见形式。

（3）Course 类的 print 方法用于输出各成员变量的信息。另外，程序中大量使用了关键字 this。该关键字代表对象本身，即调用方法的当前那个对象，稍后详细介绍。

实际上，Java 程序设计的主要过程就是定义类、创建对象和访问对象的过程。查看前几章的程序范例不难发现，之前的程序由于功能较简单，在设计类的过程中，主要考虑的是一个特殊的成员方法——main 方法，较少或未涉及成员变量和其他成员方法，但每一个 Java 程序都遵循上述类定义的标准形式。

5.2.2 成员变量

类是客观事物的抽象描述。抽象过程分为数据抽象和行为抽象两方面。其中，数据抽象用于描述类对象的状态和属性，称为成员变量。一个类应该设计多少个成员变量，由待解决的问题本身决定，没有必要也不可能将客观事物的所有属性罗列出来。

成员变量一般在类体的开始部分进行声明，位于所有成员方法之外。声明成员变量的一般语法格式如下。

[修饰符] 类型 成员变量名;

对成员变量的声明说明如下。

（1）类型：用于指定成员变量的数据类型，可以是第 2 章介绍的 8 种基本数据类型，也可以是数组和本章介绍的引用类型。

（2）变量名：用于指定成员变量的名称，必须符合 Java 语言的标识符规定。一般应见名知义，且第一个单词的首字母小写，其余单词首字母大写，如 name、score、courseName 等。

（3）修饰符：可选部分。常为两种类型：一是指定变量的访问权限，如 public（全局访问）、private（类内私有访问）和 protected（保护性访问，有继承关系的子类可以访问）；二是用于说明变量的特性，如 static（静态变量，该类所有对象共享）、final（终极变量，即常量，此时一般应赋初值。为和其他成员变量相区别，常量名常采用大写形式）。

另外，成员变量也可在声明的时候进行初始化，称为"显式初始化"。示例如下。

```
class Student {
    String stuID;        //声明变量 stuID，表示学号，默认访问权限
    String name;         //声明变量 name，表示姓名，默认访问权限
    int age;             //声明变量 age，表示年龄，默认访问权限
    String sex="男";     //声明变量 sex，表示性别，并显示初始化
    public static int stuCount;        //声明静态变量 stuCount，表示学生数量，所有对象共享
    public final String SCHOOL="××大学";    //声明常量 SCHOOL，表示学校，并显示初始化
}
```

5.2.3　成员方法

成员方法用于描述某类对象的行为，是客观事物所具备功能的体现。从程序设计的角度来看，每个方法就是一个功能模块。

成员方法的一般定义形式如下。

[修饰符] 返回值类型 成员方法名(参数列表) {
　　方法体
}

对成员方法的定义说明如下。

（1）修饰符：可选部分，用于指定成员方法的访问权限和特性，如 public、protected、private、static、final 和 abstract 等。其中，abstract 修饰的方法为"抽象"方法，没有具体的方法体和花括号对"{ }"，需由该类的子类来实现，详见 5.8 节。

（2）返回值类型：用于指定调用该方法后返回值的数据类型，可以是 Java 支持的任意类型，包括引用类型。若方法没有返回值，则用 void 关键字进行标识。成员方法一般通过 return 语句返回处理结果。

（3）成员方法名：用于指定成员方法的名称。和成员变量一样，成员方法名必须符合 Java

语言规定的标识符，一般也应做到见名知义，且第一个单词常为小写动词，其余单词首字母大写，如 getName、print、setCourseName 等。

（4）参数列表：可有可无，具体视调用成员方法时是否需要为其传递参数。若成员方法带有参数，需要分别指定每个参数的数据类型和名称，当存在多个参数时，参数间用逗号分隔；即使成员方法不带参数，成员方法名后的小括号对也不能省略。

（5）方法体：是成员方法的具体实现部分，常包含局部变量定义和方法功能语句序列。局部变量指成员方法内为完成特定功能所需要用到的一些临时变量；方法功能语句序列由负责完成方法特定功能的语句组成。若一个成员方法的方法体为空，则称为空方法，但花括号对不能省略。

以下是为 Student 类设计的输出某个学生信息的成员方法。

```java
public void print() {        //输出学生信息，无参方法，没有返回值
    System.out.print("学号: "+this.stuID);    //注意 print 和 println 的区别
    System.out.print("    姓名: "+this.name);
    System.out.print("    性别: "+this.sex);
    System.out.print("    年龄: "+this.age);
    System.out.println("    学校: "+this.SCHOOL);
}
```

再如，下面的成员方法用于求两个数的平均值。

```java
public float getAve(int a,int b) {    //参数是 int 型，返回值是 float 型
    int sum=a+b;                      //用于保存两个数之和的局部变量
    return (float)sum/2;              //将 int 型的 sum 强制转换为 folat 型后再计算
}
```

5.2.4 创建、使用和销毁对象

类是成员变量和成员方法的封装体。由类可以生成对象，对象是 OOP 编程中的基本构件和元素。无论是一门课程、一个学生，还是一辆汽车、一只小鸟，甚至是一个按钮、一个对话框，一切事物都是对象。

1. 创建对象

类是对象的模板，对象是类的实例。也就是说，类是对象的抽象描述，而对象是类的具体表现。类中的成员变量和成员方法决定了该类对象的共有属性和行为。

从数据抽象的角度看，一个类可看作一种抽象的数据类型。正如 int 型变量可以用于保存整数，可以对其进行加、减、乘、除等运算操作一样，每一种"类"类型也可以通过它的成员变量保存数据，通过它的各种成员方法进行数据操作和处理。成员方法拓展了数据运算的含义，类则拓展了 Java 数据类型的概念。

在 Java 语言中，任何类型的变量都要先声明才能使用，"类"类型也如此。要声明一个"类"类型的变量，可采用如下的语法。

类名 引用变量名；

这里，类名指已经定义的类（包括 Java API 中的类和用户自定义的类），引用变量名则为合法的 Java 标识符。需要指出的是，为了和基本数据类型区分，Java 将所有"类"类型统称为引用类型，而将其变量统称为引用变量。之所以这样命名，是因为 Java 在保存基本类型数据和对象时

采取不同的方法：对于基本类型，声明变量就意味着分配相应的内存空间，可以将基本类型数据直接保存在这段内存空间里；而对于引用类型，声明变量也会分配相应的存储空间，但分配的空间不能直接存储对象本身，而只能存储对象的"引用"。所谓对象的"引用"，可以理解为一个对象的内存首地址或操作句柄，通过它，可以和对象建立连接，访问对象的具体内容。

要声明一个整型局部变量，可采用如下的语法。

```
int score;
```

同样，要声明一个 Student 类的引用变量，可采用如下的语法。

```
Student stu;
```

通过上述声明，score 变量的值仍不确定，而 stu 引用变量则被赋初值 null（空引用），表示目前不指向任何对象。

有了对象引用变量，接下来便可以创建实际的对象，然后用引用变量指向它，这个过程称为实例化对象。实例化对象的语法格式如下。

```
引用变量名=new 构造方法名(参数列表);
```

这里，new 是创建对象的专属关键字，而构造方法是专门用于创建对象的特殊方法，它的名称和类名完全一样，将在 5.3 节中详细介绍。

给上述局部变量 score 赋值的语句如下。

```
score=85;
```

类似地，创建一个 Student 类对象，然后让 stu 指向它的语句如下。

```
stu=new Student( );  //此处假设构造方法不带任何参数
```

该语句执行时，Java 编译系统会为创建的对象分配存储空间，并将所分配空间的首地址赋值给 stu 引用变量。可见，从本质上讲，引用变量和对象本身是不同的，但当两者建立连接后，人们也经常称引用变量为××对象，如 stu 对象。

声明局部变量时可以同时赋初值，示例如下。

```
int score=85;
```

同样，声明对象引用时可以同时让其指向一个具体的对象，示例如下。

```
Student stu=new Student( );
```

通过上述定义，各变量在内存中的形式如图 5-1 所示。

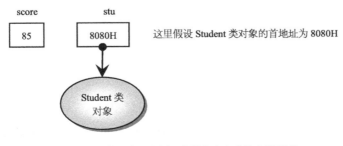

图 5-1 普通变量和引用变量在内存中的存储形式

2. 使用对象

当引用变量指向具体的对象后，便可以通过该引用变量访问对象的成员变量和成员方法。要访问对象，可采用对象访问运算符"."进行操作。示例如下。

```
stu.stuID="201211051201";
stu.name="李晓莉";
stu.age=18;
stu.print( );
```

但要注意的是，考虑到封装性的要求，类的成员变量一般被声明为 private 访问权限，然后通过 setXxx( ) 和 getXxx( ) 方法设置和获取其属性值。因此，程序中一般较少使用"stu.age=18"的形式访问成员变量。

3. 销毁对象

当程序中不再需要使用某对象时，便可释放该对象所占用的内存空间。许多程序设计语言要求程序员自己释放对象所占用的内存空间，Java 则通过提供自动垃圾回收机制自动监测对象的使用状况。当对象不再使用时，便销毁该对象，回收对象所占用的系统资源。Java 判断一个对象是否为"垃圾对象"的标准是该对象没有任何引用变量指向它。

JVM 间歇性地启动垃圾回收器，一旦发现垃圾对象，便启动该类对象的 finalize 方法，用于对象被销毁前执行一些资源回收工作。finalize 方法是从 Java 的所有类的父类——Object 类继承来的，因此每个类都有这个方法，但 finalize 方法一般不由用户调用，而是由垃圾回收器自动调用。

【程序 5-2】在程序 5-1 的基础上，创建一个 Course 类对象，并输出该对象的相关信息。

问题分析

程序 5-1 已定义了 Course 类。因此，可以再定义一个 CourseTest 主类，在 main 方法中创建对象，访问该对象的相应方法对各种属性值进行设置，并调用该对象的 print 方法输出课程信息。

程序代码

```
01  public class CourseTest {
02      public static void main(String[] args){
03          Course c1=new Course();      //声明引用变量 c1,并使之指向新创建的课程对象
04          c1.setCourseID("3102005"); //设置 c1 对象的各种属性
05          c1.setCourseName("Java 程序设计");
06          c1.setCredit(4);
07          c1.print();  //输出 c1 对象的信息
08      }
09  }
```

程序 5-2 解析

运行结果

课程编号：3102005

课程名称：Java 程序设计

学　　分：4.0

程序说明

本程序定义的 CourseTest 类和程序 5-1 中定义的 Course 类分别位于不同的文件。也可不定义 CourseTest 类，而直接将本程序的 main 方法（第 02～08 行）添加到 Course 类的定义中。

5.2.5 方法中的参数传递

在 Java 语言中，除了 main 方法和前面提及的 finalize 方法由 JVM 自动调用外，其余成员方法的使用均由用户自己调用。方法调用的一般形式如下。

> 对象名.方法名(实际参数表);

这里的对象名实际上是对象的引用变量名，而方法名为该类对象能访问的任一成员方法。实际参数表（通常简称为实参）对应所调用方法的参数列表（通常简称为形参），用于初始化形式参数，因此其参数个数必须和形参相等，且对应的数据类型也必须彼此相容。

根据数据类型的不同，调用方法时的参数传递分为值传递和引用传递两种方式。

1. 值传递

当成员方法的参数类型为 char、int、double 等基本数据类型时，采用值传递方式。此时，系统将首先为形参分配相应的内存空间，然后将实参的值按对应关系复制给形参。值传递方式的特点是形参值的改变不会影响实参的值。

例如，下面的程序代码试图通过 swap 方法交换两个数，结果会怎样呢？

```java
public class SwapTwoInteger {
    void swap(int x,int y){    //基本数据类型作形参，值传递方式
        int t;
        t=x;
        x=y;
        y=t;
        System.out.println("在 swap 方法内部, x="+x+",y="+y);
    }
    public static void main(String[] args) {
        int a=5,b=10;
        SwapTwoInteger swi=new SwapTwoInteger(); //创建对象
        System.out.println("执行 swap 方法前, a="+a+",b="+b);
        swi.swap(a,b);    //调用 swap 方法
        System.out.println("执行 swap 方法后, a="+a+",b="+b);
    }
}
```

上述代码定义了 SwapTwoInteger 类，内含 swap 和 main 两个方法。在 main 方法中，a 和 b 的初值分别为 5 和 10；调用 swap 方法时，以值传递的方式将实参 a 和 b 的值分别复制给形参 x 和 y，并交换 x 和 y 的值；但当 swap 方法执行结束返回 main 方法后，a 和 b 的值并没有交换过来。可见，在值传递方式中，形参值的任何改变都不会影响实参值。其实，究其原因，是因为此时实参和形参分别占据不同的内存空间，如图 5-2 所示。

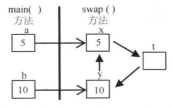

图 5-2 采用值传递方式交换两个数

2. 引用传递

当成员方法的参数类型为引用类型时,采用引用传递方式。与值传递方式不同,此时对象本身的内容并不会传递给形参,而是传递对象的引用值,即使形参指向实参所指向的对象。因此,形参指向的对象的任何改变就相当于原对象的改变。

例如,下面的程序代码采用引用传递方式,对一个对象的两个数据成员进行了交换。

```java
class Point {    //定义类Point,包含x,y两个成员变量
    int x=3;
    int y=5;
}
public class PassObject {    //定义PassObject类
    public static void main(String[] args) {
        Point p1=new Point(); //创建Point类对象p1
        //下面的语句较长,分两行书写
        System.out.println("执行exchangeFields方法前,对象p1的成员变量x="+p1.x
                      +",对象p1的成员变量y="+p1.y);
        exchangeFields(p1);    //调用exchangeFields方法
        System.out.println("执行exchangeFields方法后,对象p1的成员变量x="+p1.x
                      +",对象p1的成员变量y="+p1.y);
    }
    public static void exchangeFields(Point pt) {
        int t;
        t=pt.x;
        pt.x=pt.y;
        pt.y=t;
    }
}
```

上述代码定义了包含两个数据成员的 Point 类和主类 PassObject。在主类中,包含 main 和 exchangeFields 两个方法。程序代码首先创建 Point 类对象 p1,并输出 p1 对象的各成员变量的值;然后以 p1 对象为实参调用 exchangeFields 方法,引用传递使得形参 pt 也指向 p1 所指向的对象,因此在该方法内交换 pt 对象的两个数据成员,相当于交换 p1 对象的两个成员变量。方法调用结束后,尽管形参 pt 已不起作用,但 p1 对象的成员变量仍为交换后的 5 和 3,此过程如图 5-3 所示。可见,对于引用传递,方法内部形参所导致的形参成员内容的任何改变,都会影响作为参数传递的原对象。

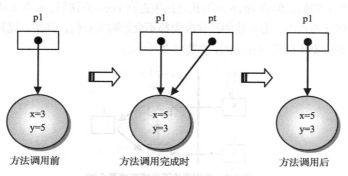

图 5-3 引用传递所导致的对象变化

5.2.6 成员变量、局部变量和方法参数的区别

从本节介绍和程序示例可知，Java 中的变量通常包括成员变量、局部变量和方法参数 3 种。其中，成员变量是用于描述某类对象的状态和属性的变量，局部变量是成员方法中为完成特定功能所使用的变量，方法参数则是各成员方法用于临时存储数据的中间变量。从数据类型来看，无论是成员变量，还是局部变量和方法参数，它们都可以是 Java 语言支持的任何一种数据类型，但三者之间仍存在较明显的区别。

首先，声明变量时可使用的修饰符不同。定义成员变量时，可以使用 public、private、protected、static、final 修饰符指定变量的访问权限和特性；而定义局部变量时，只允许使用 final 对其进行修饰，不能声明静态的局部变量，也不能指定变量的访问权限；定义方法参数时，可用 final 进行修饰，但实际编程中较为少见。

其次，变量的作用域和生存期不同。变量的作用域指变量在程序中的可见区域。作用域之外，不能直接访问该变量。变量的生存期指从声明变量并分配内存空间，到使用变量，再到释放变量所占内存空间的整个时间周期。通常，变量的声明位置决定了变量的作用域，而作用域往往又决定变量的生存期。

最后，系统会为成员变量进行默认初始化，而不会对局部变量提供任何默认值。也就是说，对于局部变量，使用之前必须进行赋值。否则，编译时会发生编译错误。

对于成员变量而言，在类内（成员方法之外）进行声明，无论其声明位置是在类体的首部还是尾部，其作用域都为整个类。而方法参数，在方法定义的小括号对中进行声明，其作用域为整个方法。对于局部变量，在方法体内或方法内部的复合语句块中进行声明，其作用域为整个方法或声明变量的复合语句块。实际上，如果将标记方法体的花括号对也认为是一个大的复合语句块的话，则对于局部变量来说，其有效范围即为声明变量的复合语句块。

例如，下面的程序段说明了各种变量的作用域。

```
01  class VariableScope {
02      private long total;          //成员变量 total，将其移至 getTotal 方法后也不影响其作用域
03      public void getTotal(int n) {    //方法参数 n
04          long sum1=0,sum2=0;          //方法中的局部变量 sum1 和 sum2
05          for(int i=1;i<=n;i++){ //复合语句块中的局部变量 i
06              sum1+=i;
07              sum2*=i;
08          }
09          total=sum2-sum1;
10      }
11  }
```

此程序段共声明了 5 个变量。其中，total 为成员变量，作用域为整个类，即第 01～11 行；方法参数 n 的作用域为整个 getTotal 方法，即第 03～10 行；局部变量 sum1 和 sum2 的作用域为第 04～10 行；变量 i 由于定义在复合语句块中，其作用范围为第 05～08 行。

5.3 构造方法

如 5.2.4 节所述，Java 语言使用 "new 构造方法名(参数列表)" 的形式创建对象，并将创建的对象和引用变量建立连接，然后通过引用变量操作相应的对象。奇怪的是，为什么以前的程

序代码中均找不到构造方法的定义呢？且创建对象的标准形式似乎是"类名 引用变量名=new 类名( )"，构造方法和类名有什么直接的联系？还有，参数列表跑到哪里去了，都不需要吗？本节将围绕构造方法进行讲述。

5.3.1 构造方法的定义

构造方法（Constructor）是一种特殊的方法，用于创建和初始化对象。和普通的成员方法相比，构造方法具有如下特点。

（1）构造方法由 new 运算符负责调用。
（2）构造方法的名称必须和类名完全相同。
（3）构造方法无须指定返回值类型。
（4）构造方法的参数列表可按需设置，因此一个类中可以含有多个构造方法（方法重载）。

构造方法通常用 public 进行修饰，以方便其他类调用它们创建对象。例如，下列程序代码中定义了一个增加了构造方法的 Point 类。

```
class Point {    //定义类 Point,包含 x,y 两个成员变量
    int x;
    int y;
    public Point(int m,int n) {    //带有两个参数的构造方法，和类名一样，没有返回值
        x=m;
        y=n;
    }
}
```

为什么在程序 5-2 中，根本没有定义任何构造方法，却可以通过类似"Course c1=new Course();"的语句创建对象呢？其实，这是因为当程序没有定义任何构造方法时，系统会自动为所定义的类"配置"一个默认的构造方法。该方法参数列表为空，方法体也为空，以保证可以用该类创建对象。可见，任何类至少都有一个构造方法。要特别注意的是，当程序中明确定义了该类的一个或多个构造方法后，系统将自动屏蔽默认的构造方法。因此，如果要定义类的构造方法，最好包含一个默认的构造方法，否则，当使用"new 类名( )"方式创建对象时，将导致编译错误。

以下程序代码定义了 Point 类，并明确定义了默认构造方法。

```
class Point {    //定义类 Point,包含 x,y 两个成员变量
    int x;
    int y;
    public Point( ) {    //默认构造方法
        x=0;
        y=0;
    }
    public Point(int m) {    //带有一个参数的构造方法
        x=m;
        y=m;
    }
    public Point(int m,int n) {    //带有两个参数的构造方法
        x=m;
        y=n;
    }
}
```

为一个类设计多个构造方法的好处是方便类的使用者采用不同的参数形式创建对象实例。实际上,无论是 Java API 类库中的标准类,还是用户自定义的类,一般都包含多个构造方法。程序会根据参数的个数和类型,自动调用相应的构造方法。

当多个构造方法中具有重复代码时,为简化代码的书写,可使用关键字 this 来指代本类中的其他构造方法,以形成构造方法的相互调用。

【程序 5-3】 采用 this 关键字简化 Point 类构造方法的定义并创建对象。

问题分析

当一个类含有多个构造方法时,可完整设计参数较多的构造方法,而其他参数较少的构造方法可采用 this 关键字调用参数较多的构造方法。

程序代码

```
01  class Point {       //定义类 Point,包含 x,y 两个成员变量
02      int x;
03      int y;
04      public Point( ) {           //默认构造方法
05          this(0);
06      }
07      public Point(int m) {       //带有一个参数的构造方法
08          this(m,m);
09      }
10      public Point(int m,int n) { //带有两个参数的构造方法
11          x=m;
12          y=n;
13      }
14      public void print() {
15          System.out.println("x="+x+",y="+y);
16      }
17  }
18  public class PointTest {
19      public static void main(String[] args) {
20          Point p1=new Point();        //调用默认构造方法
21          Point p2=new Point(3);       //调用一个参数的构造方法
22          Point p3=new Point(3,5);     //调用两个参数的构造方法
23          System.out.print("对象 p1 的成员变量为: ");
24          p1.print();    //调用 Point 类的 print 方法
25          System.out.print("对象 p2 的成员变量为: ");
26          p2.print();
27          System.out.print("对象 p3 的成员变量为: ");
28          p3.print();
29      }
30  }
```

程序 5-3 解析

运行结果

对象 p1 的成员变量为:x=0,y=0
对象 p2 的成员变量为:x=3,y=3
对象 p3 的成员变量为:x=3,y=5

程序说明

本程序为 Point 类设计了 3 个构造方法,并使用 this 关键字指代本类的构造方法。这样的程

序编写方式代表了一种默认的编程规范，许多程序都采用类似的方法对对象的成员变量进行初始化，希望读者认真体会。

5.3.2　对象的生成过程

当使用构造方法创建对象时，系统会根据所带的参数个数和类型，自动调用相应的构造方法完成对象的创建和初始化。对象的生成过程一般如下。

（1）为新对象分配存储空间，并为各成员变量进行默认初始化。

（2）为各成员变量进行显示初始化。

（3）执行构造方法中的语句。

正如 5.2.6 节所述，Java 语言不会为局部变量提供任何初值，但会给各成员变量提供一个合适的默认值，以确保不会存在没有初值的对象，这便是成员变量的默认初始化。根据数据类型的不同，系统为各成员变量提供的默认值如表 5-1 所示。

表 5-1　Java 成员变量的默认初始值

数据类型	默认初始值
byte/short/int	0
long	0L
float	0.0F
double	0.0
char	'\u0000'
boolean	false
对象引用	null

从表 5-1 可知，系统为各成员变量提供的默认初始值为零或空。其中，对于 char 类型成员变量，系统提供的'\u0000'相当于空白字符；而对于对象引用，系统提供的初始值为 null，表示该引用变量目前不指向任何对象。仔细观察不难发现，其实表 5-1 和表 4-1 是一样的，这再次说明，在 Java 语言中，数组是被作为对象来看待和处理的，因此，数组元素也采取对象的默认初始化策略。

通过默认初始化，Java 语言能确保每个成员变量都有初值。但系统提供的默认值通常没有实际价值，一般还需要通过显示初始化来明确地给各成员变量指定初值。所谓显示初始化，是指在声明类的成员变量的同时直接赋值，示例如下。

```
class Date {      //定义 Date 类，采用默认初始化
    int year;
    int month;
    int day;
}
class Student {      //定义 Student 类，采用显示初始化
    String stuID="201211051201";
    String name="李晓莉";
    int age=18;
    String sex="女";
    Date attendance=new Date();
    public final String SCHOOL="××大学";
}
```

采用显示初始化方式简单直接，但属于同一类的多个对象只能有相同的初值。因此，在实际编程中仍以构造方法对成员变量进行初始化较为常见，这有利于生成不同成员属性值的多个对象。示例如下。

```java
class Date {
    int year=1900;
    int month=1;
    int day=1;
    public Date(int y,int m,int d) {
        year=y;
        month=m;
        day=d;
    }
}
```

若程序中使用 new Date(2018,10,20)创建一个 Date 类对象，此时 Date 类的 3 个成员变量先被默认初始化为 0、0、0，之后再显示初始化为 1900、1、1，最后被构造方法初始化为 2018、10、20。

5.3.3 this 关键字

在前面的程序代码中，已涉及 this 关键字的应用。this 关键字常用于以下 3 种情况。

1. 在成员方法中访问类的成员

在 Java 程序中，访问对象的成员都必须通过连接该对象的引用变量。但在成员方法中，若需访问当前对象的成员变量和成员方法，由于无法明确写出当前正被操作的对象，因此可以使用 this 进行替代。此时，this 代表的正是这个当前对象的引用。示例如下。

```java
class Animal {
    private int weight;
    private int age;
    void setWeight(int w) {
        this.weight=w;    //此时可省略 this
    }
    void setAge(int a) {
        this.age=a;   //此时可省略 this
    }
    …
}
```

实际上，在程序代码中，this 关键字常常可以省略。这是因为，Java 会自动用关键字 this 和所有方法内部属于同一类的成员进行组合，以确保这些成员属于当前对象。

但当局部变量和成员变量的名字相同时，成员变量将会被屏蔽，此时若想在成员方法内继续使用成员变量，必须使用 this 关键字。示例如下。

```java
class Animal {
    private int weight;
    private int age;
    void setWeight(int weight) {
        this.weight=weight;    //此时必须使用 this，左边为成员变量，右边为局部变量
    }
```

```
    void setAge(int age) {
        this.age=age;        //此时必须使用this
    }
    public Animal(int weight,int age) {
        this.weight=weight;    //此时必须使用this
        this.age=age;          //此时必须使用this
    }
    …
}
```

2. 在构造方法中调用另外的构造方法

程序5-3展示了在构造方法中使用this关键字调用其他构造方法的典型形式。当关键字this后带有参数时，它的作用就是调用与这些参数相符的构造方法。需注意的是，在一个构造方法中，只能使用this调用一次构造方法，且调用语句必须出现在构造方法体的起始位置。在其他普通成员方法中，不能使用this关键字调用构造方法。

3. 在方法中传递当前对象

在程序设计中，有时需把当前对象作为参数传递给其他方法，或需返回当前对象，此时可采用this关键字来指定当前对象。

【**程序5-4**】在日期类Date中，定义方法tomorrow( )，采用this关键字返回某日期对象的下一天。

问题分析

某日期对象增加一天后，需判断天数是否超过当月最大天数，若超过，则新的日期对象为下个月的第一天；进而需判断月份是否超过12月，若超过，新的日期对象应为下一年的第一天。显然，方法tomorrow( )的返回值类型应设计为Date类型。

程序代码

```
01  class Date {
02      private int year,month,day;
03      public Date(){    //默认构造方法
04          year=1900;
05          month=1;
06          day=1;
07      }
08      public Date(int y,int m,int d){    //3参构造方法
09          year=y;
10          month=m;
11          day=d;
12      }
13      public void print(){ //输出对象信息
14          System.out.println("当前日期为："+year+"年"+month+"月"+day+"日。");
15      }
16      public Date tomorrow(){    //使日期往后增加一天
17          day++;
18          if(day>daysInMonth()){
19              day=1;
20              month++;
21              if(month>12){
```

程序5-4解析

```
22                  month=1;
23                  year++;
24              }
25          }
26          return this;  //返回当前调用对象
27      }
28      public int daysInMonth(){    //判断某月共有几天
29          switch(month){
30              case 1: case 3: case 5: case 7:
31              case 8: case 10: case 12:
32                  return 31;
33              case 2:
34                  if((year%4==0)&&(year%100!=0)||(year%400==0))
35                      return 29;
36                  else
37                      return 28;
38              default:
39                  return 30;
40          }
41      }
42      public static void main(String[] args){
43          Date d=new Date(2018,10,30);
44          d.print();       //输出测试日期
45          d.tomorrow();
46          d.print();       //测试日期加一天
47          d.tomorrow();
48          d.print();       //测试日期加两天
49      }
50  }
```

运行结果

当前日期为：2018 年 10 月 30 日。
当前日期为：2018 年 10 月 31 日。
当前日期为：2018 年 11 月 1 日。

程序说明

Date 类包含 3 个成员变量，分别表示年、月、日信息。成员方法包括用于输出对象信息的 print 方法、使日期后推 1 天的 tomorrow 方法、判断某月共有几天的 daysInMonth 方法。本程序还包括两个构造方法和 main 方法。在 tomorrow 方法内，第 26 行通过 return this 语句将修改后的日期作为当前对象返回。

5.4 类的继承

继承是面向对象程序设计语言的重要特性，也是 Java 语言支持代码复用及多态性的重要基础。Java 语言如何实现继承？如何控制继承？其继承有什么特点？在程序设计过程中如何利用好继承机制？本节将围绕继承这一主题展开介绍。

5.4.1 继承的概念

继承是面向对象程序设计 3 大特性中较为重要的特性。所谓继承，是指在已有类的基础上可以派生出新的类。新的类将共享现有类的属性和行为（即成员变量和成员方法），还可增加新的特性。通过继承，可显著提高代码复用的效率，增强程序的可维护性。

面向对象的程序设计方法模拟现实世界的描述方式，其继承机制也是对现实世界的一种抽象描述。在现实世界中，许多对象实体间具有继承的内联关系，如动物类可分为哺乳动物类和爬行动物类，哺乳动物类又可细分为人、猫等子类。再如，交通工具类可分为汽车类、火车类和飞机类，而汽车类可进一步分为小轿车类、公共汽车类和卡车类等，小轿车类又可分为家用小轿车和商用小轿车等，如图5-4所示。

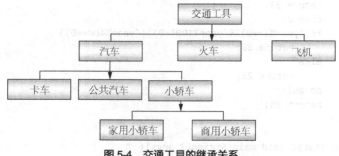

图 5-4 交通工具的继承关系

在 Java 语言中，可通过组合和继承两种方式复用现有的程序代码。其中，组合方式指定义新类时，可将已有类的对象作为新类的成员变量，如将 Date 类对象作为 Student 类的成员变量。此时，已有类对象是作为新类的一部分加以使用的，这对构建复杂对象特别有用。显然，组合方式中涉及的类构成整体和部分的关系，即 "has a" 关系。如学生具有入学日期、汽车具有轮胎等。

继承是由一个类派生新类的过程。其中，派生出来的新类被称为原有类的子类或派生类，而原有类被称为父类或基类。通过继承，子类可保持父类的某些特性甚至全部特性，还可以增加其他新的特性，从而快速拓展原有类的功能。继承中的子类和父类之间的关系为 "is a" 关系，即子类是父类的一个特例。如家用小轿车是小汽车、智能手机是手机等。

由图 5-4 可知，派生出来的子类可进一步作为其他类的父类，从而构成类的多级层次结构。如汽车类是小轿车类的父类，而小轿车类是家用小轿车类的父类。一般来说，父类比子类更抽象，而子类比父类更具体。而且，继承具有传递性。也就是说，家用小轿车类可从小轿车类继承属性和行为，也可间接继承汽车类和交通工具的属性和行为。可见，继承机制大大提高了代码复用的效率，简化了类的设计。

5.4.2　Java 继承的实现

正如 5.2 节的类定义所示，Java 语言使用 extends 关键字为新定义的类指定父类，其一般语法格式如下。

```
[修饰符] class 子类名 extends 父类名 {
    声明子类中的新成员变量
    声明子类中的新成员方法
}
```

Java 语言的每一个类都有一个父类。在上述定义中，若没有通过 extends 关键字明确指定新类的父类，则新类隐含继承于 Object 类。可见，在这之前的所有程序中定义的类，其父类均为

Object。Object 类是 Java 中所有类的父类，将在本节稍后详细介绍。若通过 extends 关键字指明了父类，则父类必须为 Java API 类库中已有的类或用户已经定义的类。

要注意的是，为了保证代码结构清晰，提高程序的可靠性，Java 采用单重继承机制，即一个子类仅能通过 extends 关键字指明一个父类。在 Java 语言中，多重继承的功能由"接口"来实现，详见 5.9 节。当然，通过继承的传递性，一个子类实际上可从具有"血缘关系"的所有类（在 Java 的类层次结构中，指该类通往 Object 类的路径上的所有类）中继承属性和行为。

【程序 5-5】 设计汽车类和小轿车类，以说明类的继承关系。

问题分析

本例仅用于说明类的继承关系，而不具体实现汽车和小轿车的功能。汽车类（Automobile）可包含 weight 和 speed 两个私有成员变量及其相应的设置/获取属性值的方法，同时还包含加速（speedUp）、减速（slowDown）和刹车（brake）3 个成员方法。小轿车类（Car）由 Automobile 类派生，可增添天窗（skylight）成员变量及播放音乐（playMusic）等方法。

程序代码

```
01  class Automobile {
02      private int weight;    //载质量
03      private int speed;     //速度
04      void setWeight(int w){
05          weight=w;
06      }
07      void setSpeed(int s){
08          speed=s;
09      }
10      int getWeight(){
11          return weight;
12      }
13      int getSpeed(){
14          return speed;
15      }
16      void speedUp(){   //加速
17          System.out.println("汽车正在加速……");
18      }
19      void slowDown(){ //减速
20          System.out.println("汽车正在减速……");
21      }
22      void brake(){       //刹车
23          System.out.println("汽车刹车！");
24      }
25  }
26  //Car 类继承 Automobile 类
27  public class Car extends Automobile {
28      private boolean skylight=false; //天窗
29      void setSkylight(boolean sl){
30          skylight=sl;
31      }
32      boolean getSkylight(){
33          return skylight;
34      }
```

```
35      void playMusic(){//播放音乐
36          System.out.println("小轿车播放音乐中……");
37      }
38      public static void main(String[] args){
39          Car mycar=new Car();              //创建子类对象
40          mycar.setWeight(1500);            //调用父类方法
41          mycar.setSpeed(120);              //调用父类方法
42          mycar.setSkylight(true);          //调用子类方法
43          mycar.slowDown();                 //调用父类方法
44          mycar.playMusic();                //调用子类方法
45          System.out.println("weight="+mycar.getWeight());
46          System.out.println("speed="+mycar.getSpeed());
47          System.out.println("skylight="+mycar.getSkylight());
48      }
49  }
```

运行结果

汽车正在减速……
小轿车播放音乐中……
weight=1500
speed=120
skylight=true

程序说明

父类 Automobile 中的所有成员变量均由 private 修饰，不能被 Car 类继承；但父类 Automobile 中的成员方法均为默认访问方式，可被 Car 类继承。因此，在创建 Car 类对象后，既可以调用 Car 类中定义的各种成员方法，又可以调用从 Automobile 类中继承来的各种成员方法。

5.4.3 访问权限修饰符

访问权限修饰符包括 public（公有）、protected（保护）和 private（私有），它们既可以修饰类，又可以修饰成员变量和成员方法。访问权限修饰符是实现封装、控制继承的有效手段。

1. public

用 public 修饰类，表示该类可以被任何其他类访问。但每个源文件中最多只能有一个 public 类，且文件名必须和该 public 类的类名相同。如果文件中没有 public 类，则文件名可以随意指定，但建议最好取为某个类的名称。

用 public 修饰成员变量和成员方法，表示这些成员可被任何其他所有类访问，也即这些成员是完全公开的。

2. protected

protected 是和继承有关的修饰符。该修饰符较少用于修饰类，而主要用于修饰类的成员。当用 protected 修饰某成员变量或成员方法时，表示该成员只能被其子类和同一个文件夹中的其他类访问。在 Java 语言中，文件夹通常称为"包"，用于对类进行组织和管理，详见 6.1 节。

3. private

private 一般也较少用于修饰类（本章后面介绍的内部类除外）。当使用 private 修饰某成员时，表示该成员只能被其所属类自身访问。为了实现有效的封装，Java 类中的成员变量通常都设置为 private 访问权限。

4. 默认访问权限

当不使用 public、protected 和 private 修饰符时，称为默认访问权限。当一个类具有默认访问权限时，该类可被同一文件夹中的其他类访问，其他文件夹中的类不能访问，因此也称为"包级访问"权限。同样，没有任何修饰符的类成员也具有包级访问权限。

由上述内容可知，访问权限从严格到宽松的顺序依次为 private、默认访问、protected、public。Java 语言中，各访问权限修饰符的访问权限可总结如表 5-2 所示。

表 5-2　Java 语言访问权限修饰符

类型	private （类内访问）	无修饰符 （包级访问）	protected （子类、包级访问）	public （公有访问）
同一类	√	√	√	√
同包，子类	×	√	√	√
同包，非子类	×	√	√	√
不同包，子类	×	×	√	√
不同包，非子类	×	×	×	√

5.4.4　构造方法与继承

通过继承，子类可以保持父类的绝大多数成员变量和成员方法。但用于初始化对象的构造方法是不能被继承的。因此，创建子类对象时，为了初始化从父类那里继承来的成员变量，需要调用父类的构造方法。

一般来说，可以在子类的构造方法中调用父类的构造方法。Java 语言规定，一个父类对象必须在子类运行前完成初始化。因此，调用父类构造方法的语句必须放在子类构造方法的开始位置。调用父类构造方法可采用 super 关键字，其一般语法格式如下。

　　super([参数列表]);

如果省略参数列表，则调用的是父类的默认构造方法。此时，可省略 super( )的显式调用。也就是说，如果在子类构造方法中不包含调用父类构造方法的语句，则系统将在子类构造方法的第一行插入调用父类默认构造方法的语句。如果调用父类构造方法时带有参数，则必须保证参数类型和个数能与某个父类的构造方法相匹配。

【程序 5-6】设计动物（Animal）类和小鸟（Bird）类，以说明在子类中如何调用父类的构造方法。

问题分析

Animal 类可包含质量（weight）和颜色（color）等属性及其相应的设置/获取属性值的方法，并包含一个无参构造方法和一个含有两个参数的构造方法；Bird 类继承于 Animal 类，除需设计相应的构造方法外，可再增加一个代表飞翔（fly）的成员方法，之后在 main 方法中进行测试。

程序代码

```
01  class Animal {
02      private int weight;
03      private String color;
04      public Animal(){
05          weight=100;
06          color="黑色";
07          System.out.println("调用的是Animal类的默认构造方法。");
08      }
09      public Animal(int w,String s){
10          weight=w;
11          color=s;
12          System.out.println("调用的是Animal类2个参数的构造方法。");
13      }
14      public void setWeight(int w){
15          weight=w;
16      }
17      public void setColor(String s){
18          color=s;
19      }
20      public int getWeight(){
21          return weight;
22      }
23      public String getColor(){
24          return color;
25      }
26  }
27
28  public class Bird extends Animal {
29      public Bird(){
30          super(); //可以省略
31          System.out.println("调用的是Bird类的默认构造方法。");
32      }
33      public Bird(int w,String s){
34          super(w,s);
35          System.out.println("调用的是Bird类2个参数的构造方法。");
36      }
37      public void fly(){
38          System.out.println("小鸟会飞！");
39      }
40      public static void main(String[] args){
41          Bird bd1=new Bird();
42          Bird bd2=new Bird(500,"红色");
43          System.out.println("小鸟bd1重"+bd1.getWeight()+"克，颜色为: "
44                  +bd1.getColor());
45          System.out.println("小鸟bd2重"+bd2.getWeight()+"克，颜色为: "
46                  +bd2.getColor());
47          bd2.fly();
48      }
49  }
```

运行结果

调用的是 Animal 类的默认构造方法。

调用的是 Bird 类的默认构造方法。

调用的是 Animal 类 2 个参数的构造方法。

调用的是 Bird 类 2 个参数的构造方法。

小鸟 bd1 重 100 克，颜色为：黑色

小鸟 bd2 重 500 克，颜色为：红色

小鸟会飞！

程序说明

尽管本程序只创建了两个小鸟对象，但在创建过程中均调用了 Animal 类的构造方法。读者可根据运行结果，认真体会 bd1 和 bd2 对象的创建过程以及程序的执行过程。

5.4.5 super 关键字

super 关键字除了用于调用父类的构造方法，还可用于访问父类中被子类隐藏的成员变量和成员方法。

Java 的继承机制允许子类继承父类中的非私有成员变量和成员方法。当子类中声明的成员变量和父类中的成员变量同名时，父类中的成员变量将被隐藏。若此时想访问被隐藏的父类成员变量，可通过"super.成员变量名"的形式实现。只是要提醒读者的是，根据封装性的要求，类的数据成员一般被声明为 private 访问权限，在其子类中只能通过相应的成员方法间接进行访问，即使通过 super 关键字也不行。此时，将不存在成员变量的隐藏问题。因此，通过 super 关键字访问父类成员变量的方式在实际编程中较少使用。

当子类中声明的成员方法与父类中的成员方法同名，并且参数个数和类型等也相同时，父类中的同名方法将被子类方法屏蔽，此种现象称为方法覆盖或重写。此时，若想在子类方法中调用父类中被覆盖的方法，可使用"super.成员方法名([参数列表])"的形式进行调用。方法覆盖是 Java 语言实现多态性的重要形式之一，将在 5.5 节中进行介绍。

5.4.6 Object 类

Object 类是 Java 中所有类的直接或间接父类，在 Java 的类层次结构中处于最高点。若一个类没有用 extends 关键字指明父类，则其父类默认为 Object 类。由于 Object 类是所有类的父类，因此 Object 类中定义的方法适用于所有类。

Object 类中定义的主要方法如下。

（1）public final Class getClass()——该方法返回当前对象所属的类信息。

（2）public int hashCode()——该方法返回该对象的哈希码值，它是对象的唯一标识。

（3）public boolean equals(Object o)——该方法用于比较两个对象是否是同一对象，是则返回 true。要注意的是，此方法并不用于比较对象的内容是否相同。若要比较同一个类的两个对象内容是否相同，则需对该方法进行重写。如系统提供的 String 类就对此方法进行了重写。

（4）public String toString()——该方法将对象的有关信息转换为字符串以便显示输出。只是输出的字符串为"类名@哈希码的十六进制表示"，较难理解。因此，一般需对该方法进行重写。

（5）protected void finalize() throws Throwable——回收当前对象时所需完成的资源释放工作，由垃圾回收器自动调用。

5.5 类的多态

> 多态是面向对象程序设计的 3 大特性之一。在 Java 语言中，多态具有哪些表现形式？如何在编程中实现类的多态？如何避免多态设计过程中的各种错误和编程陷阱，保持代码的健壮性？本节将围绕多态这一主题展开介绍。

5.5.1 多态的概念

实际上，在前面的程序设计中，已涉及一些多态的具体运用。例如，为一个类设计多个同名但参数个数不同的构造方法。简单地说，多态就是允许程序中出现重名的现象，以便让不同对象在接收到相同消息时，表现出多种形式，也即表现出不同的行为和动作。

在 Java 语言中，尽管也可以实现成员变量的多态，但一般较少这样做。成员变量常常因为封装性的考虑将其设置为 private 访问权限，从而不再具有多态性。因此，Java 中的多态主要指成员方法的多态，具体包括方法重载和方法覆盖两种形式。

5.5.2 方法重载

方法重载指在一个类的设计中，允许出现多个同名的成员方法，但方法的参数个数或参数的类型必须不同，以便系统能根据方法的参数列表确定具体调用哪个方法。显然，类的构造方法的设计便是方法重载的典型例子，再看下面的程序。

【程序 5-7】 设计一个 Area 类，用于计算圆和长方形的面积。

问题分析

若将计算面积的方法设计为 getArea，由于计算圆面积和长方形面积时所需要的参数个数不同，因此，可采用方法重载设计两个同名的 getArea 方法。此外，为展示参数类型不同，可采用方法重载设计两个显示信息的 print 方法，分别配套两个 getArea 方法使用。

程序代码

```
01  //方法重载
02  public class Area {
03      final float PI=3.14F;   //圆周率常量
04      public void print(float r){      //和方法 getArea(float r)配套使用
05          System.out.println("准备计算半径为"+r+"的圆的面积……");
06      }
07      public void print(String s){      //重载 print()方法，参数类型不同
08          System.out.println("准备计算"+s+"的面积……");
09      }
10      public float getArea(float r){   //计算圆的面积
11          return PI*r*r;
12      }
13      public float getArea(float a,float b){   //重载 getArea()，参数个数不同
14          return a*b;
15      }
16      public static void main(String[] args) {
```

程序 5-7 解析

```
17      Area a=new Area();
18      float result1,result2;
19      a.print(2);      //调用print(float r)方法
20      result1=a.getArea(2);    //调用getArea(float r)方法
21      System.out.println("这个圆的面积为: "+result1);
22      a.print("长方形");   //调用print(String s)方法
23      result2=a.getArea(5,2); //调用getArea(float a,float b)方法
24      System.out.println("这个长方形的面积为: "+result2);
25   }
26 }
```

运行结果

准备计算半径为 2.0 的圆的面积……

这个圆的面积为：12.56

准备计算长方形的面积……

这个长方形的面积为：10.0

程序说明

除 main 方法外，Area 类中共设计了 4 个成员方法。其中，两个 print 方法参数个数相同，但参数类型不同，构成参数类型不同的方法重载；两个 getArea 方法的参数类型相同，但参数个数不同，构成参数个数不同的方法重载。可见，无论是参数的个数还是参数的类型，只要它们中有一项不同，就可构成方法重载，系统便能根据传递的参数形式确定执行哪个方法。

关于方法重载的说明如下。

（1）调用方法时，根据实参列表要能判断调用的是哪个方法。避免因类型提升（如 float→double）引起的混淆。

（2）仅有方法的返回值不同并不能构成方法重载。因为方法没有执行之前并不知道要返回什么类型的值。因此，方法重载只能由参数列表来形成，即参数个数或参数类型不同。

（3）尽管可以对毫无联系的几个方法进行重载，但这将造成使用时的混乱，故一般只重载功能相似的方法。

5.5.3 方法覆盖

方法覆盖又称方法重写，是指继承过程中，子类可以和父类具有相同的方法名，从而造成子类方法对父类同名方法的覆盖。或者说，在子类中可以重新设计从父类那里继承来的成员方法，以拓展其功能。通过方法重写，可以使一个方法在不同的子类中表现出不同的行为。

下面的程序展示了方法覆盖的实际应用。

【程序 5-8】 Student 类中已有输出姓名等基本信息的 talk 方法，在其子类 Undergraduate 中重写该方法，以实现输出更具体、明确的信息。

问题分析

Student 类可声明成员变量 name 和成员方法 talk。Undergraduate 类继承于 Student 类，可增加 school 属性，并对 Student 类的 talk 方法进行重写，以输出 name 和 school 信息。为了对比，再设计同样继承于 Student 类的 Postgraduate 类，增加 school 和 grade 属性，但不对 Student 类的 talk 方法进行重写。

程序代码

```
01  //方法覆盖
02  class Student {
03      String name;
04      public Student(String name){
05          this.name=name;
06      }
07      public String talk(){
08          return "我的名字是"+name;
09      }
10  }
11
12  class Undergraduate extends Student {
13      String school;
14      public Undergraduate(String n,String s){
15          super(n);
16          school=s;
17      }
18      public String talk() {//对 Student 类中的方法进行覆盖
19          return super.talk()+",我是"+school+"的大学生。";
20      }
21  }
22
23  class Postgraduate extends Student {    //该类没有重写 Student 类的 talk 方法
24      String school;
25      int grade;
26      public Postgraduate(String n,String s,int g){
27          super(n);
28          school=s;
29          grade=g;
30      }
31  }
32  public class TestTalk1 {
33      public static void main(String[] args) {
34          Undergraduate ug=new Undergraduate("李明","××大学");
35          String s=ug.talk();//调用 Undergraduate 类中的 talk 方法
36          System.out.println(s);
37          Postgraduate pg=new Postgraduate("张强","××大学",2);
38          s=pg.talk();    //调用 Student 类中的 talk 方法
39          System.out.println(s);
40      }
41  }
```

程序 5-8 解析

运行结果

我的名字是李明，我是××大学的大学生。
我的名字是张强

程序说明

由于 Undergraduate 类对父类的 talk 方法进行了覆盖，因此该类对象调用的是 Undergraduate 类中重写后的方法；而 Postgraduate 类没有重写父类的 talk 方法，故调用的仍然是父类的 talk 方法。

关于方法覆盖的说明如下。

（1）重写方法的访问权限不能小于父类中原有的方法，即子类方法不能比父类方法更严格。在实际的程序设计中，子类方法的访问权限通常和父类中被覆盖的方法保持一致。

（2）方法名相同但参数列表不同时，形成的是方法重载而非方法覆盖。此时，系统会根据参数情况确定是调用从父类继承来的方法，还是调用重载的方法。

（3）重写方法不能比原方法抛出更多的异常。有关异常的概念请参阅第 7 章。

（4）子类不能重写父类中被声明为 final 或 static 的方法。

（5）private 方法是其他任何类（包括子类）都无法访问的方法，因此它们不能被覆盖。如果在子类中声明一个和该私有方法一样的方法，则相当于另外定义一个新的方法，和原父类中的私有方法没有任何联系。

（6）子类必须覆盖父类中声明为 abstract 的方法，或仍将该方法保持为 abstract。有关 abstract 方法的概念将在 5.8 节介绍。

5.5.4 向上转型和动态绑定

在前面的例子中，一个类的对象总是用该类的引用去操作它。但由于类之间继承关系的存在，常常可以将一个子类对象看成它的父类类型，如将"狗"看成"动物"，将"大学生"看成"学生"，这正是"is a"关系的具体体现。

在 Java 语言中，允许父类引用指向它的子类对象，称为对象的向上转型。向上转型不需要明确地加以说明，可以自行完成。由于继承过程中方法覆盖现象的存在，向上转型时便需确定究竟该执行父类方法还是子类方法。Java 采用"动态绑定"策略，由系统根据运行时对象的真实类型决定具体执行哪个方法，从而形成对象多态性。对象多态性使得不同的对象可以依照自身的需求对同一消息做出恰当的处理，提高了程序的灵活性。

由向上转型和方法覆盖所形成的对象多态性，一般具有以下两种主要形式。

形式 1：将子类对象直接赋值给父类引用。示例如下。

```
Animal a=new Dog( );
```

形式 2：父类引用作为方法参数，接收子类对象。示例如下。

```
public void method(Animal a) {…}
…
Dog dog=new Dog( );
method(dog);
…
```

下面的程序展示了向上转型和动态绑定在实际编程中的应用。

【程序 5-9】 对程序 5-8 进行修改，在 Postgraduate 类中重写 talk 方法，并采用向上转型方式调用各类中的 talk 方法。

问题分析

在程序 5-8 的基础上，在 Postgraduate 类中重写父类 Student 中的 talk 方法，并在主类 TestTalk2 中新增 speak 方法，该方法以父类引用（Student 类）为参数，可以接收父类或子类对象。

程序代码

```java
//向上转型和动态绑定
class Student {
    String name;
    public Student(String name){
        this.name=name;
    }
    public String talk(){
        return "我的名字是"+name;
    }
}

class Undergraduate extends Student {
    String school;
    public Undergraduate(String n,String s){
        super(n);
        school=s;
    }
    public String talk() {//方法覆盖
        return super.talk()+",我是"+school+"的大学生。";
    }
}

class Postgraduate extends Student {
    String school;
    int grade;
    public Postgraduate(String n,String s,int g){
        super(n);
        school=s;
        grade=g;
    }
    public String talk() {//方法覆盖
        return super.talk()+",我是"+school+"的"+grade+"年级研究生。";
    }
}
public class TestTalk2 {
    public void speak(Student stu){
        String s=stu.talk();     //动态绑定
        System.out.println(s);
    }
    public static void main(String[] args) {
        Student stu=new Student("王华");
        Undergraduate ug=new Undergraduate("李明","××大学");
        Postgraduate pg=new Postgraduate("张强","××大学",2);
        TestTalk2 tk=new TestTalk2();
        tk.speak(stu); //传递 Student 类对象
        tk.speak(ug);  //传递 Undergraduate 类对象
        tk.speak(pg);  //传递 Postgraduate 类对象
    }
}
```

程序 5-9 解析

运行结果

我的名字是王华
我的名字是李明，我是××大学的大学生。
我的名字是张强，我是××大学的2年级研究生。

程序说明

主类 TestTalk2 中 speak 方法的参数为 Student 类对象，可接收其自身类型的对象及其各种子类对象。根据传入的类型不同，第 37 行的 stu.talk( ) 可动态绑定运行时实际对象的 talk 方法，以便根据对象类型的不同做出相应的处理。

关于向上转型形成的多态性，还需做如下说明。

（1）和向上转型相对应的概念为向下转型，即将父类对象转换为子类对象。此时，需进行强制类型转换才能完成。而且，由于父类通常不知道自己有哪些子类，因此转换过程中经常会出现各种错误。这也是不建议使用向下转型方式进行编程的主要原因。

（2）向上转型使得类的引用既可以指向本类对象，又可以指向其子类对象。因此，编程中有时需判断类的引用究竟指向什么类型的实例，以便做进一步的处理。要完成这样的功能，可使用 instanceof 运算符。例如，下面的程序代码对程序 5-9 的 speak 方法进行了修改。

```java
public void speak(Student stu){
    String s=stu.talk();   //动态绑定
    System.out.println(s);
    if(stu instanceof Undergraduate)     //判断引用指向的对象类型
        System.out.println("我是 Undergraduate 类对象！");
    else if(stu instanceof Postgraduate)
        System.out.println("我是 Postgraduate 类对象！");
    else
        System.out.println("我是 Student 类对象！");
}
```

5.6 final 关键字

❓ final 的意思是"最后的""最终的"，用它来修饰 Java 程序中的各种元素有什么意义呢？该关键字可以修饰哪些元素？实际编程中要注意哪些方面？本节将围绕 final 关键字这一主题展开介绍。

final 是 Java 中一个重要的关键字，既可以修饰成员变量，又可以修饰成员方法，还可以修饰类。按字面意思理解，final 意为"最终的"。也就是说，用它修饰的成员变量具有最终性，即不可改变性，也就是人们常说的常量；如果用它修饰一个成员方法，则该方法是不可改变的，即不能被子类重写；如果一个类被声明为 final，则该类不允许被继承，也就是说不能派生子类。因此，Java 语言通常将 final 修饰的成员变量、成员方法和类分别称为终极变量、终极方法和终极类。

5.6.1 终极变量

终极变量即常量。也就是说，Java 语言定义变量和定义常量采用统一的语法形式，只是在声明常量时采用了关键字 final。示例如下。

```
class FinalDemo {
    final String LANGUAGE="Java";
    final float PI=3.1415F;
}
```

为了和变量名区分，常量名通常采用大写字母表示，且通常在声明的同时初始化常量的值。

final 既可以修饰类的数据成员，又可以修饰方法中的局部变量。但无论哪种类型的常量，一旦初始化后，其值便不能改变。

【程序 5-10】final 变量的声明和初始化。

问题分析

本程序主要演示类成员类型的 final 变量、方法内部的 final 变量的定义和初始化策略。

程序代码

```
01  class FinalDemo {
02      final String LANGUAGE;        //定义常量，但尚未初始化
03      final float PI=3.1415F;       //常见的声明和初始化方式
04      public FinalDemo(String s){
05          LANGUAGE=s;               //在构造方法中初始化常量
06      }
07      public void print(){
08          final int NUMBER;
09          NUMBER=10;                //通过赋值语句初始化局部常量
10          System.out.println(NUMBER);
11          //NUMBER=20;              //错误！第 09 行已初始化过
12      }
13      public static void main(String[] args){
14          FinalDemo fd1=new FinalDemo("Java");
15          FinalDemo fd2=new FinalDemo("C++");
16          fd1.print();
17          //fd1.PI=3.14f;            //错误，不能更改数据成员常量的值
18          System.out.println("fd1:"+fd1.LANGUAGE+","+fd1.PI);
19          System.out.println("fd2:"+fd2.LANGUAGE+","+fd2.PI);
20      }
21  }
```

程序 5-10 解析

运行结果

10
fd1：Java, 3.1415
fd2：C++, 3.1415

程序说明

（1）本程序中声明了 LANGUAGE 和 PI 两个类成员型常量。对 final 修饰的类数据成员，一般采用声明时即初始化的方式（如 PI），之后其值将不能更改。因此，第 17 行中试图改变 PI 的值将导致编译时语法错误。显然，此种初始化方式的终极变量在该类的各个对象中都有相同的值（此时，加上 static 修饰更好，可使该终极变量在内存中只有一份存储）。另外，也可以在构造方法中初始化终极类数据成员（如 LANGUAGE），这将使得各对象可以具有不同的常量值。

（2）成员方法内定义的终极变量只在该方法内有效，一般也采用定义时就初始化的方法。

当然，也可以如程序第 08、09 行一样，采用赋值语句进行初始化，但这样的赋值机会只有一次。

另外，final 关键字也可以用于修饰对象引用。此时，该引用变量将只能指向固定的对象，而不能再指向其他对象，但它所指向对象的成员值仍然可以改变。示例如下。

```
class MyFinal {
    int a=100;
}
final MyFinal mf=new MyFinal();
mf.a=200;  //可以
mf=new MyFinal();    //错误
```

关键字 final 也可以用于修饰成员方法中的形参。此时，形参的值在方法内部可以读取，但不能更改。由于此类运用较少，故不再赘述。

5.6.2 终极方法

用 final 修饰一个方法，该方法就称为终极方法。终极方法不能被子类覆盖，这样可以保证在调用终极方法时调用的是原始的、没有被修改过的方法。

例如，下面的程序段在 SuperClass 类中定义了 final 方法 fun。

```
class SuperClass {
    final void fun() {
        System.out.println("父类中的终极方法！");
    }
}
```

之后，在其子类中，便不可覆盖该 final 方法，但是可以对该方法进行重载，如增加另一个同名的带有一个参数的 fun(int t)方法，程序代码如下。

```
class SubClass extends SuperClass {
    /* 子类无法覆盖父类中的终极方法
    void fun() {
        System.out.println("子类重写父类中的终极方法！");
    } */
    void fun(int t) {     //重载 fun 方法
        System.out.println("我是重载方法，因为我带有一个参数"+t);
    }
}
```

5.6.3 终极类

用 final 修饰的类称为终极类。终极类不能有子类，即不能被其他的类继承。由于没有子类，因此不存在因继承中的向上转型所导致的多态性，这可确保对象引用指向的是原本定义的类对象，而不是被更改的类对象。

当一个类的功能和结构已经非常完善，不需要再生成它的子类时，可将该类声明为终极类，如 Java 标准函数库中的 System 和 String 类等。要声明一个 final 类，可采用如下类似的代码。

```
final class FinalClass {
    public int number;          //成员变量可以不是 final 的
```

```
    public final float PI=3.14F;      //成员变量也可以是 final 的
    public void fun1() {  }           //成员方法不明确写 final，但实际上也是 final 的
    public final void fun2() {  }     //成员方法也可以明确写出 final
}
```

可见，在终极类中，无论是否将一个方法修饰为 final，它都是 final 方法，因为终极类没有子类，故所有的方法都不能被覆盖。对于成员变量，既可以是被声明为 final 的，也可以是一般的变量，因为终极类中既可有变量，又可有常量。

5.7 static 关键字

成员包括成员变量和成员方法，它们一般都属于具体的某个对象。能不能使某个类生成的所有对象"共享"某些成员变量和成员方法呢？也即使某些成员属于类，而不仅属于具体的对象，这样该类的所有对象就可共享这些成员。答案是使用 static 关键字。

一般来说，成员变量和成员方法都属于具体的某个对象。不同的对象其成员具有不同的内存空间，要访问它们必须通过相应对象的引用变量。在 Java 语言中，可以通过关键字 static 定义一种特殊的成员，它们属于一个类，而不属于具体的某个对象。也就是说，这样的成员为该类的所有对象"共享"，在内存中只占有一份存储空间。这样的成员通常被称为类成员或静态成员。类成员包括类变量（静态变量）和类方法（静态方法）两种，如图 5-5 所示。

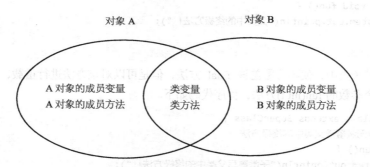

图 5-5 几个对象共享类变量和类方法

静态变量和静态方法并不局限于具体的某个对象，而是属于整个类。系统只会在第一次访问它们或实例化该类的第一个对象时为静态成员分配存储空间，以后即使再创建该类的对象，系统都不会再为类成员分配存储空间，而是共享已经存在的静态成员。

对于静态成员，即使没有创建该类的任何对象，也可以访问它们。类成员的访问方式一般有两种：一是通过"类名.静态成员"的方式进行访问；二是通过该类的任何对象进行访问，即采取"对象引用.静态成员"的方式，也就是访问一般成员的方法。

5.7.1 静态变量

静态变量由同属于一个类的多个对象所共享，类似其他语言中的全局变量。通过静态变量，多个同类对象可共享这个变量，从而实现信息的共享。要定义静态变量，只需在类的成员变量声明前加上 static 关键字。

【程序 5-11】定义 StaticVar 类，包含 counter 和 number 两个成员变量，前者为静态变量，

用于统计该类对象的个数；后者为普通变量，用于和 counter 变量进行比较。

问题分析

使用 static 关键字对变量进行修饰便可定义静态变量。要统计对象的个数，只需在构造方法中使用自增运算符进行统计即可。

程序代码

```
01  class StaticVar {
02      static int counter=0;  //静态变量初始化
03      int number;
04      public StaticVar(){
05          counter++;
06          number++;
07      }
08      public static void main(String[] args){
09          StaticVar sv1=new StaticVar();
10          StaticVar sv2=new StaticVar();
11          StaticVar sv3=new StaticVar();
12          //用对象引用访问静态变量
13          System.out.println("sv1对象:counter="+sv1.counter
14                              +",number="+sv1.number);
15          System.out.println("sv2对象:counter="+sv2.counter
16                              +",number="+sv2.number);
17          //用类名访问静态变量
18          System.out.println("sv3对象:counter="+StaticVar.counter
19                              +",number="+sv3.number);
20      }
21  }
```

程序 5-11 解析

运行结果

sv1 对象：counter=3，number=1
sv2 对象：counter=3，number=1
sv3 对象：counter=3，number=1

程序说明

（1）main 方法中共创建了 3 个对象，因此这 3 个对象共享静态变量 counter，但它们具有各自的 number 变量。counter 变量在创建第一个对象 sv1 时被创建，并显示初始化为 0，接着执行构造方法后变为 1。在创建后两个对象时，由于 counter 变量已经存在，故只是通过构造方法中的 counter++语句对其值进行更新。然而，对于 number 变量，各个对象创建时均先为自己的 number 成员分配存储空间，并默认初始化为 0，之后执行构造方法中的 number++后变为 1。

（2）可以通过类名或对象名访问静态变量。实际上，即使不创建任何对象，也可访问静态变量。建议通过类名的方式对静态变量进行访问。

（3）静态变量只会创建一次，其初始化也只会执行一次。因此，一般在定义时对静态变量进行初始化。另外，也可采用静态语句块初始化静态变量，如以下的程序代码。

```
class StaticVar {
    static int counter;
    int number;
```

```
        static {      //静态语句块,用于初始化静态变量
        counter=5;
        }
}
```

5.7.2 静态方法

与静态变量相似,静态方法也属于整个类,和具体的对象无关。要使一个方法成为静态方法,在其定义中使用关键字 static 进行修饰即可。

静态方法在对象创建之前便已存在。正因如此,静态方法中不能使用 this 引用,因为 this 代表当前对象,此时可能并没有任何类对象被创建。同样,在静态方法中,也不能直接访问所属类的非 static 成员,而只能使用其内部局部变量或类的其他静态成员。

静态方法的访问同样可采用类名或类对象两种方式,但使用类名进行访问是一种好的编程习惯,例如下面的程序段所示。

```
class StaticMethod {
    final static float PI=3.14F;      //静态常量
    public static float getArea(float r){
        return PI*r*r;        //只能访问静态成员和局部变量
    }
    public static void main(String[] args){
        float r=2,area;
        area=StaticMethod.getArea(r);      //类名调用
        …
    }
}
```

现在,读者可以试着分析一下每个程序中的 main 方法为什么都要使用 static 关键字了。其实,将 main 方法声明为静态方法,是因为该方法是程序执行的起点。Java 程序执行时,内存中并没有任何对象被创建,也就没有任何普通成员方法能够使用,因此,只有将 main 方法声明为静态方法,JVM 才能调用并执行它。

另外,需再一次强调的是,静态方法不能被重写。也就是说,在一个类的子类中,不能出现与父类具有相同名称和相同参数的静态方法,否则将引起编译错误。

5.8 抽象类

一些类具有某些相似的行为和特征,但又不尽相同。如狗会叫,猫会叫,鸡也会叫,但它们的叫声不一样。同样,狗会走,猫会走,鸡也会走,但它们走路的姿态有各自的特点。如果能定义一个"基本"的类,规范一些类的共同行为和特征,然后由这些类具体去实现自己的行为,则程序将更加明确和清晰,这样的基本类便是抽象类。如何定义抽象类?如何声明其中的共同行为?在这个过程中要特别注意哪些细节?这便是本节要讨论的主题。

抽象类是用于规范一些类的共有特征和行为的特殊的基本类。在抽象类中,一般只定义某些类的共有特征,给出相关的行为方法,但通常不会或不便给出方法的具体实现细节。例如,可以定义一个抽象类 Animal,在该类中声明一个 speak 方法,用于规范各种动物的叫声;再声明一个 move 方法,用于规范各种动物的行走、跑、跳等运动行为。这样,若以 Animal 类为基础,让猫、

狗等具体动物种类继承于该类，并根据自身特点去完成 speak 和 move 方法的功能，便可使动物的叫、运动等行为特征统一规范，避免了将猫叫定义为 miaow 方法、将狗吠定义为 bark 方法所造成的方法名混乱和程序表意不清。

5.8.1 抽象方法

抽象方法指进行了方法声明但没有具体实现的方法。也就是说，抽象方法只对方法名、方法的返回值类型、方法参数等进行说明和规定，但没有表示具体操作的方法体。抽象方法使用关键字 abstract 进行修饰，其一般语法格式如下。

```
访问权限修饰符 abstract 返回值类型 方法名([参数列表]);
```

例如，要将表示动物叫声的 speak 方法声明为抽象方法，可以采用如下形式。

```
public abstract void speak( );
```

显然，抽象方法是一个不完整的方法，只有方法头部，而没有方法的具体实现细节。因此，抽象方法声明中不需要出现表示方法体部分的花括号对"{}"，而是直接以";"结束。

抽象方法不包含具体的实现细节，因此必须通过子类重写后才能使用。正因为如此，所以抽象方法不能使用 private、static、final 关键字进行修饰。也就是说，abstract 和 private、static、final 关键字不能同时用于修饰一个方法。

5.8.2 抽象类的定义及应用

抽象类指用关键字 abstract 进行修饰的类。除了 abstract 修饰符外，抽象类在定义形式上几乎和普通类相同。例如，定义如下的 Animal 抽象类。

```
abstract class Animal {
    private String name; //普通成员变量
    protected void setName(String name){    //普通方法
        this.name=name;
    }
    protected String getName(){    //普通方法
        return name;
    }
    public abstract void speak(); //抽象方法
    public abstract void move();  //抽象方法
}
```

和普通类相比，抽象类在内部组成和使用方式上要特别注意以下几点。

（1）抽象类和普通类一样，可以具有自己的成员变量和常量。

（2）抽象类中可以包含普通的成员方法。

（3）抽象类中一般包含一个或多个抽象方法，也可以没有抽象方法。但包含抽象方法的类必须声明为抽象类。也就是说，只有抽象类才能具有抽象方法。

（4）抽象类是为继承而定义的，一般只能作为其他类的父类。因此，final 关键字不能和 abstract 一起用于修饰一个类。

（5）抽象类的子类一般必须覆盖父类中的所有抽象方法，否则这个子类也只能声明为抽象类。

（6）抽象类不能实例化对象。也就是说，不能使用 new 关键字创建抽象类对象。因此，尽管抽象类中可以包含非抽象的构造方法，但这种构造方法只能由子类构造方法调用。

【程序 5-12】定义形状抽象类 Shape，包括 getPerimeter 和 getArea 抽象方法，然后在子类中求长方形和圆的周长与面积。

问题分析

对于一个任意的二维图形（Shape），无法计算其周长和面积，但可以将计算周长和面积的方法分别统一为 getPerimeter 和 getArea 抽象方法，让其子类——长方形（Rectangle）类和圆（Circle）类重写这些抽象方法即可。

程序代码

```
01  abstract class Shape {        //定义抽象类
02      static final float PI=3.14F;
03      public abstract float getPerimeter();
04      public abstract float getArea();
05  }
06  class Rectangle extends Shape {      //长方形子类
07      private float length;
08      private float width;
09      public Rectangle(float length,float width){
10          this.length=length;
11          this.width=width;
12      }
13      public float getPerimeter(){     //重写父类抽象方法
14          return (length+width)*2;
15      }
16      public float getArea(){          //重写父类抽象方法
17          return length*width;
18      }
19  }
20  class Circle extends Shape {     //圆子类
21      private float radius;
22      public Circle(float r){
23          radius=r;
24      }
25      public float getPerimeter(){     //重写父类抽象方法
26          return 2*PI*radius;
27      }
28      public float getArea(){          //重写父类抽象方法
29          return PI*radius*radius;
30      }
31  }
32  public class AbstractClass {     //主类
33      public static void main(String[] args){
34          Rectangle rect=new Rectangle(2,3);    //创建长方形对象
35          Circle c=new Circle(3); //创建圆对象
36          System.out.println("长方形的周长是: "+rect.getPerimeter()+
37                  ",面积是: "+rect.getArea());
```

程序 5-12 解析

```
38              System.out.println("圆的周长是: "+c.getPerimeter()+
39                                  ",面积是: "+c.getArea());
40      }
41 }
```

运行结果

长方形的周长是：10.0，面积是：6.0

圆的周长是：18.84，面积是：28.26

程序说明

抽象类 Shape 中声明了静态常量 PI 和 getPerimeter、getArea 两个抽象方法。在子类 Rectangle 和 Circle 中，重写了这两个抽象方法，因此在主类 AbstractClass 中可以创建这两个子类的对象，并调用覆盖后的方法计算周长和面积。

可见，抽象类相当于其子类的"模板"，是其所有子类共有特征和行为的"框架"，定义抽象类的目的在于统一和规范子类的格式与行为。

5.9 接口

❓ Java 语言只支持单重继承，即一个类只允许有一个父类。但在实际应用中，多重继承的现象普遍存在。为了解决实际的问题，Java 提供了"接口（interface）"的概念以间接实现多重继承。接口究竟是什么样的？如何使用这项技术解决实际问题？

接口是 Java 语言中的重要概念。通过它，可以采用多重继承的思想解决现实中的许多问题。实际上，接口可以理解为一种特殊的类，即一种"纯粹"的抽象类。和抽象类一样，接口也用于规范和统一多个类的共同行为和特征。

5.9.1 定义接口

接口与类的结构相似，定义方法也基本相同。只是接口采用关键字 interface 进行定义，定义接口的一般语法格式如下。

```
[访问权限修饰符] interface 接口名 [extends 父接口名列表] {
    公用静态常量；    //public、static、final 一般省略不写
    公用抽象方法；    //public、abstract 一般省略不写
}
```

在上述定义中，interface 前的访问权限修饰符一般为 public 或保持默认访问权限。当接口被修饰为 public 时，接口能被任何类的成员访问，且源文件必须和该公有接口名保持一致。显然，一个 Java 源文件中只能出现一个 public 接口或类，否则文件将无法命名。

另外，从接口的定义可看出，接口的数据成员只能是常量（因此一般需要赋初值），成员方法只能是公用抽象方法，它们之前的修饰符通常不用写出。也就是说，即使省略这些修饰符，系统也会自动加上。

接口和类一样，可以继承，但类只能单重继承，而接口可以同时继承多个接口。当接口继承多个接口时，父接口之间用逗号分隔，新接口将继承所有父接口中的变量与方法。如果子接口定义了与父接口同名的常量或相同的方法，则父接口中的常量将被隐藏，方法将

被覆盖。

接口不用于生成对象，因此在接口中不包含构造方法。

以下是参考程序 5-12 中的 Shape 抽象类而定义的接口。

```
interface Shape {     //默认访问方式的接口
    float PI=3.14F; //常量
    float getPerimeter();     //抽象方法
    float getArea();//抽象方法
}
```

可见，接口和抽象类在结构上非常相似，只是因为接口成员前的关键字可以省略不写，所以显得更简洁、紧凑。接口同样能对多个类的共同属性和行为进行规范。

5.9.2 实现接口

接口中的所有方法都是抽象方法，必须通过使用接口的类来具体实现（implements）。实现接口的一般形式如下。

```
[修饰符] class 类名 [extends 父类名] [implements 接口列表] {
    类的声明
    接口中抽象方法的具体实现代码
}
```

可见，实现接口的类只是在以前类定义的基础上增加了"implements 接口列表"部分。其中，implements 为关键字，接口列表为要实现的接口名。要注意的是，实现一个接口，意味着必须实现接口中的所有抽象方法。

【**程序 5-13**】采用接口技术重新编写程序 5-12，并利用动态绑定方式完成方法调用。

问题分析

编写时，可先定义 Shape 接口，然后让 Rectangle 和 Circle 类分别实现该接口，最后在主类 TestInterface 中进行测试。要利用动态绑定方式完成方法调用，可在 TestInterface 类中定义一个静态方法 run，该方法的参数可设置为一个字符串和一个 Shape 引用变量，用于接收形状类型和对象。

程序代码

```
01  interface Shape {     //定义接口
02      float PI=3.14F;
03      float getPerimeter();
04      float getArea();
05  }
06  class Rectangle implements Shape {  //长方形类，实现了 Shape 接口
07      private float length;
08      private float width;
09      public Rectangle(float length,float width){
10          this.length=length;
11          this.width=width;
12      }
13      public float getPerimeter(){      //实现接口中的方法
```

程序 5-13 解析

```
14          return (length+width)*2;
15      }
16      public float getArea(){       //实现接口中的方法
17          return length*width;
18      }
19  }
20  class Circle implements Shape {    //圆类,实现了 Shape 接口
21      private float radius;
22      public Circle(float r){
23          radius=r;
24      }
25      public float getPerimeter(){    //实现接口中的方法
26          return 2*PI*radius;
27      }
28      public float getArea(){       //实现接口中的方法
29          return PI*radius*radius;
30      }
31  }
32  public class TestInterface {
33      public static void run(String s,Shape sh){      //父类引用作参数以实现动态绑定
34          System.out.println(s+"的周长是: "+sh.getPerimeter()
35                          +",面积是: "+sh.getArea());
36      }
37      public static void main(String[] args){
38          Rectangle rect=new Rectangle(2,3);    //创建对象
39          Circle c=new Circle(3);
40          TestInterface.run("长方形",rect); //多态调用
41          TestInterface.run("圆形",c); //多态调用
42      }
43  }
```

运行结果

长方形的周长是：10.0，面积是：6.0
圆形的周长是：18.84，面积是：28.26

程序说明

（1）本程序和程序 5-12 的很多代码都非常相似，只是程序 5-12 采用的是抽象类编程方法，而本程序采用接口编程方法。由于 Rectangle 和 Circle 类均实现了 Shape 接口，则这个接口就相当于这两个类的父类。尽管不能用接口生成对象，但可以定义接口类型的引用变量，让它指向这些子类对象，从而通过向上转型实现多态性。

（2）接口中的所有方法都是公有的，因此在实现这些方法时，需要把隐含的 public 修饰符明确写出，否则系统会认为实现过程中将方法的 public 权限降低为默认权限而报错。

Java 允许一个类实现多个接口。此时，若把接口理解为特殊的类，则实现接口的类相当于获得了多个父类，从而能实现多重继承的功能，而且程序结构十分清晰，属性和方法的冲突问题也得到有效解决。要实现多个接口，接口列表中用逗号","分隔各个接口名。例如，以下的程序代码说明了 Java 程序实现多个接口的一般形式。

```
interface A {
    void f();
}
interface B {
    void g();
}
public class C implements A,B {
    public void f() { }
    public void g() { }
}
```

5.10 内部类

❓ 到目前为止，前面在程序中定义的每个类都是单独定义的，即在一个类的类体中不会出现另一个类的声明。实际上，Java 允许在一个类的内部再定义另外的类，从而构成内部类（也称嵌套类）。内部类有什么特点？如何定义和使用？

在类的内部主要包含两部分：成员变量和成员方法。其实，在类的内部可以再定义另一个类，从而构成内部类（inner class），或称为嵌套类（nested class）。内部类的主要作用是将逻辑上紧密相关的类组合在一起，并在一个类中控制另一个类的可访问性。

5.10.1 内部类的定义及访问

内部类是包含在类中的类。相应地，包含内部类的类又称为外部类或顶层类。内部类一般作为外部类的一个成员而存在，它也可以具有自己的成员变量和成员方法。内部类的定义形式及一般访问规则如图 5-6 所示。

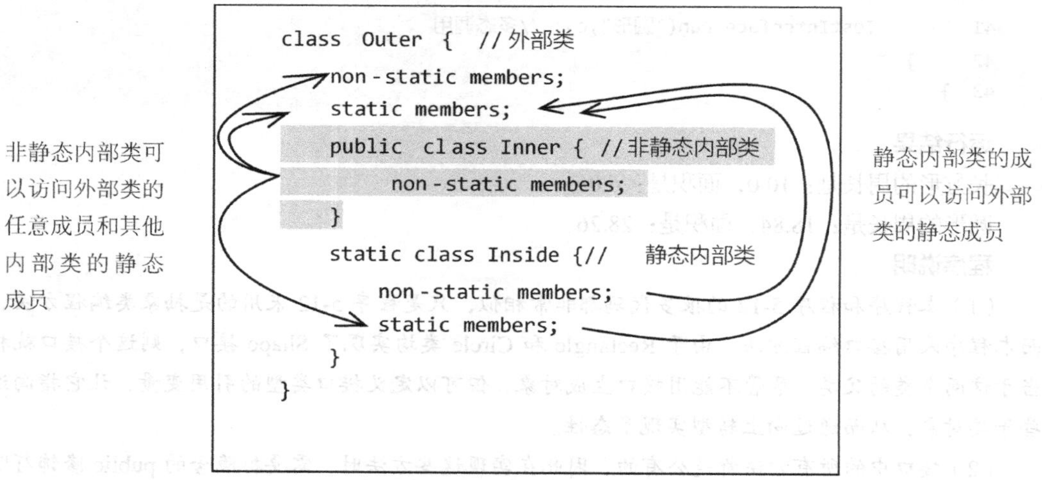

```
class Outer {    //外部类
    non-static members;
    static members;
    public class Inner {  //非静态内部类
        non-static members;
    }
    static class Inside {//  静态内部类
        non-static members;
        static members;
    }
}
```

非静态内部类可以访问外部类的任意成员和其他内部类的静态成员

静态内部类的成员可以访问外部类的静态成员

图 5-6 内部类的定义及访问规则

由图 5-6 可知，内部类的定义和一般类的定义并无区别，只是定义的位置不同。通常，内部类作为类的成员定义在外部类中。实际上，内部类也可定义在外部类成员方法的方法体中（较少见），或在表达式中匿名定义，详见后续讨论。

同时，内部类也可像外部类一样设置访问权限。如图 5-6 所示，其中的 Inner 类为 public 权限，则在外部类之外，Inner 类也能被访问。作为成员的内部类，一般具有非静态内部类和静态内部类两种形式。要在外部类之外访问非静态内部类，必须先创建和内部类关联的外部类对象，然后再创建内部类对象；而对于静态内部类，则可以独立于外部类，直接创建内部类对象。在外部类里，可直接采用标准的"new 内部类名( )"方式创建内部类对象，并访问其成员变量或调用成员方法。

对于成员间的访问规则，外部类中可通过一个内部类对象访问内部类的成员，而内部类可直接引用它的外部类的成员。对于非静态内部类，可以访问外部类的任意成员和其他内部类的静态成员；而对于静态内部类，只能访问外部类的静态成员。

例如，下面的程序段展示了内部类的定义和成员间的常见访问方式。

```java
public class Outer {        //外部类
    private int age;
    static String SCHOOL;
    public class Inner {    //非静态内部类
        String name;
        public Inner(String s,int a){
            age=a;    //可以访问外部类的任意成员
            name=s;
        }
        public void print(){
            System.out.println("姓名: "+name+",年龄: "+age);
        }
    }
    static class Inside {    //静态内部类
        String name;
        public Inside(String s,String n){    //不能访问外部类的非静态成员 age
            SCHOOL=s;    //可以访问外部类的静态成员 SCHOOL
            name=n;
        }
        public void print(){
            System.out.println("学校: "+SCHOOL+",姓名: "+name);
        }
    }
    public static void main(String[] args){
        Outer out=new Outer();        //创建外部类对象
        //创建和外部类对象 out 关联的内部类对象
        Outer.Inner oinner=out.new Inner("张强",18);
        //直接创建静态内部类对象
        Outer.Inside oinside=new Outer.Inside("××大学","王军");
        oinner.print();
        oinside.print();
    }
}
```

上述程序段定义了外部类 Outer，外部类 Outer 中包含一个非静态内部类 Inner 和一个静态内部类 Inside。在 Inner 和 Inside 类中，都定义了一个成员变量 name、一个构造方法和一个成员方法 print。在 main 方法中，首先创建了一个外部类对象 out，然后创建了和该外部类对象关联的 Inner 类对象 oinner，但对于静态内部类 Inside 类对象 oinside，没有借助外部类对象 out 而直接创建。

同时，需要说明的是，内部类在编译完成后，所生成的文件名为"外部类名$内部类名.class"。因此，若编译上述程序段，可生成 3 个类文件：Outer.class、Outer$Inner.class 和 Outer$Inside.class。

5.10.2 匿名内部类

有些时候，程序中只使用某个类的一个对象，之后便不再使用。这时可将这个类设计为匿名内部类并放在需要该类对象的表达式里，以简化程序代码，使程序紧凑、高效。匿名内部类指没有名称的内部类，使用匿名内部类可在定义内部类的同时创建一个匿名对象，以完成程序功能。

匿名内部类的定义格式一般如下。

```
new 父类名或接口名( ) {     //小括号对中不能带任何参数
    成员方法
}
```

这里，new 运算符和小括号对表示要创建一个该类的匿名对象，父类名和接口名表示该匿名内部类的父类或所要实现的接口，成员方法一般是为拓展父类而增加的新方法，或是对接口中抽象方法的具体实现。

【程序 5-14】定义 Animal 接口，其包含抽象方法 speak。然后，在 Cat 类中使用匿名内部类对象实现 speak 方法，输出信息："我是一只可爱的小花猫！"

问题分析

采用匿名内部类对象设计程序时，实现接口的类不必再写"implements 接口列表"部分，转而在创建该匿名内部类对象的代码中实现接口中的抽象方法。

程序代码

```
01  interface Animal {              //定义接口
02      public void speak();        //抽象方法
03  }
04  public class Cat {
05      public void print(Animal a){    //接收 Animal 类型对象的成员方法
06          a.speak();
07      }
08      public static void main(String[] args){
09          Cat mycat=new Cat();    //创建 Cat 类对象
10          mycat.print(new Animal(){
11              public void speak(){
12                  System.out.println("我是一只可爱的小花猫！");
13              }
14          }); //内部类定义结束，同时方法调用完成
15      } //main 方法结束
16  } //Cat 类结束
```

程序 5-14 解析

运行结果

我是一只可爱的小花猫！

程序说明

（1）主类 Cat 中包含一个可以接收 Animal 类型对象的成员方法 print。调用该方法时，可以为其传递一个实现了 Animal 接口的匿名内部类对象，然后调用该匿名内部类对象的 speak 方法，从而输出需显示的信息。

（2）匿名内部类在编译完成后，所生成的文件名为"外部类名$编号.class"，其中编号为 1，2，…，n。程序中有几个匿名内部类，就按顺序生成几个这样的 class 文件。因此，本程序编译后共生成 3 个类文件：Animal.class、Cat.class 和 Cat$1.class。

从程序 5-14 可知，匿名内部类简化了程序代码，但也降低了程序的可读性。匿名内部类尤其适合用于创建接口的唯一实现类，如 Java 的 Swing 程序设计中的事件处理等。

5.11 专题应用：多类设计

对于简单的问题，常设计一个类，甚至直接在该类的 main 方法中处理即可解决。但对于稍微复杂一些的问题，一般就需要设计多个类，且每个类中包含一组相关的数据处理方法。此时，一般需要注意哪些问题呢？

在前面的范例程序中，由于待解决的问题较简单，一般只需设计 1~3 个类。但对于复杂的问题，就需设计多个类协同工作。在多类设计中，特别要注意以下几点。

（1）功能划分。在根据待求解问题进行数据模型抽象时，要明确程序中需要哪些对象，这些对象应该具备哪些属性和行为，然后将其抽象为类。同时，要以程序逻辑和各功能模块结构清晰为原则，合理规划和设计每个类中的成员方法。

（2）提高代码的重用性。在多类设计中，一些类可以作为其他类的成员而出现，此时构成类的组合形式；而有的类可由其他类派生得到，构成类之间的继承关系。组合和继承是 Java 语言代码复用的两种主要形式。

（3）访问权限控制。多类设计涉及几个类之间的相互访问，因此要合理设置类、成员变量和成员方法的访问权限。

【程序 5-15】 某学校规定：本科生必须修满 66 学分才可毕业；研究生必须修满 30 学分且发表 3 分的学术论文才可毕业。试设计一个程序模拟此项规定。

问题分析

由题意可知，该校的这项规定涉及本科生和研究生两类人，同时还涉及课程学习和发表论文两个环节。因此，程序可设计本科生类（Student）、研究生类（Postgraduate）、课程类（Course）、论文类（Article）4 个类。其中，Student 类可包含学号、姓名、学分等基本成员属性，且需设计一个方法用于模拟学生进行课程学习的过程，如 study 方法。研究生和本科生相比，只是增加了发表论文的要求，因此可让 Postgraduate 类继承于 Student 类，同时增添论文分数属性和模拟发表论文过程的 publish 方法。Course 类一般应包含课程编号、课程名和课程学分等属性及相关设置方法，Article 类一般包含杂志名、分数等属性和相关设置方法。另外，从程序结构的清晰性考虑，最好增加一个测试类（如 TestCourse）完成整个学习过程的模拟。

程序代码

```
01    //模拟学生毕业
02    class Course {
03        private String courseID;    //课程编号
```

```java
04      private String courseName; //课程名称
05      private int credit;    //学分
06      public void setCourseID(String id){  //设置课程编号
07          this.courseID=id;
08      }
09      public void setCourseName(String name){   //设置课程名称
10          this.courseName=name;
11      }
12      public void setCredit(int cd){  //设置学分
13          this.credit=cd;
14      }
15      public String getCourseID(){    //得到课程编号
16          return courseID;
17      }
18      public String getCourseName(){  //得到课程名称
19          return courseName;
20      }
21      public int getCredit(){    //得到学分
22          return credit;
23      }
24  }
25
26  class Article {
27      private String journal;
28      private int score;
29      public void setJournal(String j){
30          journal=j;
31      }
32      public void setScore(int s){
33          score=s;
34      }
35      public String getJournal(){
36          return journal;
37      }
38      public int getScore(){
39          return score;
40      }
41  }
42
43  class Student {
44      private String stuID;
45      private String name;
46      private int total_credit;
47      protected void setStuID(String st){
48          stuID=st;
49      }
50      protected void setName(String n){
51          name=n;
52      }
53      protected void setTotalCredit(int tc){
54          total_credit=tc;
55      }
56      protected String getStuID(){
```

程序 5-15 解析

```java
57        return stuID;
58    }
59    protected String getName(){
60        return name;
61    }
62    protected int getTotalCredit(){
63        return total_credit;
64    }
65    public void study(Course cs){
66        total_credit+=cs.getCredit();
67    }
68 }
69
70 class Postgraduate extends Student {
71     private int total_score;
72     protected void setTotalScore(int ts){
73         total_score=ts;
74     }
75     protected int getTotalScore(){
76         return total_score;
77     }
78     public void publish(Article at){
79         total_score+=at.getScore();
80     }
81 }
82
83 public class TestCourse {
84     public static void main(String[] args){
85         boolean flag=true;   //标志变量
86         Student st1=new Student();    //创建学生对象 st1
87         st1.setStuID("2018110001");
88         st1.setName("张军");
89         Postgraduate pg1=new Postgraduate();   //创建研究生对象 pg1
90         pg1.setStuID("2018220002");
91         pg1.setName("李华");
92         Course cs=new Course();        //创建课程对象 cs
93         cs.setCourseID("3105001");
94         cs.setCourseName("Java 程序设计");
95         cs.setCredit(4);
96         Article ac=new Article();    //创建论文对象 ac
97         ac.setJournal("计算机科学");
98         ac.setScore(1);
99         while(flag){   //st1 的学习过程
100            if(st1.getTotalCredit()<66)
101                st1.study(cs);
102            else
103                flag=false;
104        }
105        flag=true;    //重置标志变量 flag, 以便处理 pg1 的学习过程
106        while(flag){ //pg1 的学习过程
107            if(pg1.getTotalCredit()<30)
108                pg1.study(cs);
```

```
109              else if(pg1.getTotalScore()<3)
110                  pg1.publish(ac);
111              else
112                  flag=false;
113          }
114          System.out.println("学号: "+st1.getStuID()+",姓名: "+st1.getName()
115                  +",现在的学分是: "+st1.getTotalCredit()+",可以毕业! ");
116          System.out.println("学号: "+pg1.getStuID()+",姓名: "+pg1.getName()
117                  +",现在的学分是: "+pg1.getTotalCredit()
118                  +",现在的论文是: "+pg1.getTotalScore()+",可以毕业! ");
119      }
120 }
```

运行结果

学号：2018110001，姓名：张军，现在的学分是：68，可以毕业！
学号：2018220002，姓名：李华，现在的学分是：32，现在的论文是：3，可以毕业！

程序说明

（1）在Course、Article、Student和Postgraduate类中，出于封装性和访问权限的考虑，成员属性一般采用private访问权限，并提供public或protected访问权限的设置和获取属性值的相关方法，这是Java编程的默认规范。

（2）Student类中设计了study方法，该方法通过学习一个课程对象得到该课程的相应学分并将其累加到该学生的总学分中（第66行）。Postgraduate类继承于Student类，因此继承了Student类的所有数据成员和方法。在Postgraduate类中，补充了total_score属性及其相关设置方法，以及模拟发表论文的新方法publish。其中，publish方法的原理和Student类中的study方法相似。

（3）在TestCourse类的main方法中，使用了一个boolean类型的标志变量以指示一个学生的学习过程是否结束。在创建各种类相应的对象之后，通过相应的设置方法对各成员变量进行设置。其中，Student类的total_credit和Postgraduate类的total_score采用默认初始化，将它们设置为0。然后，通过while循环模拟学生的学习过程，最后输出学习结束时的结果。

（4）本程序将所有类组织在一个源文件中，通过第6章对"包"概念的进一步学习，读者也可将一个项目涉及的多个类组织在多个源文件中，以实现多人协同开发一个项目。

一、自测题

1. 下面有关类和对象的说法中，错误的是_____。
   A. 类是一组相似对象的抽象和描述，是对象的模板
   B. 类是成员变量和成员方法的封装体，前者描述对象的行为，后者描述对象的属性
   C. 对象由类来产生，对象是类的具体表现
   D. 类是一种抽象的数据类型，一个类的引用变量可以访问该类对象及其子类对象

2. 下面有关成员变量和局部变量的说法中，错误的是_____。
   A. 成员变量可以指定访问权限，而局部变量不能
   B. 成员变量和局部变量一般具有不同的作用域和生存期
   C. 系统会为成员变量和局部变量提供默认初始值
   D. 成员方法中的形式参数类似局部变量，只在本方法体中有效
3. 下面关于构造方法的说法中，错误的是_____。
   A. 构造方法用于创建和初始化对象，由 new 运算符负责调用
   B. 可以为一个类设计多个构造方法，构成方法覆盖
   C. 构造方法不能指定返回值的类型
   D. 构造方法的名称必须和类名完全相同
4. Java 语言用于实现子类继承父类的关键字是_____。
   A. extend   B. implement   C. extends   D. implements
5. 下面有关 Java 程序设计的说法中，错误的是_____。
   A. final 修饰一个变量时，表明该变量是一个常量
   B. final 修饰一个类时，表明该类不能作为其他类的父类
   C. static 修饰一个变量时，表明该变量为该类对象的共享变量
   D. static 只能修饰成员变量和方法，不能修饰一个类
6. 类中的 fun 方法定义如下，同一个类中的其他方法调用该方法的正确形式是_____。
   double fun(int a,int b) {
       return a*1.0/b;
   }
   A. double a=fun(1,2);   B. double a=fun(1.0,2.0);
   C. int x=fun(1,2);   D. int x=fun(1.0,2.0);
7. 在下列接口的定义中，正确的是_____。
   A. public interface A { int a( ); }
   B. public interface B implements java.lang.String { int a; }
   C. abstract interface C { int a( ); }
   D. abstract interface D { int a; }
8. 下面有关 Java 方法重载的说法中，错误的是_____。
   A. 被重载的方法要么具有不同的参数个数，要么具有不同的参数类型
   B. 方法重载又称为方法重写，是指在一个类的设计中允许出现多个同名的方法
   C. 仅有方法的返回值类型不同不能构成方法重载
   D. 为避免使用混乱，一般只对功能相近的方法进行重载
9. 以下程序的输出结果是_____。
```
public class A {
  int x=1;
  int y=2;
  public static void main(String[] args){
     new B();
  }
}
```

```
class B extends A {
  int x=5;
  B(){
    System.out.println(super.x+x+y);
  }
}
```

    A. 4   B. 6   C. 8   D. 12

10. 以下程序的输出结果是_____。

```
class Cat {
    Cat(int i){
        System.out.print(i);
    }
    void f(int i){
        System.out.print(i);
    }
}
class Cats {
    static Cat c1=new Cat(1);
    Cats(){
        System.out.print("2");
    }
}
public class StaticInit {
    public static void main(String[] args){
        System.out.print("3");
        Cats.c1.f(4);
    }
    static Cats c=new Cats();
}
```

    A. 1234   B. 2134   C. 3421   D. 4321

二、思考题

1. 类和对象的关系如何？怎样生成、使用和销毁对象？
2. 值传递和引用传递有什么区别？
3. 方法覆盖和方法重载的含义是什么？二者有什么本质区别？
4. 怎样为类设计静态成员？使用静态成员时要特别注意哪些方面？
5. 抽象类和接口的含义怎样？它们有什么异同？

第 5 章自测题解析

Chapter 6

第 6 章
Java 实用类库

Java 提供了许多实用类和接口供编写程序使用。类库中的类和接口大多封装在特定的包里,每个包具有自己的功能。本章主要介绍 Java 语言中的常用工具包和类,这些工具包和类在编程中经常用到,有些甚至是必不可少的,如 Java.lang 包和 System 类等。熟练掌握本章所介绍的 API 工具包、常用类、集合接口、集合类和重要方法,是学好 Java 语言的关键,也为进一步学习 Java 编程打下良好的基础。

本章导学

- ❖ 了解 Java 包及核心 API 的作用与用法
- ❖ 掌握 Java 核心包中 String 类与 StringBuffer 类的使用
- ❖ 了解 Java 集合框架的概念,并掌握常见的实现类的用法
- ❖ 掌握 Java 泛型集合的概念与使用方法

6.1 Java 包及核心 API

将一个程序内的类独立出来，以文件的形式保存，然后根据相近功能分门别类地存储在不同的文件夹中，经编译处理后，能实现相互之间的引用。这样的程序代码容易维护，适合团队开发大型的应用程序，如何实现这样的管理呢？

API 是 Java 语言为程序员提供的编程接口。Java 1.0 发布时，API 只有 8 个包，被称为核心应用编程接口。现在，每发布一个 Java 的新版本时，都会增加一些核心 API 和一些有用的工具包。它们就好像建造一幢大厦所需要的钢筋、水泥和砖块。因此，只有掌握好 API 提供的包和类，在开发应用程序时才能做到随心所欲、游刃有余。

6.1.1 包的概念和作用

为了较好地组织类，Java 提供了包（package）的概念。包是类的容器，用于分隔类名空间。一个包对应一个文件夹，包中还可以有包，如同文件夹中可以有子文件夹一样。在程序中可以声明类所在的包，就像保存文件时要选择文件保存在哪个盘的什么文件夹中一样。同一个包中类名不能重复，不同包中可以有相同的类名。如果所有的类都没有指定包名，则这些类都属于默认的无名包，即运行编译器的当前文件夹中。包常用于组织相关的类，例如，所有关于机器人的类都可以放到名为 robot 的包中。在 Java 中，一般使用两种包，即用户自行创建的包和 Java 提供的系统工具包。

概括起来，包具有如下 3 方面的作用。

（1）能够区别名字相同的类。比如有两个类，类名都叫 Student，在同一个包里面形成重复定义，是不允许的。但放在不同的包里面却是合法的，因为此时它们具有不同的完整类名，譬如一个叫 com.s1.demo1.Student，另一个叫 com.s1.demo2.Student，这样就避免了同名冲突。

（2）有助于按模块和功能划分与组织 Java 程序中的各个类。使用包可以将程序中用到的类分开放置，以方便调用、阅读、开发、查找和维护各个类。

（3）有助于实现更细致的访问权限控制。正如第 5 章所述，Java 提供了 4 种访问权限。当一个类不使用任何访问控制修饰符时，为默认访问权限或包级访问权限，它可被同一个包中的其他类访问。

6.1.2 创建包

若创建了一个类或几个相关的类，并想重复地使用，那么将其放在一个包中是非常有效的。包就是一组类的集合，把类放入一个包内后，对类的管理和引用以及类成员的访问都非常方便。

当不指定任何包名时，定义的类属于默认包，如下面的程序示例。

【程序 6-1】了解默认包。

问题分析

在 NetBeans IDE 平台下创建项目 Lx6，默认包会自动创建。依次新建 Java 类文件 AddTwoInteger.java 和 TestDefaultPackage.java，了解默认包。

程序代码

```java
//第 1 个程序: AddTwoInteger.java
01  public class AddTwoInteger {
02      public int add(int x, int y){    //定义一个方法
03          return( x + y ) ;
04      }
05  }
```

```java
//第 2 个程序: TestDefaultPackage.java
01  public class TestDefaultPackage {
02      public static void main(String[ ] args){
03          int sum;
04          AddTwoInteger st=new AddTwoInteger();
05          sum=st.add(6,8);        //调用 AddTwoInteger 类的 add 方法
06          System.out.println("sum="+sum);
07      }
08  }
```

程序 6-1 解析

运行结果

sum=14

程序说明

（1）在 NetBeans IDE 平台下，创建"Java 应用程序"，项目名称设置为"Lx6"，项目位置为"C:\"，则项目文件夹自动设置为"C:\Lx6"，同时，取消"创建主类"选项。然后通过"新建文件"命令，选择"Java"类别中的"Java 类"选项，分别创建上述两个文件。之后，便可通过运行菜单下的"构建项目"和"运行文件"编译与运行程序了。

（2）检查现在的文件目录结构，在 C 盘下自动创建 Lx6 文件夹，其中包括 src 和 build 两个文件夹。源文件被直接放在 src 文件夹中，而编译后的 class 文件放在 build 下的 classes 文件夹中。

在创建程序 6-1 的每个文件的时候，NetBeans 给出了"强烈建议您不要将 Java 类放入默认包"的警告。正如前述，包是避免名字相同的类而采用的一种措施。可采用如下的格式创建一个包。

`package pkg1[.pkg2[.pkg3…]];`

这里，pkg1 是包名称，pkg2、pkg3 等是子包名。程序中如果有 package 语句，该语句必须是源文件的第一条语句，它的前面只能有注释或空行，且一个文件中最多只能有一条 package 语句。包的名称必须与保存该文件的文件夹名称相同，其名字有层次关系，各层之间以点分隔。

声明包之后，同一个文件内的类或接口都被纳入该包中。如果要将不同的 Java 源文件存放在同一个包中，只需在每个文件中都声明属于同一个包即可。

例如，要将程序 6-1 中的两个源程序放入 edu1 包中，只需在新建每个文件时，在"新建 Java 类"对话框中填入包名 edu1，然后 NetBeans 会自动在每个程序的第一行添加如下的语句。

`package edu1;`

重新编译和运行程序，可得到和程序 6-1 完全相同的结果。这也说明，同一个包中的类，可以相互访问。那么，如何访问位于不同包中的某个 public 类呢？

其实，只需在程序代码中采用"包名称.类名称"的形式明确指出要使用哪个包里的哪个类即

可。例如，若程序 6-1 中的源文件 AddTwoInteger.java 位于 edu1 包中，而 TestDefaultPackage.java 位于 edu2 包，则只需将第 2 个程序修改如下。

```
package edu2;
public class TestDefaultPackage {
    public static void main(String[ ] args){
        int sum;
        edu1.AddTwoInteger st=new edu1.AddTwoInteger();    //指定包名和类名
        sum=st.add(6,8);    //调用 AddTwoInteger 类的 add 方法
        System.out.println("sum="+sum);
    }
}
```

这里，读者可以思考一下：对于不同包中的某个非公有类，上述方法可以实现访问吗？其实，从第 5 章对访问权限修饰符的介绍可知，对于不同包中的类（非子类），只有说明为 public 访问权限，才可以访问。

6.1.3 引用包中的类

如 6.1.2 节所述，要使用位于不同包中的类，可以在访问时指明包名和类名。但是，当包的层次比较深时，程序的书写将变得特别烦琐。为了避免这种麻烦，Java 提供了 import 语句来导入其他包中的类。

1. 引用包中的一个类

通过 import 语句可导入其他包中的某个类。导入之后，使用这个类时便不需要再指明被访问包的名称。导入语句的一般格式如下。

```
import 包名.类名;
```

【**程序 6-2**】使用 import 语句导入其他包中的类使用。

问题分析

在源文件 Multiply.java 中定义 Multiply 类，保存于 edu1 包中，在 Multiply 类中定义求两个整数乘积的方法 multi( )；在 MultiplyTest.java 文件中定义 MultiplyTest 类，保存于 edu2 包中，在 MultiplyTest 类中定义 main( )方法，用于调用 Multiply 类中的 multi 方法。

程序代码

```
//第 1 个程序: Multiply.java
01  package edu1;    //保存在包 edu1 中
02  public class Multiply {
03      public int multi(int x, int y){
04          return(x*y) ;
05      }
06  }

//第 2 个程序: MultiplyTest.java
01  package edu2;
02  import edu1.Multiply;    //导入 edu1 包中的 Multiply 类
03  public class MultiplyTest {
04      public static void main(String[ ] args){
05          int result;
```

程序 6-2 解析

```
06        Multiply mt=new Multiply();  // 使用时无须再指定包名
07        result=mt.multi(6, 8);
08    System.out.println("result="+result);
09    }
10 }
```

运行结果

result=48

程序说明

MultiplyTest.java 文件的第 02 行语句表示导入 edu1 包中的 Multiply 类，第 06 行语句就不需要再指明被引用的包名。

2. 引用包中的所有类

import 语句可将整个包导入，通过这种方式可使用被导入包中的所有类，但不包含子包中的类。要使用子包中的类，子包必须单独导入。引用整个包中的类的语法格式如下。

```
import 包名.*;  //这里的"*"表示当前包中的所有类，但不包含子包中的类
```

例如，edu1 包中保存有上述 AddTwoInteger.java 和 Multiply.java 两个文件，现需同时使用这两个文件中的类进行两个整数的加法和乘法运算,只需将程序 6-2 的第 2 个程序修改为如下形式。

```
package edu2;
import edu1.*;  //导入 edu1 包中的所有类
public class MultiplyTest2{
    public static void main(String[ ] args){
        int result1,result2;
        AddTwoInteger st=new AddTwoInteger();
        Multiply mt=new Multiply();
        result1=st.add(6, 8);     //调用 AddTwoInteger 类中的 add 方法
        result2=mt.multi(6, 8);   //调用 Multiply 类中的 multi 方法
        System.out.println("result1="+result1);
        System.out.println("result2="+result2);
    }
}
```

6.1.4 常用的 Java 类库

JDK 提供了很多标准的 Java 通用类和接口，且封装在特定的包里。这些包覆盖了广泛的应用领域，是 Java 程序开发中的重要工具。了解和熟悉每种包中所包含的类和接口是每个 Java 编程人员都应该掌握的基本技能。

有关类库的内容和使用方法，Java 提供了完善的技术文档。Java SE API 8 的技术文档（以下简称 API 文档）可通过 Oracle 的官方网站进行下载。Java SE API 8 文档的主界面如图 6-1 所示。

在图 6-1 所示的界面中,左上窗格显示的是类库中的包,其中以 java 开头的是基本包,以 javax 开头的是扩展包。选择某一个包后，左下窗格列出该包中的所有接口和类，选择某个类后，右方窗格显示该类或接口中的成员变量和方法等。例如，图 6-1 所示为选择 java.lang 包中的 Math 类后，查看该类提供的所有方法。作为程序设计者，必须熟悉该界面的操作，以便在需要时快速查阅相关的 API 信息。Java 提供的类库中包含很多包，常用的包如表 6-1 所示。

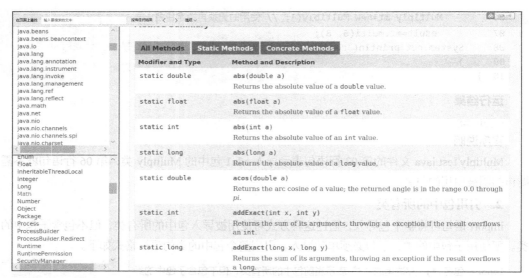

图 6-1　API 文档的主界面

表 6-1　Java 类库中常用的包

包名称	用途描述
java.lang	包含设计 Java 程序常用的基础类，如数学函数、字符串处理等
java.util	包含日期和时间设置、随机数生成等各种实用工具类
java.applet	提供创建 applet 程序所必需的类
java.awt/javax.swing	包含用于创建图形用户界面和绘制图形/图像的类
java.io	包含基本输入/输出流、文件输入/输出流、过滤输入/输出流等
java.net	为实现网络应用程序提供的类
java.sql	提供使用编程语言访问并处理存储在数据库中的数据的类

默认情况下，Java 编译器会自动导入 java.lang 中的所有类。若要使用其他包中的类，则必须使用前面介绍过的 import 语句，示例如下。

```
import java.io.File          //导入 java.io 包中的 File 类
import java.io.Writer        //导入 java.io 包中的 Writer 类
import java.io.*             //导入 java.io 包中的所有类
import java.awt.*            //导入 java.awt 包中的所有类
import java.awt.event.*      //导入 java.awt 的子包 event 中的所有类
```

6.2　String 类和 StringBuffer 类

程序中经常用到字符串并对字符串进行各种操作，如截取子串、字符串排序、查找字符的位置等。在 Java 语言中，怎样实现这些字符串操作？另外，字符串"Hello!"和"近来身体好吗"的长度相等吗？本节将介绍 Java 进行字符串处理的两个重要的类：String 和 StringBuffer。

在 Java 语言中，无论是字符串常量还是字符串变量，都是用对象来实现的。Java 用于处理字符串的类主要包括 String 和 StringBuffer 两个类，前者创建对象之后不能再修改和变动对象，而后者在创建对象之后允许更改和变动对象，它们均为 final 类，即不能被其他类继承。String 和 StringBuffer 类均位于 java.lang 包中，默认会自动导入。

6.2.1 String 类

与数组一样，String 字符串本身与 String 变量是不同的。String 变量存储一个对 String 类对象的引用，即它保存的是该 String 类对象在内存中的位置。当声明和初始化变量时，String 变量指向初始的字符串对象，当执行赋值语句后，原来的连接将失去作用，原指向的字符串对象将被抛弃，String 变量将存储对新字符串对象的引用。这意味着，String 变量所指向的字符串对象是不能被扩展和修改的。

1. 创建 String 类对象

可以采用以下 3 种方法来声明创建字符串对象，即 String 对象。

（1）声明字符串或数组变量并直接赋值。示例如下。

```
String s = "Hello!";        //s 是单个变量，赋值 Hello！
String[] str1={"Hello!","201801","程 XX"};   //str1 是数组名，有 3 个元素
```

（2）直接构造对象。示例如下。

```
String str=new String("Hello!");   //构造 str 对象
```

（3）利用字符数组构造对象。示例如下。

```
char ch[]={'H','e','l','l','o','!'};   //字符数组
String str=new String(ch);   //构造 str 对象
```

可以看出，方法（2）和（3）用到了 String 类的构造方法，如表 6-2 所示。

表 6-2 String 类的构造方法

构造方法	应用描述
String()	创建一个空字符序列的 String 类对象
String(String original)	利用初始字符串(String original)创建字符串对象
String(byte[] bytes)	用字节型数组构造一个新的字符串对象
String(byte[] bytes, int offset, int length)	取字节型数组的第 offset 位置开始到字节型数组末尾的字符串，创建字符串对象
String(char[] value)	利用字符型数组创建对象，Value 是字符串的初始值
String(char[] value, int offset, int count)	取字符型数组中第 offset 位置开始，长度为 count 的部分字符，创建字符串对象

【**程序 6-3**】给定一个字符串数组 str，随机抽取幸运星。

问题分析

可以采用直接赋值的方法创建 String 数组对象，然后调用 Math 类的 random 方法随机产生数组元素的下标，并输出该下标对象的元素即可。

程序代码

```
01  public class LuckyStar {
02      public static void main(String[] args){
```

```
03      String[] str={"赵某某","钱某某","孙某某","李某某","王某某","马某某"};
04      int index;
05      index=(int)(str.length*Math.random());
06      System.out.println("今天的幸运星:"+str[index]);
07    }
08 }
```

程序 6-3 解析

运行结果

今天的幸运星：马某某

程序说明

本程序的关键是字符串数组的创建和随机产生字符串数组的下标。Math.random( )方法的取值范围为[0，1)，则(int)(str.length*Math.random())的取值范围可保证刚好在数组的下标范围内。

2. 字符串操作

String 类提供了大量和字符串操作有关的方法，如比较字符串、搜索字符串、提取子字符串等，表 6-3 列出了部分常用方法，其余方法可参阅 API 文档。

表 6-3　String 类提供的部分常用方法

方法	功能描述
charAt(int index)	获取 index 处的字符
compareTo(String anotherString)	按字典顺序比较两个字符串
compareToIgnoreCase(String str)	按字典顺序比较两个字符串，不考虑大小写
concat(String str)	将指定字符串连接到此字符串的结尾处
equals(Object anObject)	将此字符串与指定的对象比较
equalsIgnoreCase(String str)	将此字符串与 str 字符串比较，不考虑大小写
indexOf(int ch)	返回指定字符在此字符串中第一次出现处的位置
lastIndexOf(int ch)	返回指定字符在此字符串中最后一次出现处的位置
length()	返回此字符串的长度
startsWith(String prefix)	测试此字符串是否以指定的前缀开始
substring(int num)	返回 num 之后的新子字符串
substring(int num1, int num2)	返回一个从下标 num1 到 num2 之间的新子字符串
toCharArray()	将此字符串转换为一个新的字符数组
toLowerCase()	将字符串中的所有字符转换为小写
toUpperCase()	将字符串中的所有字符转换为大写
trim()	删除字符串的前导空白和尾部空白

下面的程序 6-4 展示了 String 类常用方法的具体应用。

【程序 6-4】 测试 String 类的常用方法，如求字符串的长度、提取某个位置的字符、输出子串、测试字符串前缀、字符转换等。

问题分析

本程序主要测试表 6-3 所示方法的常用方法。创建 String 类对象后，便可调用这些方法完成相应的功能。

程序代码

```
01  public class StringTest{
02    public static void main(String args[]) {
03      String s = "This is a demo of the Java";
04      System.out.println("字符串长度: "+s.length());
05      System.out.println("字符串里第 8 个位置的字符是: "+s.charAt(8));
06      System.out.println("第 8 个字符后面的子字符串是: "+s.substring(8));
07      System.out.println("8 到 15 之间的子字符串是: "+s.substring (8,15));
08      System.out.println("测试字符串是否以 He 开头: "+s.startsWith("He"));
09      System.out.println("将字符串全部转换为小写字符: "+s.toLowerCase());
10      System.out.println("h 第一次出现的位置是: "+s.indexOf('h'));
11      System.out.println("h 最后一次出现的位置是: "+s.lastIndexOf('h'));
12    }
13  }
```

运行结果

字符串长度：26

字符串里第 8 个位置的字符是：a

第 8 个字符后面的子字符串是：a demo of the Java

8 到 15 之间的子字符串是：a demo

测试字符串是否以 He 开头：false

将字符串全部转换为小写字符：this is a demo of the java

h 第一次出现的位置是：1

h 最后一次出现的位置是：19

程序说明

（1）在 Java 中，每个字符都是占用 16bit 的 Unicode 字符，因此汉字、英文或其他符号都是用一个字符来表示的。即 6 个英文字母的字符串和 6 个汉字的字符串长度相同。

（2）字符串里的字符位置从 0 开始计。因此，第 05 行求字符串中第 8 个位置的字符其实是第 9 个字符 a。charAt、indexOf 方法可以用来设计模糊查询。

【程序 6-5】字符串比较和连接方法的应用。

问题分析

常用于字符串比较的方法有 equals 和 equalsIgnoreCase，它们用于比较字符串对象的内容是否相等。要实现字符串连接，可使用 concat 方法。

程序代码

```
01  public class StringTest2 {
02    public static void main(String args[]) {
03      String s1 = "Hello";
04      String s2 = "Hello";
05      String s3 = new String("Hello");
06      String s4= "HELLO";
07      String s5 = ",Good-bye";
08      System.out.println("s1.equals(s2): "+s1.equals(s2));
```

```
09          System.out.println("s1==s2: "+(s1==s2));
10          System.out.println("s1==s3: "+(s1==s3));
11          System.out.println("s1.equals(s4): "+s1.equals(s4));
12          System.out.println("s1.equalsIgnoreCase(s4): "
+s1.equalsIgnoreCase(s4));
13          System.out.println("s1.concat(s5): "+s1.concat(s5));
14     }
15 }
```

运行结果

s1.equals(s2)：true

s1==s2：true

s1==s3：false

s1.equals(s4)：false

s1.equalsIgnoreCase(s4)：true

s1.concat(s5)：Hello，Good-bye

程序说明

String 类对 Object 类的 equals 方法进行了重写，用于判断字符串对象的内容是否相等。如果要判断两个字符串对象是否为同一个对象，可使用关系运算符"=="。从程序的运行结果可知，s1 和 s2 为同一个对象，但 s1 和 s3 不是同一个对象，这说明采用直接赋值和调用构造方法创建对象的方式是不一样的，尽管字符串的内容相同。

6.2.2 StringBuffer 类

String 类主要提供了一些查找和测试字符串的方法，如果要扩充和修改字符串变量，则最好使用 StringBuffer 类。和 String 类用于"固定不变"的字符串对象不同，StringBuffer 类常用于处理"可变"的字符串对象。

1. 创建 StringBuffer 类对象

由于 StringBuffer 类表示的是可扩充、修改的字符串，因此在创建 StringBuffer 类对象时并不一定要给出初值。表 6-4 给出了 StringBuffer 类的构造方法和构造方法的应用描述。

表 6-4 StringBuffer 类的构造方法和构造方法的应用描述

构造方法	应用描述
StringBuffer()	构造一个空的 StringBuffer 类对象，初始容量为 16 个字符
StringBuffer(int length)	构造一个不带字符但具有指定初始容量的 StringBuffer 类对象
StringBuffer(String str)	使用一个已经存在的 String 类对象来构造 StringBuffer 类对象

例如，下面的语句分别调用上述 3 种构造方法来创建 StringBuffer 类对象。

```
StringBuffer MyStrBuff1=new StringBuffer();
StringBuffer MyStrBuff2=new StringBuffer(5);
StringBuffer MyStrBuff3=new StringBuffer("Hello,Guys!");
```

2. StringBuffer 字符串的操作

StringBuffer 类中的主要方法是 append 和 insert 方法，可重载这些方法以接受任意类型的数据。每个方法都能有效地将给定的数据转换成字符串，然后将该字符串的字符添加或插入到字符串缓冲区中。append 方法始终将这些字符添加到缓冲区的末端，insert 方法则在指定的位置添加字符。表 6-5 给出了 StringBuffer 类的部分常用方法。

表 6-5　StringBuffer 类的部分常用方法

方法	功能描述
append(char c)	将字符 c 添加到字符串缓冲区的末端
append(String str)	将字符串 str 添加到字符串缓冲区的末端
deleteCharAt(int index)	删除字符串缓冲区中第 index 位置的字符
insert(int k,char c)	在字符串缓冲区中第 k 个位置插入字符 c
insert(int k,String str)	在字符串缓冲区中第 k 个位置插入字符串 str
replace(int m, int n, String str)	将字符串缓冲区中第 m 个位置到第 n 个位置之间用字符串 str 替换
setCharAt(int k,char c)	将字符串缓冲区中第 k 个位置用字符 c 替换
reverse()	将字符串缓冲区中的字符串逆序排列
toString()	将字符串缓冲区中的字符串变成字符串常量
Capacity()	查看 StringBuffer 对象的容量

下面的程序 6-6 展示了 StringBuffer 类常用方法的具体应用。

【程序 6-6】测试 StringBuffer 类的常用方法，如字符串扩充、修改等操作。

问题分析

本程序主要测试表 6-5 所示方法中的常用方法。创建 StringBuffer 类对象后，便可调用这些方法完成相应的功能。

程序代码

```
01  public class StringBufferTest {
02    public static void main(String args[]) {
03      StringBuffer sb = new StringBuffer("我在学习 Java 语言，共");
04      System.out.println("原字符串是："+sb);
05      System.out.println("原字符串长度是："+sb.length());
06      System.out.println("添加后的字符串是："+sb.append("学时。"));
07      System.out.println("插入后的字符串是："+sb.insert(8,"程序设计"));
08      System.out.println("插入数字后的字符串是："+sb.insert(16,60));
09      System.out.println("替换后的字符串是："+sb.replace(0,1,"本学期"));
10      System.out.println("删除后的字符串是："+sb.deleteCharAt(16));
11      System.out.println("逆序排列后的字符串是："+sb.reverse());
12      System.out.println("处理后字符串是："+sb);
13    }
14  }
```

程序 6-6 解析

运行结果

原字符串是：我在学习 Java 语言，共

原字符串长度是：12

添加后的字符串是：我在学习 Java 语言，共学时。

插入后的字符串是：我在学习 Java 程序设计语言，共学时。

插入数字后的字符串是：我在学习 Java 程序设计语言，共 60 学时。

替换后的字符串是：本学期在学习 Java 程序设计语言，共 60 学时。

删除后的字符串是：本学期在学习 Java 程序设计语言共 60 学时。
逆序排列后的字符串是：。时学 06 共言语计设序程 avaJ 习学在期学本
处理后字符串是：。时学 06 共言语计设序程 avaJ 习学在期学本

程序说明

程序第 03 行语句声明了 StringBuffer 类对象 sb，并指向初始字符串缓冲区对象"我在学习 Java 语言，共"。之后，通过 append、insert、replace、deleteCharAt 和 reverse 等方法对该 StringBuffer 类对象进行处理，请读者根据运行结果对每条语句进行分析。

6.3 集合接口与集合类

当事先不知道要存放数据的个数，或存储的数据类型不同，或不允许存储相同的值时，以前学习的数组概念将变得无效。此时，该怎样实现这些数据的管理呢？有没有比数组下标存取机制更灵活的方法？答案是使用 Java 集合框架。

6.3.1 集合接口与相关实现类

java.util 包提供了多种实用的集合类，利用它们可方便地存储和操作对象。这些集合类就像存储对象的"容器"，统称 Java 集合框架。Java 语言的集合框架主要由 Collection、List、Set 和 Map 4 个核心接口组成，其层次结构如图 6-2 所示。

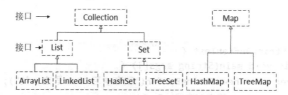

图 6-2 Java 集合框架的层次结构

图 6-2 显示了 Java 集合框架中接口与相关实现类之间的继承关系。Java 集合框架主要有单列集合接口 Collection 与双列集合接口 Map 两大类。Collection 接口是单列集合接口 List 和 Set 的父接口，一般不直接使用。其中，List 接口的主要实现类是 ArrayList 类和 LinkedList 类，这些类允许存放重复的对象，并按照对象的插入顺序排列；Set 接口的主要实现类是 HashSet 类和 TreeSet 类，这些类不允许存放重复的对象，并按照自身内部的排序规则排列。Map 接口的主要实现类是 HashMap 类和 TreeMap 类，它们以键值对（key-value）的形式存储与管理元素，键对象不可以重复，而值对象可以重复。表 6-6 进一步列出了这些接口和实现类的功能。

表 6-6 Java 集合框架的主要接口与相关实现类

集合接口	类名称	功能描述
集合（Set）	HashSet	不希望集合中有重复值、不关心元素之间的顺序可以使用此类
	TreeSet	不希望集合中有重复值并且希望按照元素的自然顺序进行排序可以使用此类
列表（List）	LinkedList	元素之间是双链接的，实现一个链表的快速插入和删除
	ArrayList	实现一个变长的数组，规模可变并能像链表一样被访问
映射（Map）	HashMap	当需要键值对并且关心插入顺序时，可使用此类
	TreeMap	实现这样一个映象，对象是按键升序排列的

对 Java 提供的集合接口简要介绍如下。

（1）Collection 接口：是 List 和 Set 的父接口，提供了多数集合对象常用的方法声明，如 add、addall、remove、removeall、contains、isEmpty、size、clear、iterator 等。

（2）List 接口：List 接口的相关实现类为列表类型，其主要特征是以线性方式存储对象。List 接口关注事物的索引列表，常用的方法有 add、remove、set、get、indexOf、lastIndexOf 等。

（3）Set 接口：Set 接口的相关实现类为集合类型，关心对象存储的唯一性，不允许重复，如果使用 add 方法添加已经存在的对象，则会覆盖前面的对象。

（4）Map 接口：Map 接口的相关实现类为映射类型，映射中的每个对象都是成对存在的，存储的每个对象都有一个唯一的键（key）对象，检索时必须通过该键对象获取值（value）对象。常用的方法有 put、get、containsKey、containsValue、KeySet、values 等。

此外，针对集合对象的访问，Java 提供了迭代器 Iterator 实现对集合对象的遍历访问。迭代器只能单向移动，其主要方法及功能介绍如下。

（1）iterator()：创建迭代器，返回 Iterator 类型对象，并准备好返回集合对象中的第一个元素。

（2）next()：获取下一个元素。

（3）hasNext()：检查集合中是否还有未遍历到的元素。

（4）remove()：删除迭代器新近返回的元素。

下面通过两个程序实例来具体了解 Java 集合接口和相关实现类的特点以及常见操作方法。

【程序 6-7】 常见集合接口和相关实现类的基本使用，包括创建、添加对象及遍历等。

问题分析

使用 List 接口的实现类 ArryList，Set 接口的实现类 HashSet、Map 接口的实现类 HashMap 建立 3 个集合对象，并分别向集合对象中添加对象，创建相应的迭代器，实现对集合对象中元素的遍历访问。

程序代码

```
01  import java.util.*;
02  public class CollectionsFrameworkTest {
03    public static void main(String[] args) {
04      List list = new ArrayList();      //创建 ArrayList 类对象
05      list.add("教育部");      //向 list 中添加元素
06      list.add("××");
07      list.add("大学");
08      Iterator iter1= list.iterator();       //创建迭代器 1
09      while (iter1.hasNext()) {
10        String string = (String)iter1.next();//强制转换为 String 类对象
11        System.out.print(string);
12      }
13      System.out.println();
14      Set set = new HashSet();      //创建 HashSet 类对象
15      set.add("王××");
16      set.add("李××");
17      set.add("张××");
18      set.add("陈××");
19      Iterator iter2= set.iterator(); //创建迭代器 2
```

程序 6-7 解析

```
20      for(;iter2.hasNext();) {
21          String string=(String)iter2.next();
22          System.out.print(string+" ");
23      }
24      System.out.println();
25      Map m = new HashMap();      //创建 HashMap 类对象
26      m.put("1","A");
27      m.put("2","B");
28      m.put("3","C");
29      m.put("4","D");
30      Iterator iter3=m.entrySet().iterator();  //entrySet 方法返回 Set 对象
31      while(iter3.hasNext())
32          System.out.print(iter3.next()+" ");
33      }
34 }
```

运行结果

教育部××大学

张×× 王×× 陈×× 李××

1=A 2=B 3=C 4=D

程序说明

无论哪一种类型的集合对象,其创建、添加元素和遍历的方法基本是一样的。同时,这些集合对象都只能存放对象,而不能存放基本类型的数据。

【**程序 6-8**】分别向 Set 和 List 集合对象中添加 100 个[0,10)的随机数,并比较这两种集合类型的区别。

问题分析

使用 List 接口的实现类 ArryList、Set 接口的实现类 HashSet 分别创建相应类型的集合对象,并通过 Random 类对象随机产生所需要的随机数后将它们加入集合,最后输出集合中的元素。

程序代码

```
01 import java.util.*;
02 public class CompListSet{
03   public static void main(String[] args) {
04     Random rand=new Random(47);
05     Set set=new HashSet();       //创建 HashSet 类对象
06     List list1=new ArrayList();      //创建 ArrayList 类对象
07     for(int i=0;i<100;i++)
08         set.add(rand.nextInt(10));  //向 HashSet 类对象随机添加 0~10 之间的数
09     System.out.println("HashSet 集合输出: ");
10     System.out.println(set);
11     for(int i=0;i<100;i++)
12         list1.add(rand.nextInt(10));     //向 list 类对象中随机添加 0~10 之间的数
13     System.out.println("ArrayList 集合输出: ");
14     for(int i=0;i<100;i++)
15     { if(i%10==0) System.out.println(); //每行输出 10 个元素
16         System.out.print(list1.get(i)+",");
17     }
18   }
19 }
```

程序 6-8 解析

运行结果

HashSet 集合输出：
[0, 1, 2, 3, 4, 5, 6, 7, 8, 9]
ArrayList 集合输出：
9, 8, 3, 6, 0, 4, 1, 9, 3, 8,
2, 4, 2, 6, 2, 8, 5, 5, 0, 6,
8, 7, 1, 7, 5, 6, 2, 2, 2, 4,
9, 1, 2, 4, 9, 3, 6, 5, 6, 6,
0, 5, 3, 3, 3, 1, 3, 3, 5, 9,
9, 3, 0, 8, 0, 5, 1, 6, 5, 1,
9, 8, 1, 5, 8, 2, 5, 0, 1, 3,
1, 0, 0, 1, 3, 9, 6, 0, 0, 3,
3, 6, 0, 4, 4, 7, 4, 1, 3, 8,
1, 3, 5, 8, 9, 3, 9, 6, 3, 3,

程序说明

从程序运行结果可知，Set 集合对象中只添加了 100 个随机整数中的 10 个无重复整数，而 List 集合对象中按顺序添加了 100 个随机整数。因此，尽管 List 和 Set 都是单列集合，但它们具有本质上的区别。List 集合按添加顺序存储对象元素，允许元素重复存储在集合中，而 Set 集合中的元素无序且不允许出现重复。

6.3.2 常见集合类的用法

1. ArrayList 与 LinkedList 类

List 接口分别由 ArrayList 与 LinkedList 类实现两种单列集合。ArrayList 类采用索引方式访问集合元素，LinkedList 类采用链表方式访问与管理集合元素。因此，使用 ArrayList 类集合查找元素速度快，但增加/删除元素较慢，而使用 LinkedList 类集合增加/删除元素快，但查询操作较慢。

例如，下面的程序段创建了一个 ArrayList 类集合对象，并调用常用方法对该集合对象进行操作。

```
List list = new ArrayList();   //创建ArrayList 类集合对象
list.add("Java");      //添加元素
list.add("class");
list.add("collection!");
System.out.println(list.get(0));   //获得指定索引位置的对象，打印"Java"
list.remove("collection!");    //删除对象"collection!"
list.contains("collection");  //查看集合中是否包含"colleciton"，返回 false 值
```

2. HashSet 与 TreeSet 类

Set 接口分别由 HashSet 与 TreeSet 两个类实现。HashSet 类集合元素无重复，且无序存放，能快速查找元素。TreeSet 类集合类不仅实现了 Set 接口，还实现了 java.util.SortedSet 接口，元素虽然也不能重复，但可实现在遍历集合时按照递增顺序获得对象。

例如，下列程序段创建了一个 TreeSet 类集合对象，读入 4 个字符串，其中重复添加"class"

对象，但 TreeSet 类集合对象 ts 中最终没有重复的"class"元素，且 ts 中元素按字母升序输出。

```
TreeSet ts=new TreeSet();      //创建 TreeSet 类集合对象
ts.add("Java");         //添加元素
ts.add("class");
ts.add("class");        //重复添加"class"，不会添加到 ts 集合对象中
ts.add("Operation");
Iterator it=ts.iterator();     //创建迭代器
while(it.hasNext()) //输出 ts 集合对象中的元素，顺序为 Java, Operation, class
    System.out.println(it.next());
```

3. HashMap 与 TreeMap 类

Map 接口分别由 HashMap 与 TreeMap 两个类实现，用于存储具有键-值映射关系的元素，每个元素都包含一对键值。HashMap 类集合通过计算键的哈希码值对其内部的映射关系进行快速查找，而 TreeMap 类集合中的映射关系存在一定的顺序。如果希望在遍历集合时是有序的，可使用 TreeMap 类集合，否则建议使用 HashMap 类集合，因为由 HashMap 类实现的 Map 集合对于添加和删除映射关系更高效。另外，HashMap 类允许键为空，而 TreeMap 类不允许键值为 null。

例如，下面的程序代码创建了 HashMap 类集合对象，并向其中添加键值为 null 的元素。

```
Map m=new HashMap();           //创建 HashMap 类集合对象
m.put(1,"Java");        //添加元素
m.put(2,"C++");
m.put(null,"Python");          //添加键为空的元素
System.out.println("m.size()="+m.size());    //输出: m.size()=3
//下面的语句输出: m.containsKey(null)=3
System.out.println("m.containsKey(null)="+m.containsKey(null));
//下面的语句输出: m.get(null)=Python
System.out.println("m.get(null)="+m.get(null));
Set s=m.keySet();       //得到键对象的集合
System.out.println("set="+s);//输出: set=[null, 1, 2]
Collection c=m.values();//得到值对象的集合
System.out.println("Collection="+c);    //输出: Collection=[Python, Java, C++]
```

同理，若试图向 TreeMap 类集合对象添加键值为 null 的元素，将导致运行错误。示例如下。

```
Map m=new TreeMap();           //创建 TreeMap 类集合对象
m.put(1,"Java");
m.put(2,"C++");
m.put(null,"Python");          //添加键值为 null 的对象不会成功，需将 null 改为一个整数
…
```

4. Collections 类

针对集合操作频繁的特点，为提高集合元素的访问效率，JDK 提供了专门针对集合操作的 Collections 类。Collections 类比集合的根接口 Collection 多了一个 s（注意区别），该类中提供了大量的方法用于集合对象中元素的排序、查找和修改等。例如，要对 ArrayList 类集合中的元素进行排列，可通过调用 Collections 类的 sort 方法完成即可，代码如下。

```
List list_ar = new ArrayList();      //创建 ArrayList 类集合对象
```

```
list_ar.add("collection!");
list_ar.add("class");
list_ar.add("Java");
System.out.print(list_ar);        //打印[collection!, class, Java]
Collections.sort(list_ar);        //使用 Collections 中的 sort 方法进行排序
System.out.print(list_ar);        //打印排序后的集合[Java, class, collection!]
```

6.3.3 泛型集合

JDK 5.0 中引入了泛型（Generics）的概念，这是 Java 语言中类型安全的一次重要改进。泛型的本质是参数化类型，也就是说所操作的数据类型被指定为一个参数。这种参数类型可以用在集合对象的创建中，从而构成泛型集合。实际上，泛型技术还可以用于创建类、接口和方法，以构成泛型类、泛型接口和泛型方法，有兴趣的读者可查阅 API 文档或其他相关书籍，以深入了解泛型的更多应用。本节仅围绕泛型集合进行简要介绍。

1. 泛型集合的概念

为什么要引入泛型集合呢？这是因为传统的集合可以容纳任何类型的对象，但一个对象只要加入集合之后，便失去了其原有的类型信息，转而变成常规的 Object 对象。这样一来，当从集合中取出元素时，必须将其强制转换为正确的类型，这不仅使编程工作变得烦琐，而且增加了类型转换错误所导致的各种问题。

在实际应用中，人们一般希望集合中的元素类型保持为特定的类型。此时，便可以在创建对象时用参数形式限定集合中元素的类型，其一般形式如下。

集合类或接口<参数类型>引用变量名=new 集合类<参数类型>( );

上述声明语句即构成泛型集合。此集合中的对象只能为参数类型所规定的类型，不能再把其他类型的对象添加到该集合中，否则将引发编译错误。从 JDK 8.0 开始，上述声明中右侧的"参数类型"可省略。

【程序 6-9】 创建一个只能包含整型对象的泛型集合。

问题分析

可使用 ArrayList 类创建泛型集合，同时指定允许的参数类型为 Integer 类型。该集合创建后，仅允许向其中添加 Integer 类型的对象。

程序代码

```
01  //GenericsList.java，泛型集合的使用
02  import java.util.*;
03  public class GenericsList {
04    public static void main(String[] args) {
05      List<Integer> list=new ArrayList<Integer>();   //只接受整型对象的泛型集合
06      list.add(new Integer(10));
07      list.add(new Integer(20));
08      //list.add("30");//编译出错，不能添加 String 对象
09      list.add(30); //可以实现自动封装，和 list.add(new Integer(30))等价
10      list.add(new Integer(40));
11      list.add(new Integer(50));
12      Iterator it=list.iterator();      //创建迭代器，输出各对象
```

程序 6-9 解析

```
13      while(it.hasNext()) {
14          System.out.print(it.next()+" ");    //不需要再强制转换类型
15      }
16      System.out.println();
17      for(int i=0;i<list.size();i++) {        //使用 for 循环输出各对象
18          System.out.print(list.get(i)+" ");
19      }
20    }
21 }
```

运行结果

10 20 30 40 50
10 20 30 40 50

程序说明

本程序中创建的泛型集合 list 为仅能保存整型对象（Integer）的变长数组。因此，第 08 行的语句试图将一个 String 类型的对象添加进 list，这将导致编译出错；但是，第 09 行语句可调用 Integer 类的构造方法将普通整数 30 自动封装为整型对象，这样做是可以的。另外，本程序使用迭代器和 for 循环两种方法输出 list 中的各个元素，输出时不需要再强制转换元素的数据类型。

2. for-each 循环

遍历集合中的所有元素是集合中的常见操作。如程序 6-9 所示，一般可以采用迭代器或循环的方法实现对集合元素的遍历。

迭代器（Iterator）是一个定义在 java.util 包中的接口，只要实现了 Collection 接口的集合类对象，就可调用 iterator() 方法生成 Iterator 对象，从而调用 Iterator 对象提供的 hasNext、next 和 remove 方法顺序访问集合中的所有元素，并可以从集合中删除元素。但是，迭代器必须配合循环使用，比较麻烦，容易出错。为此，从 JDK 5.0 开始，Java 引入了 for-each 循环，以方便对集合元素的访问。

对于如下形式的迭代器遍历集合的方法：

```
for (Iterator<String> iter = str.iterator(); iter.hasNext();) {
    String s = iter.next();
    System.out.print(s);
}
```

可使用 for-each 循环改写为如下简单的形式。

```
for (String s: str) {
    System.out.print(s);
}
```

其中，":" 表示 "从……中"，即从集合对象 str 中依次读取每个元素 s。for-each 循环既可用于普通数组中，又可用于常规集合中，还可用于泛型集合中。只是要注意的是，当用于常规集合时，每个元素为 Object 类型，需强制转换后才可使用，而泛型集合由于元素的数据类型已知，因此可直接使用。例如，下面程序段使用 for-each 循环读取泛型集合中的对象。

```
List<Integer> list=new ArrayList<Integer>();
list.add(1);
list.add(2);
list.add(3);
```

```
int sum=0;
for(int i:list)      //以整型类型访问泛型集合，可自动解封装
    sum+=i;
//for(Integer i:list)   //以对象访问泛型集合，和上面的for循环等价
//    sum+=i.intValue();
System.out.println("sum="+sum);      //输出结果：6
```

6.4 专题应用：开发一个应用项目的方法

在开发一个项目时，为了提高效率，便于维护，往往需要以团队的方式来实施。项目中程序代码的编写通常是由若干人或几个小组同时进行的，每个参与的成员分别负责某些类，并将所编写的类以文件的形式保存在自己的文件夹中。所有的类开发完成后，经过编译、组装和调试，达到设计的全部功能及要求后，项目才算完成。这个过程具体是怎样的呢？围绕本节的实例，你将逐渐理解这个过程。

在实际的项目开发中，要考虑的问题很多，本节实例仅仅从多人共同编写程序的角度，描述如何分工，完成共同开发的任务。读者可举一反三，用构造子包的方法将一个包划分为上下层次关系，也就是把一个复杂的任务按子包的方式分解给每一个具体的开发者，使程序代码的编写和维护变得容易进行。

【程序6-10】设某一项目需要4人共同完成，组长的包为edu3，在edu3包下创建3个子包，分别为pack1、pack2和pack3，下面是程序设计分析和步骤。

问题分析

多人协同开发一个项目时，对项目进行任务分解和做好实施过程规划尤为重要。对于本程序来说，可将任务分解如下。

（1）Program.java 类属于edu3包，任务是导入3个子包中的类，完成调试及运行任务。

（2）Area1.java 类属于pack1包，任务是计算矩形和平行四边形的面积。

（3）Area2.java 和 Volume.java 类属于pack2包，任务是计算圆周长和面积，以及圆柱体和圆锥体的体积。

（4）Encode.java 和 Decode.java 类属于pack3包。Encode.java程序的任务是在一个窗口上输入字符串并对该字符串进行加密，密文回显在窗口中。Decode.java程序的任务是在一个窗口上输入已经加密的密文，经过解密处理后将原文回显在窗口中。

具体实施过程如下。

（1）创建edu3包，在edu3包下分别创建pack1、pack2和pack3子包。

（2）每个人根据任务将编写好的类分别保存在对应的包中，并进行编译处理。

（3）调试并运行Program.java程序。

程序代码

（1）主程序：功能是调用各个子包中的类和方法。

```
01  //Program.java，保存在edu3包中
02  package edu3;
03  import edu3.pack1.Area1;
04  import edu3.pack2.*;
05  import edu3.pack3.*;
```

```
06  public class Program {
07      public static void main(String[ ] args){
08          double area1,area2,volume1,volume2,area3;
09          Area1 sa=new Area1();
10          Volume sv=new Volume();
11          Area2 sva=new Area2();
12          Encode sc1=new Encode();
13          Decode sc2=new Decode();
14          area1=sa.area1(4.0,8.8);
15          area2=sa.area2(6.0,8.0);
16          volume1=sv.vo1(3.0,9.0);
17          volume2=sv.vo2(4.1,9.6);
18          area3=sva.area2(4.2);
19          System.out.println("矩形面积="+area1);
20          System.out.println("平行四边形面积="+area2);
21          System.out.println("圆柱体体积="+volume1);
22          System.out.println("圆锥体体积="+volume2);
23          System.out.println("圆面积="+area3);
24          sc1.scan();
25          sc2.scan();
26  }}
```

程序 6-10 解析

（2）pack1 子包中的程序 Area1.java，功能是计算矩形和平行四边形的面积。

```
01  //Area1.java, 保存于 pack1 包中
02  package edu3.pack1;  //声明一个包
03  public class Area1 {
04      public double area1(double a,double b){   //求矩形面积
05          return(a*b) ;
06      }
07      public double area2(double a,double h){   //求平行四边形面积
08          return(a*h) ;
09      }
10  }
```

（3）pack2 子包的程序 Area2.java，功能是计算圆面积和圆周长。

```
01  //Area2.java, 保存在 pack2 包中
02  package edu3.pack2;  //声明一个包
03  public class Area2 { //定义一个类
04      public double area1(double r){   //求圆周长
05          return(2*3.1415*r);
06      }
07      public double area2(double r){   //求圆面积
08          return(3.1415*r*r);
09      }
10  }
```

（4）pack2 子包的程序 Volume.java，功能是计算圆柱体、圆锥体的体积。

```
01  /volume.java, 保存在 pack2 包中
02  package edu3.pack2;  //声明一个包
03  public class ex_volu {    //定义一个类
```

```
04      public double vo1(double r, double h){    //求圆柱体体积
05          return(3.1415*r*r*h) ;
06      }
07      public double vo2(double r, double h){    //求圆锥体体积
08          return(3.1415/3*r*r*h) ;
09      }
10  }
```

（5）pack3 子包的程序 Encode.java，功能是对字符串加密。

```
01  //Encode.java, 保存在pack3包中
02  package edu3.pack3;
03  import javax.swing.JOptionPane;
04  public class Encode{
05    public void scan(){
06      String text=JOptionPane.showInputDialog("请输入要加密的原文");
07      JOptionPane.showInputDialog("加密后的结果",encode(text));
08    }
09    public static String encode(String text) {
10      char a[] = text.toCharArray();
11      for (int i = 0; i < a.length; i++) {
12          a[i] = (char) (a[i] + 't');
13      }
14      String secret = new String(a);
15      return secret;
16    }
17  }
```

（6）pack3 子包的程序 Decode.java，功能是对字符串解密。

```
01  //Decode.java, 保存在pack3包中
02  package edu3.pack3;
03  import javax.swing.JOptionPane;
04  public class Decode {
05    public void scan(String t){
06      String secret = JOptionPane.showInputDialog("请输入要解密的密文",t);
07      JOptionPane.showInputDialog("解密后的结果", decode(secret));
08    }
09    public static String decode(String secret) {
10      char a[] = secret.toCharArray();
11      for (int i = 0; i < a.length; i++) {
12          a[i] = (char) (a[i] - 't');
13      }
14      String text = new String(a);
15      return text;
16    }
17  }
```

运行结果

矩形面积=35.2

平行四边形面积=48.0

圆柱体体积=254.4615

圆锥体体积=168.98756799999998

圆面积=55.41606000000001

程序调用pack3包中的Java文件时的运行界面如图6-3所示。

图6-3 调用pack3包中的Java文件时的运行界面

程序说明

本程序的功能是调用各个子包的类和方法完成相应的功能，每个包可以根据项目加入多个Java程序。本专题应用主要介绍多人合作开发项目的一般过程，重点是项目文件的管理。因此，各个包中的程序算法均较为简单，读者可根据代码自行体会。其中，pack3子包中的文件使用了javax.swing.JOptionPane类，该类提供了许多创建各种对话框的实用方法，如程序中使用到的创建输入对话框的showInputDialog方法。

自测与思考

一、自测题

1. 在Java的集合框架接口中，继承于Collection接口的是_____。
   A. List和Map   B. Set和Map
   C. List和Set   D. Map和Queue

2. 如果数据需要以"键/值"对应存放，通常采用_____类。
   A. HashMap   B. HashSet
   C. LinkedList   D. ArrayList

3. 如果数据存放对顺序没有要求，应该优先选择_____类。
   A. HashMap   B. HashSet
   C. LinkedList   D. ArrayList

4. 如果数据存放对顺序有要求，应该首先选择_____类。
   A. HashMap   B. HashSet
   C. LinkedList   D. ArrayList

5. 可实现有序对象集合的类是_____。
   A. HashMap   B. HashSet
   C. TreeMap   D. Stack

6. 不是迭代器接口（Iterator）所定义的方法是_____。
   A. hasNext( )   B. next( )
   C. remove( )   D. nexgtElement( )

7. 下面说法不正确的是_____。
   A. 列表（List）、集合（Set）和映射（Map）都是java.util包中的接口

B. List 接口是可以包含重复元素的有序集合
C. Set 接口是不包含重复元素的集合
D. Map 接口将键映射到值，键可以重复，但每个键最多只能映射一个值

8. 下面方法中，不属于接口 Collection 中声明的方法是_____。
   A. add( )　　　　B. remove( )　　　　C. iterator( )　　　　D. put( )

9. 下面程序中定义了泛型集合，根据泛型的定义，可知第_____行程序编译出错。

```
01  public class GenericTest {
02      public static void main(String[] args) {
03          List<String> list = new ArrayList<String>();
04          list.add("qqyumidi");
05          list.add("corn");
06          list.add(100);
07          for (int i = 0; i < list.size(); i++) {
08              String name = list.get(i);
09              System.out.println("name:" + name);
10          }
11      }
12  }
```

   A. 03　　　　B. 04　　　　C. 06　　　　D. 08

10. 定义变长数组 list，其元素类型为整型对象，下面正确的定义是_____。

    A. List<Integer> list=new ArrayList<Integer>();
    B. List<String> list = new ArrayList<String>();
    C. List<Float> list = new ArrayList<String>();
    D. List<Integer> list = new ArrayList<String>();

二、思考题

1. Java 包的概念是怎样的？使用包有什么好处？
2. Java 的字符串类型有哪些？它们各有什么特点？
3. 在 Java 语言中，和集合有关的接口和类有哪些？它们的性能怎样？
4. 数组和集合的主要差别表现在哪些地方？
5. 什么叫泛型？如何定义泛型集合？如何遍历泛型集合？

第6章自测题解析

Chapter 7

第 7 章

异常与断言

异常和断言是 Java 中关注出错处理和条件检查的语言特性。异常体现了对程序的执行"出错"或者说可能发生的意外情况的提前考虑，断言则允许对程序的执行是否"正常"予以检查。本章首先介绍异常的相关知识，然后介绍断言的功能、assert 语句以及断言在单元测试中的典型应用。

本章导学

- ❖ 理解 Java 语言异常处理的基本概念和异常机制
- ❖ 了解 Java 异常类的继承关系
- ❖ 掌握 try-catch-finally 和 try-with-resource 结构的使用方法
- ❖ 掌握断言语句的功能和使用方法

7.1 异常

编程的关键在于流程，也就是人为地设计一系列操作步骤，就像是铺路。程序在运行时根据不同的输入等条件依次执行一定的步骤，就像在走路。程序要走的路并不平坦，走着走着就可能出现了异常情况，比如说，要打印数组元素的值，但给定了一个无效的下标索引，元素值都无法正常获取，何谈打印？那么，Java 异常机制具体是什么样的？在 Java 中如何进行异常处理呢？

异常（Exception）处理通俗地说就是出错处理。Java 在核心语言级别提供了对异常处理的支持，它有两大优点：第一，Java 按照面向对象的设计原则，用异常对象来描述出错的情况；第二，异常对象可以被捕获，编程的模式就是捕获并处理异常。本节介绍异常处理的基本概念以及异常处理的方法。

7.1.1 Java 异常机制

要保证程序正确地运行并不是一件容易的事情，因为程序在执行过程中面临各种潜在的问题，可能导致程序无法正确执行。例如，在第 4 章数组的编程中，可能由于下标越界导致程序出错并退出。程序出错的代价有多大？在高投入的航天领域，由于一个未被处理的程序错误，导致宇宙飞船项目失败，损失可达数亿美元。即便出错概率微乎其微，但其代价也是无法估量的。所谓"亡羊补牢，为时未晚"，当异常发生时，若能有补救措施，损失将会大大降低。可见，异常处理在程序设计中具有非常重要的作用。

Java 语言具有使用异常对象表示错误、按照异常类型进行检查、捕获并处理异常的特点。要掌握 Java 语言的异常处理机制，需先了解如下的概念。

异常：是一种在程序执行过程中产生并打断正常指令流的事件。通俗地讲，就是程序执行过程中产生了一种错误，让程序无法按照预定的步骤继续执行下去。比如说，程序计算过程中出现被 0 除的情况，或程序在读/写文件过程中出现磁盘故障等情况，程序将无法继续执行。

异常类：面向对象的 Java 语言使用异常类表示异常。在出现异常的情况下，由程序或 JVM 根据当前程序执行的情况构造适当的异常对象，来表示该异常情况。除了异常类本身就反映异常的种类，通常异常对象还可能包含一些描述信息。

异常处理：Java 语言中用于说明异常如何被处理的编程语法以及运行时的处理规则。其中最重要的两个概念是抛出和捕获。抛出指异常事件发生时，把异常对象递交给 Java 运行时环境。之后运行时环境按照一定的规则进行异常处理的调度，可以简单地理解为寻找一段由编程人员所定义的代码来针对该异常对象进行处理。捕获指异常处理代码主动声明它所关注的异常类的语法，以及在运行时环境的调度下，异常处理代码实际接收到被抛出的异常对象并进行异常处理的过程。

可见，在考虑到异常的编程中，一方面要像以往一样编写正常指令流的语句代码，另一方面，还应该编写专门用于捕获和处理异常的代码。Java 语言提供了 try-catch 语句，能够以非常清晰的结构有机地组织这两方面的语句代码。

7.1.2 try-catch 语句

try-catch 语句中使用了 try 和 catch 两个关键字，具有两方面的含义：第一，要执行的语句可能出错，所以称为 try；第二，catch 就是"捕获"的意思，用来声明捕获何种异常。

try-catch 语句的格式如下。

```
try {
        要执行的语句代码                    // try 块
} catch (异常类型 异常变量名) {
        针对捕获的异常对象需进行的处理       // catch 块
} [catch … ] …                              // 要捕获和处理的其他异常
```

对 try-catch 语句说明如下。

（1）从 try-catch 语句的整体结构来说，try 块中的语句是完成程序正常功能但可能出现异常的语句，而 catch 块中的语句是处理某种特定异常类型的处理代码。

（2）catch 子句中需要声明捕获哪种类型的异常。

Java 语言规定，声明捕获的异常类必须直接或间接地继承 java.lang.Throwable 类（也可以声明捕获 Throwable 类异常）。Throwable 类的名称较为抽象，表示"可抛出的"。实际上，Throwable 类很少直接使用，编程时更多使用的是其子类 Exception。有关异常的分类和异常类的继承体系将在 7.1.3 节详细说明。

一个 catch 子句并不是按照严格的类型名相同来捕获指定异常类对象的。这是因为面向对象继承特性中存在重要的 is-a 关系。也就是说，一个子类的对象同时也是一个父类的对象。因此，如果 catch 子句中声明了某个异常类，那么它不仅能够捕获这个异常类的异常对象，还能够捕获其子类的异常对象。按照这样的匹配规则，如果一个 catch 块声明捕获 Throwable 类异常，那么 try 块中抛出的任何异常都将被它捕获。

（3）try-catch 语句中可以包括多个 catch 子句，用来声明捕获和处理多个不同类型的异常。当 try 块语句的执行导致异常对象被抛出时，JVM 按照 try-catch 语句的多个 catch 子句出现的先后顺序依次检查各个 catch 子句声明捕获的异常类型是否匹配，如果发现匹配项，则当前 catch 子句捕获该异常，不再继续检查后续的 catch 子句。也就是说，如果有多个 catch 子句都能够匹配异常对象类型，实际运行时只有最前面的 catch 子句捕获该异常。

为了帮助读者理解异常处理的基本概念和 try-catch 语句的使用方法，下面给出一个程序示例。该程序的功能是读取位于 E 盘根目录下的 note.txt 文件（当然，作为更有意义的应用，读者可以编程指定打开文件的路径），并将该文件的内容显示到屏幕上。

【程序 7-1】读取指定文件的内容并显示在屏幕上。

问题分析

本程序要实现的正常功能是读取文件内容并输出。考虑到读取磁盘文件可能会遇到文件不存在以及读文件过程中磁盘出现故障等其他 I/O 错误，因此程序需要声明捕获相应的异常。

程序代码

```
01  package edu.javabook;
02  import java.io.*;
03  public class FilePrinter {
04      public static void main(String[] args) {
05          FilePrinter.print("E:\\note.txt");
06      }
07      public static void print(String path) {
08          BufferedReader br = null;
```

```
09          String line = null;
10          try {
11              br = new BufferedReader(new FileReader(path));
12              while ((line = br.readLine()) != null) {
13                  System.out.println(line);
14              }
15              br.close();
16          } catch (FileNotFoundException e) {
17              System.err.println("文件路径无效:" + e.getMessage());
18          } catch (IOException e) {
19              System.err.println("文件 I/O 出现错误:" + e.getMessage());
20          }
21      }
22  }
```

运行结果

虽然程序中没有使用选择结构，但根据情况不同可能有以下 3 种不同的运行结果。

（1）当所有事情和预期一样时，程序将正常读取 E:\note.txt 文件中的内容并显示出来。

（2）当文件不存在时，程序无法读取并输出文件内容，此时将输出"文件路径无效:E:\note.txt（系统找不到指定的路径）"。

（3）当文件存在但在读取该文件的过程中出现读文件的错误时（例如：由于磁盘坏道等故障导致该文件的部分内容无法读取；移动存储设备被意外拔出等），程序会在输出部分文件内容后，打印错误信息提示。大致有如下形式输出。

<部分文件内容>文件 I/O 出现错误：句柄无效。

程序说明

（1）为了读取文件内容，本程序使用了标准类库的 java.io 包中的 BufferedReader 和 FileReader 类（详见第 8 章）。但是，除了正常读取文件内容外，这个过程也有可能出现错误，因此，本程序使用 try-catch 语句将完成正常操作的代码和异常捕获处理的代码分别放在 try 块和 catch 子句中。

（2）从第 16 行开始的第 1 个 catch 子句表示捕获并处理文件不存在异常 FileNotFoundException。当 FilePrinter.print()方法的参数 path 给定路径的文件不存在时，在 try 块中执行的 FileReader(path)构造方法会抛出 FileNotFoundException 异常。之后，catch 子句捕获这个异常，并在 catch 块中做出相应的异常处理。本程序对该类型异常的处理仅仅是打印了错误说明，读者也可以提供更有意义的处理。例如，提示用户文件不可用，要求用户重新指定文件等。从第 18 行开始的第 2 个 catch 子句表示捕获并处理 I/O 异常 IOException。这种异常情形的发生通常表明在读取文件过程中文件不再可读。此时，异常是在 br.readLine()方法调用过程中被抛出的。与上一个 catch 子句类似，本程序对该类型异常的处理也仅仅是打印了错误说明。

7.1.3 异常类的继承

在异常处理的 try-catch 语句中，catch 子句声明捕获的异常类型必须是 Throwable 类的子类。同时，当包括多个 catch 子句时，如果它们声明捕获的异常存在继承关系，则这些 catch 子句的书写顺序有一定的要求。

1. Throwable 类

在 Java 语言中，所有异常类型都应该直接或间接地继承 java.lang.Throwable 类。程序 7-1 中使用的 FileNotFoundException 和 IOException 类都是间接继承了 Throwable 的异常类。Exception 类继承 Throwable 类，而 IOException 类继承 Exception 类。特别地，FileNotFoundException 类继承了 IOException 类。

异常类应该准确地表达一种异常情况的相关信息。通俗地讲，就是说明程序在运行期间，在什么位置由于什么原因出现了一个什么样的错误。异常类作为异常信息的载体，提供了许多获取异常信息的方法。这里仅简要介绍其中 3 个常用的方法，更多的内容，读者可以参考 API 文档。

Throwable(String message)：构造异常对象，并保存异常描述信息。

String getMessage()：返回异常事件的描述信息，有助于明确出现异常的原因。

void printStackTrace()：打印调用栈输出，有助于确定异常出现的位置。

程序 7-1 中的异常对象是由 API 中 FileReader 类的构造方法和 BufferedReader 类的 readLine() 方法抛出的，编程人员也可以使用 throw 语句自己抛出异常。示例如下。

```
throw new FileNotFoundException();
```

Java 的异常类体系是开放的，编程人员可以自定义新的异常类，抛出自定义异常类的对象。例如，下面的程序代码自定义异常 MyException 类并抛出该类型异常对象。

```
class MyException extends Exception {}
throw new MyException();
```

2. 多 catch 子句的顺序

异常类存在继承关系，因此有必要对 catch 子句声明捕获异常的细节做进一步讨论。

（1）因为捕获匹配规则是一种 is-a 关系的匹配，所以声明捕获异常类越抽象，能够捕获的异常种类就越多，但对应 catch 子句中能够捕获的异常对象就越不具体，不利于针对具体异常类型设计适当的异常恢复代码。

（2）当有多个 catch 子句时，JVM 并不是按照哪个 catch 子句声明的异常类更具体来决定由哪个 catch 子句捕获该异常对象，而是按照 catch 子句在 try 语句中出现的先后顺序依次向后查找匹配，并且一旦发现匹配项，不再向后继续查找。因此，如果将程序 7-1 中两个 catch 子句的顺序互换为如下代码。

```
try {
    ...
} catch (IOException e) {
    System.err.println("文件 I/O 出现错误:" + e.getMessage());
} catch (FileNotFoundException e) {
    System.err.println("文件路径无效:" + e.getMessage());
}
```

程序将会产生编译错误。这是因为第一个 catch 块能够广泛地捕获所有 IOException 异常（包括具体的 FileNotFoundException 异常），第二个 catch 块虽然有明确的类型声明，但永远没有机会捕获它所声明的 FileNotFoundException 异常。

因此，当在 try-catch 语句中包括多个 catch 子句，并且不同 catch 子句所声明捕获的异常类存在继承关系时，必须保证捕获子类异常的 catch 子句在前，捕获超类异常的 catch 子句在后。

7.1.4 Exception 异常

Java 将异常划分为 3 大类：错误、受检查异常和运行时异常。参考图 7-1 所示的异常类继承体系，能够准确确定具体异常类属于何种异常。

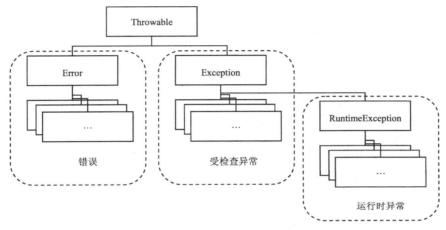

图 7-1　异常类的继承体系

错误一般是由程序外部的因素引起并且是程序一般无法恢复的异常情况，编程时基本不予考虑。典型的如 JVM 的内存溢出错误（OutOfMemoryError）。运行时异常是出现在程序内并且通常程序不能恢复的异常情况。运行时异常通常反映程序编程考虑不周，例如，数组下标越界异常（ArrayIndexOutOfBoundsException）。当这两类异常出现时，程序基本都会以退出运行告终。

显然，一个程序没有必要因为用户指定的文件不存在（FileNotFoundException）而退出运行。受检查异常是具备可恢复条件的一类异常，且编程人员需对该异常进行处理。为了在编译时就确保这样的异常处理，Java 语言对这类异常提出要求：如果方法在执行时可能抛出受检查异常，那么方法声明中必须声明抛出该异常。在方法声明末尾使用 throws 关键字并跟上异常类型列表来声明抛出异常。以下代码段来自 JDK 源代码，可见 FileReader 构造方法声明抛出 FileNotFoundException，readLine()方法声明抛出 IOException。

```
public FileReader(String fileName) throws FileNotFoundException {…}
public String readLine() throws IOException {…}
```

程序 7-1 中 FilePrinter 类中的 print( )方法使用了上述方法，因此只有两种选择：要么捕获处理该异常，要么声明抛出该异常。程序 7-1 捕获处理该异常，让异常至此为止。如果 FilePrinter.print()方法不捕获处理这些异常，这些异常将会进一步传播。也就是说，FilePrinter.print()方法就是一个可能抛出受检查异常的方法，因此必须声明抛出异常，可使用如下的代码。

```
public static void print(String path)
throws FileNotFoundException, IOException {…}
```

7.1.5　try-catch-finally 和 try-with-resource 结构

程序 7-1 中 try 块的语句，似乎考虑得很周到。先是打开文件输入流，之后通过循环控制读取文件，最后关闭输入流。但是，试想如果文件正常打开，但在读取文件过程中，出现了 I/O 异常，"br.close();"语句有机会执行吗？输入流会关闭吗？

类似关闭文件输入流这样的清理性工作可以使用带有 finally 子句的 try 语句来完成，或借助更为精简的 try-with-resource 结构自动完成。Java 语言能够用合理的执行流程保证不管是在 try 块正常结束的情况下，还是在 try 块执行过程中出现异常的情况下，相应的清理性工作代码都能够得到执行。

1. try–catch–finally 结构

可以在 try 语句中包括 finally 块，例如下面的代码。

```
try {
    …
} catch (FileNotFoundException e) {
    System.err.println("文件路径无效:" + e.getMessage());
} catch (IOException e) {
    System.err.println("文件 I/O 出现错误:" + e.getMessage());
} finally {
    if (br != null) {
        try {
            br.close();
        } catch (IOException e) {
            System.err.println("关闭文件出错。");
        }
    }
}
```

try-catch-finally 结构中的 finally 块被确保一定执行。如果 try 块代码均正常执行，finally 块会在 try 块正常结束后被执行；如果 try 块代码因异常退出，在 catch 块捕获处理该异常（如果有匹配的 catch 块）后，finally 块被执行。简单地说，不管 try 块是正常结束还是异常结束，finally 块都能保证被执行。因此，finally 块经常包含完成清理性工作的代码。

需要提醒大家的是，在 try-catch-finally 结构中，允许不包含 catch 子句，从而形成更加特别的 try-finally 结构。感兴趣的读者可自行查阅相关资料。

2. try–with–resource 结构

try-with-resource 结构的语句形式，其特点在于 try 后在小括号内声明并初始化资源列表。例如下面的代码。

```
public static void print(String path) {
    String line = null;
    try (BufferedReader br = new BufferedReader(new FileReader(path))){
        while ((line = br.readLine()) != null) {
            System.out.println(line);
        }
    } catch (FileNotFoundException e) {
        System.err.println("文件路径无效:" + e.getMessage());
    } catch (IOException e) {
        System.err.println("文件 I/O 出现错误:" + e.getMessage());
    }
}
```

与程序 7-1 的代码相比，创建 BufferedReader 对象的语句被置入 try-with-resource 的资源声明部分，BufferedReader 型变量 br 的作用域限定在 try 块内。"br.close();"语句在 try-with-resource 结构中不再需要出现。与带 finally 的 try 语句相比，带资源的 try 语句代码更为紧凑，而且不需要出现 "br.close();" 这样的代码。这得益于 Java 语言的接口特性。具体地说，BufferedReader 实现了 AutoCloseable 接口，实现了 close()方法，使得 JVM 能够在 br 对象上自动调用 close()方法从而关闭资源。要注意的是，在 try-with-resource 结构中，catch 子句和 finally 子句都是可选内容。

如果在 try 语句中要打开多个资源并希望自动关闭多个资源，在小括号内可以使用分号分隔多个资源的声明及初始化。比如 try (BufferedReader br1 = …; BufferedReader br2 = …)形式能够在 try 语句执行时打开两个资源并在 try 语句结束执行时确保关闭这两个资源。

7.2 断言

"异常"强调的是编程人员对程序执行中可能出现的错误情况的考虑。与之相反，编程人员经常还会在编程中有对必须满足的"正常"情况的预期和强调，如果不能保证这样的基本假设成立的话，程序将无法按照既定逻辑计算执行下去。如何在 Java 语言中表达编程人员的这种预期和强调呢？答案就是使用断言。本节将围绕断言这一主题展开介绍。

7.2.1 断言的基本语法

断言（Assertion）是对假设的"正常"情况的表达和检查。断言允许编程人员在源程序中表达一个必须满足的"条件"，当这个条件不能得到满足时，程序将会结束执行。例如，编程人员提供一个类，能够实现百分制成绩转换成等级评定，编程人员认定方法调用者给出的百分制成绩参数一定是介于 0 到 100 之间的，否则没有办法评定等级。类似地，这个类的使用者在给定百分制成绩 100 时，认定方法必须返回"优秀"，否则对这个类的功能正确性就存在质疑了。诸如此类的"检查"需要，可以使用断言完成。

Java 中使用 assert 语句支持断言。断言语句的形式如下。

```
assert Expression1 ;
```

或

```
assert Expression1 : Expression2 ;
```

在断言语句中给出的表达式 1（Expression1）是一个能够计算出 boolean 结果的表达式，用该表达式表示"正常"情况应该满足的条件。当表达式 1 计算结果为 true 时，说明在断言语句执行时，程序的状态满足断言要求。assert 语句结束，不会对程序执行流程带来特殊影响。而当表达式 1 计算结果为 false 时，说明不满足预期"正常"情况的条件，系统抛出 AssertionError（继承 java.lang.Error）并导致程序终止运行。断言语句中的表达式 2（Expression2）用来提供一个描述性消息（参考 java.lang.Throwable 类）。

【程序 7-2】根据成绩计算评定等级。
问题分析
将整型的百分制成绩转换成字符串型的成绩评定。
程序代码
```
01  package edu.javabook;
```

```
02  import java.util.Scanner;
03  public class Calculator {
04      public static String grade(int score) {
05          assert score >= 0 && score <= 100;
06       //assert score >= 0 && score <= 100 : "Score in [0, 100]";
07          String result;
08          switch(score / 10) {
09              case 9: result = "优秀"; break;
10              case 8: case 7: case 6: result = "及格"; break;
11              default: result = "不及格";
12          }
13          return result;
14      }
15      public static void main(String[] args) {
16          Scanner scanner = new Scanner(System.in);
17          int score = scanner.nextInt();
18          String result = grade(score);
19          System.out.println("Score=" + score + ", Grade=" + result);
20      }
21  }
```

程序7-2解析

运行结果

(1) 输入90后回车,运行结果如下。

```
Score=90, Grade=优秀
```

(2) 再次运行命令,输入-10后回车,运行结果如下。

```
Exception in thread "main" java.lang.AssertionError
    at edu.javabook.Calculator.grade(Calculator.java:5)
    at edu.javabook.Calculator.main(Calculator.java:18)
```

程序说明

(1) 第05行使用了断言"assert score >= 0 && score <= 100;"检查参数score是否为大于等于0且小于等于100的值,超出该数值范围的值对grade()方法来说是不应该出现的。这是典型的前置条件检查应用。输入90时,断言检查通过,对程序行为没有明显影响;但输入-10时,断言检查失败,从程序的运行结果可以看出,程序实际是在执行断言语句(第05行)时抛出了AssertionError异常对象。

(2) 如果注释第05行并取消第06行注释,再次运行程序并输入-10,将得到如下结果。

```
Exception in thread "main" java.lang.AssertionError: Score in [0, 100]
    at edu.javabook.Calculator.grade(Calculator.java:6)
    at edu.javabook.Calculator.main(Calculator.java:18)
```

按照assert语句的语法,第二个表达式提供描述断言错误的消息,使得断言失败时获得更可读的信息。

(3) 默认JVM是不启用断言的,在未启用断言时,程序中的assert语句将不会被执行。如果需要启用断言,应该为JVM指定-ea选项(Enable assertions)。在NetBeans IDE中,要启用-ea选项,可单击菜单命令"文件→项目属性",在项目属性对话框中的"类别"项中选择"运行",并在"VM选项"中输入"-ea"。

如果在不启用断言的模式下运行,当输入-10时,将得到如下结果。

Score=-10, Grade=不及格

显然，断言是被忽略的。准确地说，断言语句是完全没有被执行的。程序用错误的数据计算得到没有意义的结果。因此，一般在编程中，对参数有效性的检查更适合使用 if 语句检查，并在参数非法时抛出标准异常 IllegalArgumentException 来表示这种错误。

7.2.2 断言在单元测试中的应用

为了确保软件的质量，降低程序出错的概率，普遍使用测试这一手段来检验程序的运行是否得到预期结果，这就需要运用 Java 的断言作为有力工具。

程序 7-2 中以前置条件检查为例，展示了 assert 语句的使用，能够检查方法参数值的正确性。反过来，后置条件的检查，经常用于检查方法返回值的正确性。对程序模块（如方法）的计算结果进行检查，促进了自动化单元测试以及测试驱动开发实践的推广。读者可以在程序 7-2 的 main() 方法最后添加如下语句。

```
assert grade(100).equals("优秀");
```

当程序 7-2 执行该断言语句时，程序报错。说明当传递参数值 100 时，grade() 方法并没有得到期望的结果。

单元测试是这个思想的继续发展，能够方便编程人员自动化测试程序的正确性。单元测试组件 JUnit 在 Java 领域中被广泛运用，并得到众多 IDE 的支持。程序 7-3 给出了一个单元测试用例，希望读者体会单元测试的作用和意义。

【**程序 7-3**】测试成绩评定模块的 JUnit 单元测试用例。

问题分析

人们从长期的测试工作经验得知，大量的错误是发生在输入或输出范围的边界上，而不是在输入范围的内部。根据边界值测试原则，以优秀、及格和不及格的各成绩段的最高分和最低分作为测试数据，准备测试用例，检查这些值是否能够得到期望的成绩等级。

程序代码

```
01  import edu.javabook.Calculator;
02  import org.junit.Test;
03  import static org.junit.Assert.*;
04  public class MyUnitTest {
05      @Test
06      public void testGrade() {
07          assertEquals("优秀", Calculator.grade(100));
08          assertEquals("优秀", Calculator.grade(90));
09          assertEquals("及格", Calculator.grade(89));
10          assertEquals("及格", Calculator.grade(60));
11          assertEquals("不及格", Calculator.grade(59));
12          assertEquals("不及格", Calculator.grade(0));
13      }
14  }
```

程序 7-3 解析

运行结果

程序运行效果如图 7-2 所示。

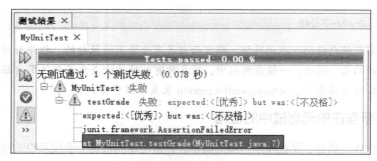

图 7-2 单元测试失败

程序说明

（1）本测试用例中按照不同成绩等级的边界值 100、90、89、60、59、0，精心准备了测试数据，依次调用 Calculator.grade()方法。每次 grade()方法的调用，都使用 assertEquals()方法做断言检查。

（2）由图 7-2 所示的单元测试运行结果可知，第 07 行导致测试失败。在第 07 行代码中，希望 Calculator.grade(100)的结果为"优秀"，但实际测试得到的结果是"不及格"，显然将 100 分评定为不及格是不正确的。在修正 Calculator.grade()方法实现后，再次运行测试，测试则可以通过。

（3）JUnit 在内部并没有使用 Java 语言的 assert 语句，取而代之的是 if-else 的选择结构，因此不要求 Java 运行的 VM 选项-ea 被打开。

7.3 专题应用：账户存款管理

通过前面的讲解，相信读者已经理解异常机制并掌握了 Java 语言中抛出和捕获异常的方法，对常用标准异常也有了一定的了解。如果要求编程模拟现实生活中的银行账户存款活动，并要求考虑到可能的异常，该如何运用本章所讲的异常处理机制完成编程呢？

假定程序通过账户管理类的存款方法来模拟现实中的存款活动，并且存款方法接受账号和存款额作为参数。其他程序员使用该方法时有可能为账号参数传入一个非法参数 null，因为这是对存款方法的错误使用，就像是程序的 Bug，可以使用标准异常中定义的 IllegalArgumentException 表示这种错误。但是，传入了非空的账号也不一定能正确完成存款操作。例如，指定的账号不存在的情况下，存款方法的执行会失败，程序可以把这种错误情况使用自定义异常表示。因此，要综合运用标准异常和自定义异常，并利用 Java 的异常处理机制来完成编程。

【程序 7-4】 模拟账户存款功能。要求支持为指定账户完成存款，根据存款额调整账户余额；当账户不存在时，抛出自定义账户不存在异常 AccountNotFoundException；当调用存款方法指定了非法参数时，抛出 IllegalArgumentException。

问题分析

首先按照第 5 章的方法抽象账户类 Account，该类仅包括账号和存款属性。然后，按照对抛出异常账户不存在异常的要求，自定义 AccountNotFoundException 异常类。最后，实现账户存款管理类 AccountManager 并实现 deposit 方法。deposit 方法接受账号和存款额两个参数，并向相应的账号完成存款。如果传入账号参数值为 null，或传入了负值的存款参数值，则抛出标准异常 IllegalArgumentException，表示非法参数的错误；如果传入了合法的账户参数，但无法查找到该账户，则抛出自定义的 AccountNotFoundException 异常，表示账户不存在的错误。

程序代码

```java
01  package edu.javabook;
02  import java.util.ArrayList;
03  
04  public class AccountManager {
05      private ArrayList<Account> accounts = new ArrayList<Account>();
06      public static void main(String[] args) {
07          AccountManager accountManager = new AccountManager();
08          // 准备了5组参数
09          Object [][] params = {
10              {"6225111122223333", 1600},
11              {"6225888888888888", 800},
12              {"6225444455556666", 300},
13              {"6225444455556666", -50},
14              {"6225999999999999", 500}
15          };
16  
17          for (int i = 0; i < params.length; ++i) {
18              try {
19                  Account account = accountManager.deposit(
20                      (String)params[i][0], (Integer)params[i][1]);
21                  System.out.println(account);
22              }catch (AccountNotFoundException e) {
23                  System.out.println("无法完成存款。原因:" + e.getMessage());
24              }
25          }
26      }
27      public AccountManager() {
28          accounts.add(new Account("6225111122223333", 0));
29          accounts.add(new Account("6225444455556666", 500));
30          accounts.add(new Account("6225777788889999", 2000));
31      }
32      public Account findAccount(String accountNo) {
33          for (Account account: accounts) {
34              if (account.getAccountNo().equals(accountNo)) {
35                  return account;
36              }
37          }
38          return null;
39      }
40      public Account deposit(String accountNo, Integer amount)
41              throws AccountNotFoundException {
42          if (accountNo == null || amount <= 0) {
43              throw new IllegalArgumentException();
44          }
45          Account accountInfo = this.findAccount(accountNo);
46          if (accountInfo == null) {
47              throw new AccountNotFoundException("无效账号"+accountNo+"。");
48          }
49          accountInfo.setRemain(accountInfo.getRemain() + amount);
50          return accountInfo;
51      }
```

```java
52    }
53
54 class Account {
55     private String accountNo;
56     private Integer remain;
57     public String getAccountNo() {
58         return accountNo;
59     }
60     public void setAccountNo(String accountNo) {
61         this.accountNo = accountNo;
62     }
63     @Override
64     public String toString() {
65         return "账号:" + accountNo + ", 余额:" + remain;
66     }
67
68     public Integer getRemain() {
69         return remain;
70     }
71     public void setRemain(Integer remain) {
72         this.remain = remain;
73     }
74     public Account(String accountNo, Integer remain) {
75         this.accountNo = accountNo;
76         this.remain = remain;
77     }
78 }
79
80 class AccountNotFoundException extends Exception{
81     public AccountNotFoundException(String message) {
82         super(message);
83     }
84 }
```

运行结果

账号：6225111122223333，余额：1600

无法完成存款。原因：无效账号6225888888888888。

账号：6225444455556666，余额：800

```
Exception in thread "main" java.lang.IllegalArgumentException
    at edu.javabook.AccountManager.deposit(AccountManager.java:43)
    at edu.javabook.AccountManager.main(AccountManager.java:19)
```

程序说明

（1）第 54~78 行定义账户类 Account。第 80~84 行定义账户不存在异常 AccountNotFound-Exception 类，它属于受检查异常。

（2）AccountManager 代表账户管理类。该类的 deposit()方法执行存款操作，该方法可能抛出自定义的账户不存在异常以及参数非法异常这种标准异常。

（3）本程序准备了 5 组 deposit()方法参数，来模拟 5 次存款操作。在这些存款操作中，有的操作正常完成，有的操作抛出异常并在 main()方法中被捕获处理，还有操作抛出异常并被 JVM 缺省处理，导致程序退出。

自测与思考

一、自测题

1. 抛出异常使用的关键字是_____。
   A. throw
   B. catch
   C. finally
   D. try
2. 以下选项中能够填入"throw new ___()"的是_____。
   A. Integer
   B. String
   C. Double
   D. FileNotFoundException
3. 关于 try 语句中 catch 子句的排列方式，下列说法中正确的是_____。
   A. 父类异常在前，子类异常在后
   B. 子类异常在前，父类异常在后
   C. 只能有父类异常
   D. 子类异常和父类异常可以任意先后顺序
4. 下列常用标准异常中，属于受检查异常的是_____。
   A. OutOfMemoryError
   B. ArrayIndexOutOfBoundsException
   C. FileNotFoundException
   D. RuntimeException
5. 下列关于带 finally 的 try 语句的说法正确的一项是_____。
   A. try 语句中必须包括且仅能包括一个 catch 块
   B. try 语句中 try 块抛出的受检查异常都必须在该 try 语句的 catch 块中捕获
   C. 如果有异常未被 try 语句的 catch 子句捕获，则由 finally 子句捕获
   D. 无论 try 块内代码是否抛出异常，finally 块总是在 try 语句的最后被执行
6. 当方法遇到异常又不知如何处理时，正确的做法是_____。
   A. 捕获异常
   B. 匹配异常
   C. 嵌套异常
   D. 声明抛出异常
7. 下列关于 throws 关键字的说法，正确的是_____。
   A. throws 用于抛出异常
   B. throws 用于声明抛出异常
   C. throws 只能声明抛出受检查异常
   D. throws 声明抛出的异常都必须捕获处理

8. 下列关于 try 语句的说法，正确的一项是_____。
   A. 因为 try 语句关注异常处理，所以必须包括 catch 子句
   B. 一个 try 语句中不能嵌套另一个 try 语句
   C. 带 finally 块的 try 语句和带资源的 try 语句中可以不包括 catch 子句
   D. 带资源的 try 语句对资源类没有要求
9. 下列关于断言的说法，不正确的是_____。
   A. 断言使用 assert 语句检查表达式值的真假，如果表达式值为假，则抛出异常
   B. 断言常用于检查方法的前置条件是否满足
   C. 断言常用于检查方法的后置条件是否满足（如返回值是否符合期望值）
   D. 因为不涉及选择结构，所以断言语句一定会被执行
10. 下列关于断言的说法，正确的是_____。
    A. 断言 assert 语句在表达式值为假时，抛出 AssertionException 异常
    B. assert 语句在 JVM 选项 -ea 未打开时不执行
    C. assert 语句在 JVM 选项 -ea 未打开时仍执行，但不抛出异常
    D. 如果要检查方法的参数有效性并报告非法参数的情况，使用断言比使用异常更好

二、思考题

1. 异常、抛出和捕获的具体含义是什么？
2. 在多 catch 子句的 try 语句中，捕获异常的规则是什么？
3. 在带 finally 块的 try 语句结构中，各部分的作用是什么？
4. 给出 3 个 Java 标准异常类并说明其意义。
5. 什么是断言？何时使用断言？

第 7 章自测题解析

Chapter 8

第 8 章
Java 文件操作

Java 提供了 java.io 包,用于实现对文件的操作。本章首先简要介绍管理文件的类(File)及其应用,然后详细介绍 Java 读写文件的机制及方法。

本章导学

- ✧ 掌握 File 类的基本操作
- ✧ 掌握文本文件的输入和输出方法
- ✧ 掌握字节文件的输入和输出方法
- ✧ 了解数据流和对象流的使用方法

8.1 File 类

> 文件是存储在外部存储介质上的一组相关的记录或数据的集合。无论使用的操作系统是 Windows 还是 Unix，都离不开文件操作。文件管理是操作系统不可或缺的重要功能。操作系统中的文件系统负责存取和管理文件。例如，在 Windows 的 MS-DOS 窗口中，输入 dir 并回车，当前目录下的文件组成如图 8-1 所示。如何通过 Java 程序来实现如图 8-1 所示的功能，输出指定目录下的文件列表，进而对文件或目录进行操作管理呢？

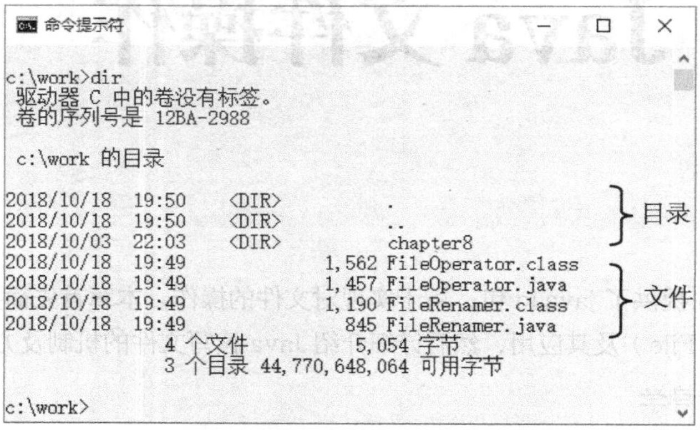

图 8-1 使用 dir 命令显示当前目录下的文件列表

本节介绍使用 File 类来操作文件的方法，包括文件的新建、修改、删除以及对文件目录的操作。使用 File 类可以方便地对文件或目录进行操作管理。但是，File 类不能用于文件读写，读写文件需要用到后面几节所介绍的各种输入和输出流类。

8.1.1 创建文件对象

使用 File 类来操作文件，需要将物理的文件映射为 Java 的对象。下面是 File 类提供的 3 种常用创建文件对象的构造方法。

（1）public File(String pathname)：根据路径名创建 File 对象。pathname 既可以是目录路径，也可以是文件名。示例如下。

```
File f1 = new File("d:\\java\\test.dat");
```

（2）public File(String parent, String child)：根据父路径名 parent 和子路径名 child 创建 File 对象。示例如下。

```
File f2 = new File("d:\\java\\", "test.dat");
```

（3）public File(File parent, String child)：根据父路径对象 parent 和子路径名 child 创建 File 对象。示例如下。

```
File f3 = new File(new File("d:\\java\\"), "test.dat");
```

8.1.2 常用文件操作

File 类提供了常用的文件或目录的操作方法，如表 8-1 所示。

表 8–1　常用的文件或目录的操作方法

方法	功能描述
String[] list()	返回目录下的文件或目录的名称数组
File[] listFiles()	返回目录下的文件或目录的 File 数组
String getName()	返回文件名，不包含路径名
String getPath()	返回包含文件名的相对路径名
String getAbsolutePath()	返回包含文件名的绝对路径名
String getParent()	返回文件上一级的目录名
long length()	返回文件字节长度
long lastModified()	返回文件最后修改时间
boolean isFile()	判断当前对象是否为文件
boolean isDirectory()	判断当前对象是否为目录
boolean exists()	判断文件或目录是否存在
boolean setReadOnly()	设置文件属性为只读
boolean createNewFile()	创建一个新的空白文件
boolean mkdir()	创建目录
boolean renameTo(File newName)	文件重命名
boolean delete()	删除文件或空目录

【程序 8-1】 输出指定目录下文件列表的详细信息。要求：输出每个文件和子目录的名称、最后修改时间，并统计文件数、文件总字节数和子目录数。

问题分析

本程序可以用 File 类的 length 方法得到文件字节长度。由于文件有长度属性，子目录没有长度属性，所以统计文件总字节数时需加以判定，如果是文件则统计其字节数，如果是目录则不统计。

程序代码

```
01  import java.io.File;
02  import java.text.SimpleDateFormat;
03  import java.util.Date;
04  public class FileOperator {
05      public static void main(String args[]){
06          File dir = new File("C:\\work");
07          int count_dirs = 0, count_files = 0;    //目录数和文件数
08          long byte_files = 0L;    //所有文件总字节数
09          System.out.println(dir.getAbsolutePath()+" 目录");
10          SimpleDateFormat sdf = new SimpleDateFormat("yyyy-MM-dd HH:mm");
11          File[] files = dir.listFiles();    //返回当前目录中所有文件
12          for (int i = 0;i < files.length;i++) {
13              System.out.print(files[i].getName()+"\t");    //显示文件名
14              //判断指定 File 对象是否是文件，是则统计文件长度，否则输出目录标记: <DIR>
15              if (files[i].isFile()) {
16                  System.out.print(files[i].length()+"B\t");        //显示文件长度
```

程序 8-1 解析

```
17              count_files++;
18              byte_files += files[i].length();
19          } else {
20              System.out.print("<DIR>\t");
21              count_dirs++;
22          }
23          //输出文件最终修改时间
24          System.out.println(sdf.format(new Date(files[i].lastModified())));
25      }
26      System.out.println("共有 " + count_files + " 个文件，总字节数为 " + byte_files);
27      System.out.println("共有 " + count_dirs + " 个目录");
28  }
29 }
```

运行结果

C:\work 目录

chapter8	<DIR>		2018-10-03 22:03
FileOperator.class		1562B	2018-10-18 19:49
FileOperator.java		1457B	2018-10-18 19:49
FileRenamer.class		1190B	2018-10-18 19:49
FileRenamer.java		845B	2018-10-18 19:49

共有 4 个文件，总字节数为 5054
共有 1 个目录

程序说明

第 06 行 "File dir = new File("C:\\work");" 使用路径名创建 File 对象。创建文件或目录对象时，路径名既可以是绝对路径，也可以是相对路径。创建文件对象后，便可以使用程序 8-1 中的各种方法访问 File 对象了。

【程序 8-2】文件名变更。

问题分析

本程序使用 renameTo 方法实现文件的重命名操作。更名成功返回 true，不成功则返回 false。

程序代码

```
01 import java.io.File;
02 public class FileRenamer {
03     public static void main(String args[]){
04         String filePath = " C:\\work";
05         String oldFilename = "FileOperator.java";
06         String newFilename = "FileOperator_new.java";
07         File oldFile = new File(filePath + oldFilename);
08         File newFile = new File(filePath + newFilename);
09         if (!oldFile.exists()) {
10             System.out.println(oldFilename + "更名前文件不存在。");
11         } else if (newFile.exists()) {
12             System.out.println(newFilename + "更名后文件已存在。");
13         } else if(oldFile.renameTo(newFile)){
14             System.out.println(oldFilename+"文件名变更为: "+newFilename+"成功。");
```

程序 8-2 解析

```
15            } else {
16                System.out.println(oldFilename+"文件名变更为: "+newFilename +"失败。");
17            }
18        }
19   }
```

运行结果

FileOperator.java 文件名变更为：FileOperator_new.java 成功。

程序说明

更名前的文件不存在或更名后的文件已经存在时均不能正常进行重命名操作。为使程序健壮性更好，在对文件操作时，通常先使用 exists 方法对文件进行存在性判定，再进行文件操作。

8.2 文本文件的输入和输出

File 类提供了一系列操作文件的简便方法，但不能实现文件的读写操作。读文件操作是数据从磁盘流向内存；写文件操作是数据从内存流向磁盘。如何通过 Java 程序实现文件的读/写操作呢？

Java 将各种数据作为流（Stream）来进行输入/输出（I/O，Input/Output）处理，数据的传输统称为数据流（Data Stream）。传输的数据既可以是文件中的数据，也可以是标准输入、标准输出的数据，还可以是网络通信中的数据等。在第 1 章程序 1-5 中的如下语句就是从 System.in 所代表的标准输入设备（键盘）使用缓冲输入流来读取数据的例子。

```
BufferedReader br=new BufferedReader(new InputStreamReader(System.in));
```

流可以看作一个流动的数据缓冲区。数据从数据源流向数据目的地，流的传送是串行的。数据的传输不仅存在于内存与外部设备之间，还可以存在于内存与内存之间，数据甚至可以从一台计算机通过网络流向另一台计算机。常见的数据源是键盘，常见的数据目的地是屏幕。

在文件的读/写操作中存在数据流动方向的问题。读文件时根据文件构造相应的输入流，可进行读操作；写文件时构造相应的输出流，可进行写操作。文件操作与流的关系如图 8-2 所示。

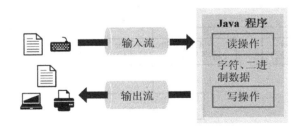

图 8-2 文件操作与流的关系

按照流中的数据类型，流可分为字符流和字节流两种。本节主要介绍字符流的具体使用方法。Java 语言内部使用 Unicode 编码来表示字符。java.io 包提供的字符流类可以方便处理字符和字符串型数据。

8.2.1 抽象字符流

java.io 包中的 Reader/Writer 抽象类是所有字符输入流/字符输出流的父类。Reader/Writer 抽象类中约定了字符流的基本输入/输出操作方法。

1. 字符输入流（Reader）

java.io 包中常用字符输入流的类层次结构如图 8-3 所示。

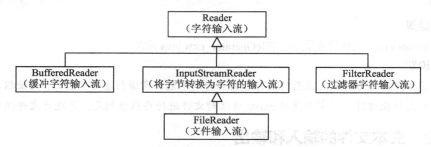

图 8-3　字符输入流类及其子类的层次结构

Reader 是所有字符输入流类的父类，是一个抽象类，提供的基本输入操作方法如表 8-2 所示。

表 8-2　Reader 类常用的操作方法

方法	功能描述
int read()	读取一个字符，并返回读取的字符
int read(char[] cbuf)	读取若干字符到数组 cbuf 中，返回实际读取的字符数量，输入流结束则返回-1
abstract int read(chat[] cbuf, int off, int len)	抽象方法，读取 len 个字符，并存放到以下标 off 开始的数组 cbuf 中。返回实际读取的字符数量，输入流结束则返回-1
abstract void close()	关闭输入流，并释放与输入流相关的所有系统资源

2. 字符输出流（Writer）

java.io 包中字符输出流的类层次结构如图 8-4 所示。

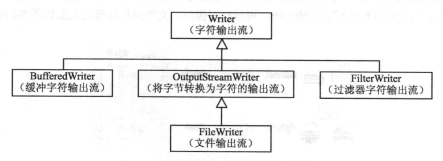

图 8-4　字符输出流类及其子类的层次结构

抽象类 Writer 是所有字符输出流类的父类，提供的基本输出操作方法如表 8-3 所示。

表 8-3　Writer 类常用的操作方法

方法	功能描述
void write(int c)	写入一个字符，将被写入的字符存储在整数值 c 的低 16 位中
void write(char[] cbuf)	将字符数组中的所有数据写入输出流

方法	功能描述
abstract void write(char[] cbuf, int off, int len)	将字符数组 cbuf 中从下标 off 开始的 len 个字符写入输出流中
void write(String str)	写入字符串的内容
void write(String[] str, int off, int len)	将字符串 str 中从下标 off 开始的 len 个字符写入输出流中
abstract void flush()	刷空输出流，强制输出被缓存的数据
abstract void close()	关闭输出流，并释放与该输出流相关的所有系统资源

8.2.2 文件字符流

java.io 包提供文件字符输入流（FileReader）类和文件字符输出流（FileWriter）类，以实现对文本文件的读/写操作。下面通过具体实例加以说明。

【程序 8-3】 利用文件输入输出字符流实现文本文件的读/写操作。

问题分析

程序首先创建文件输出流对象，通过 write 方法将字符串的内容写入文件，再创建文件输入流对象，通过 read 方法从文件中读取文本内容并输出到屏幕上。

程序代码

```
01  import java.io.*;
02  public class TextFileReaderWriter {
03      public static void main(String args[]) throws IOException {
04          String str = "你好! Java";    //定义写入文件的字符串
05          File file = new File("file.txt");
06          file.createNewFile();    //创建新文件
07          FileWriter fout = new FileWriter(file); //创建文件输出流对象
08          fout.write(str);    //写操作
09          System.out.println("write to file : " + file.getName());
10          FileReader fin = new FileReader(file);    //创建文件输入流对象
11          System.out.println("read from file : " + file.getName());
12          char[] chars = new char[10];
13          while (fin.read(chars) != -1) {    //读操作
14              System.out.println(chars);
15          }
16          fin.close(); fout.close();
17      }
18  }
```

程序 8-3 解析

运行结果

write to file：file.txt

read from file：file.txt

你好! Java

程序说明

本例调用 "read(char cbuf[])" 方法从文件中每次读取指定个数的字符并保存在字符数组中，并根据判断方法的返回值是否为 "-1" 来结束字符数据的读取。

对文件进行读写操作，一般遵循以下 3 个步骤。

（1）创建文件读写对象，打开文件；

（2）使用 read 方法进行读操作，或使用 write 方法进行写操作；

（3）关闭文件。

此外，使用输入输出流类，流中的方法多数声明抛出异常 IOException，调用时需要处理 IOException 异常，否则程序不能通过编译。

8.2.3 缓冲字符流

应用程序每次输入与输出都要和设备进行通信，效率较低。为了提高数据传输的效率，当写入设备时，先写入内存的缓冲区，每次等到缓冲区满了后，再将数据一次性整体写入设备，以避免每一个数据都和 I/O 设备进行一次交互。在 Java 语言中，配备缓冲区的流称为缓冲流。

java.io 包中提供了字符缓冲流类：BufferedReader 和 BufferedWriter。这两个类从字符流中读取/写入文本，缓冲各个字符，从而实现字符、数组和行的高效读写。表 8-4 和表 8-5 分别列出了这两个字符缓冲流类的构造方法。

表 8-4 BufferedReader 类的构造方法

构造方法	功能描述
BufferedReader(Reader in)	根据缺省的缓冲区长度创建字符输入流对象
BufferedReader(Reader in, int sz)	根据指定的缓冲区长度 sz 创建字符输入流对象

表 8-5 BufferedWriter 类的构造方法

构造方法	功能描述
BufferedWriter(Writer out)	根据缺省的缓冲区长度创建字符输出流对象
BufferedWriter(Writer out, int sz)	根据指定的缓冲区长度 sz 创建字符输出流对象

注意： 缓冲区的长度可以根据需要指定其大小，也可以使用缺省的长度，通常情况使用缺省长度即可满足需要。如果 sz≤0，则会引起 IllegalArgumentException（非法参数异常）。

另外，除了父类 Reader 中提供的 read 方法，BufferedReader 类还提供了整行字符处理的 readLine 方法，其语法格式如下。

```
public String readLine() throws IOException
```

该方法从输入流中读取一行字符。行结束标志是回车('\r')、换行('\n')或回车换行一起('\r\n')。

同样，除了父类 Writer 中提供的 write 方法，BufferedWriter 类还提供了写入换行符的方法，其语法格式如下。

```
public void newLine() throws IOException
```

该方法写入一个行分隔符。行分隔符字符串由系统属性 line.separator 定义。

【程序 8-4】采用缓冲流技术，实现文本文件的读/写操作。要求：（1）将标准输入的内容写入文件；（2）将文件的内容进行标准输出。

问题分析

实现要求（1）需完成以下两个步骤的操作。

步骤 1：实现从标准输入读取数据。由于标准输入 System.in 是一个 InputStream（字节输入流）对象，而实现文本文件的写操作需要将标准输入的字节数据转换为字符数据，因此需要使用将字节转换为字符的输入流 InputStreamReader。为使读取数据效率化，在 InputStreamReader 类的外层包装缓冲流 new BufferedReader(new InputStreamReader(System.in))。

步骤 2：将字符数据写入文件需要通过创建文件字符输出流 FileWriter 对象，可以采用文件字符输出流 FileWriter 外包装缓冲字符输出流 BufferedWriter 来实现。

同理，要实现要求（2），可创建文件字符输入流 FileReader 对象，并进一步包装成缓冲字符输入流 BufferedReader 对象，然后通过 readLine 方法读取文件内容。

程序代码

```java
01  import java.io.*;
02  public class TextFileTester {
03      public static void main(String[] args) {
04          BufferFile bf = new BufferFile("input.txt");
05          try {
06              bf.write();        //将标准输入的内容写入文件
07              bf.read();         //读取文件内容并输出至屏幕
08          } catch (IOException ex) {
09              ex.printStackTrace();
10          }
11      }
12  }
13  //文件的缓冲输入输出处理
14  class BufferFile {
15      private String filename;    //文件名
16      public BufferFile(String filename) {
17          this.filename = filename;
18      }
19      //文件的缓冲输出处理
20      public void write() throws IOException {
21          //创建标准输入的字符缓冲流
22          BufferedReader reader = new BufferedReader(
                              new InputStreamReader(System.in));
23          //创建文件输出的字符缓冲流
24          BufferedWriter writer = new BufferedWriter(
                              new FileWriter(filename));
25          String line;
26          //逐行读取内容直到输入 end 结束
27          while (!(line = reader.readLine()).equals("end")) {
28              writer.write(line); //按行写入文件缓冲流
29              writer.newLine();
30          }
31          writer.flush();
32          reader.close();         //关闭流
33          writer.close();
34      }
35      //文件的缓冲输入处理
36      public void read() throws IOException {
37          //创建文件输入的字符缓冲流
```

程序 8-4 解析

```
38          BufferedReader reader = new BufferedReader(
                                      new FileReader(filename));
39          System.out.println("文件名: " + this.filename);
40          String line;
41          while ((line = reader.readLine()) != null){
42              System.out.println(line);        //输出显示在屏幕上
43          }
44          reader.close();
45      }
46  }
```

运行结果

文件名：input.txt
姓名 年龄 班级
张华 20 艺术 111
李璐 19 教育 112
（运行时需输入相应内容。）

程序说明

（1）本程序设计了两个类：TextFileTester 和 BufferFile。其中，TextFileTester 作为测试用的类，BufferFile 类采用缓冲流技术，提供了问题要求实现的两个功能：write 方法和 read 方法。

（2）从标准输入 System.in 中读取字符数据时需要使用 InputStreamReader 类来实现，而 FileReader 和 InputStreamReader 提供的 read 方法每次读取固定长度的数据到输入流中致使效率非常低，因此，在实际应用中用缓冲流包装这两种字符流实现文件的读取是程序员的首选。

注意：当使用输出流发送数据，而数据不能填满输出流的缓冲区时，数据就会被存储在输出流的缓冲区中。为避免存储在输出流缓冲区中的数据丢失，关闭输出流前，应先刷新(flush)缓冲的输出流。

8.3 字节文件的输入和输出

字符流以字符为单位来处理数据，适用于读写文本文件，而在计算机中处理数据是以二进制的形式进行的，如何通过程序读写二进制数据文件呢？

java.io 包中提供了对二进制文件进行读写的字节流类。字节流又称为二进制流，包括字节输入流和字节输出流两种。字节流以字节作为流中元素的基本类型，读/写的最小单位是一个字节。字节输入流类包括抽象类 InputStream 及其子类，字节输出流类包括抽象类 OutputStream 及其子类。

常用的字节流有文件字节流、缓冲字节流、数据字节流及对象字节流。本节主要介绍 InputStream/OutputStream 以及文件字节流类的基本使用方法。

8.3.1 抽象字节流

1. 字节输入流（InputStream）

java.io 包中常用字节输入流的类层次结构如图 8-5 所示。
InputStream 类提供了如表 8-6 所示的基本操作方法。

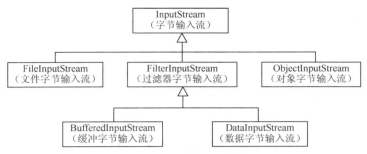

图 8-5　字节输入流类及其子类的层次结构

表 8-6　InputStream 类的基本操作方法

方法	功能描述
abstract int read()	从输入流中读取一个字节，返回读取的字节
int read(byte[] b)	读取若干字节到指定缓冲区 b，返回实际读取的字节数，如果 b 的长度是 0，则返回 0，如果输入流结束则返回-1
int read(byte b[], int off, int len)	读取 len 个字节，并存放到以下标 off 开始的字节数组 b 中。返回实际读取的字节数，如果 b 的长度是 0，则返回 0，如果输入流结束则返回-1
void close()	关闭输入流，并释放与输入流相关的所有系统资源

2. 字节输出流（OutputStream）

java.io 包中字节输出流的类层次结构如图 8-6 所示。

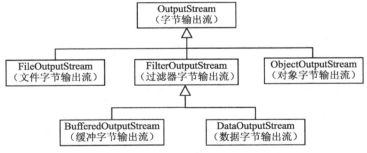

图 8-6　字节输出流类及其子类的层次结构

OutputStream 类提供了如表 8-7 所示的基本操作方法。

表 8-7　OutputStream 类的基本操作方法

方法	功能描述
abstract void write(int b)	向输出流中写入一个字节
void write(byte[] b)	将字节缓冲区 b 数组中的内容写入输出流
void write(byte b[], int off, int len)	将字节数组 b 中从下标 off 开始，长度为 len 的字节写入流中
void flush()	刷空输出流，强制输出被缓存的字节数据
void close()	关闭输出流，并释放与该输出流相关的所有系统资源

8.3.2 文件字节流

java.io 包提供文件字节输入流（FileInputStream）类和文件字节输出流（FileOutputStream）类实现对文件的读/写操作，可以访问文件的一个字节、几个字节或整个文件。

1. 文件字节输入流（FileInputStream）

FileInputStream 类提供的构造方法如表 8-8 所示。

表 8-8 FileInputStream 类的构造方法

构造方法	功能描述
FileInputStream(String name)	使用 name 指定的文件名创建流对象
FileInputStream(File file)	使用 file 指定的 File 类对象创建流对象

注意： 以上两种创建字节流对象的方法，如果指定的文件不存在，将抛出 FileNotFoundException 异常。为避免产生异常后使程序中断，可与判断文件是否存在的语句 file.exists()一起使用。示例如下。

```
File file = new File("C:\\work\\test.dat");
if (file.exists()) {
    FileInputStream fin = new FileInputStream(file);
    …       //其他程序处理语句
}
```

2. 文件字节输出流（FileOutputStream）

FileOutputStream 类提供的构造方法如表 8-9 所示。

表 8-9 FileOutputStream 类的构造方法

构造方法	功能描述
FileOutputStream(String name)	创建一个向指定 name 的文件中写入数据的输出文件流对象，并从文件的开始处写入数据
FileOutputStream(String name,boolean append)	创建一个向指定 name 的文件中写入数据的文件输出流对象，并指定文件的写入方式。当 append 为 true 时，为追加写入数据方式；当 append 为 false 时，为重写数据方式
FileOutputStream(File file)	创建一个向指定 file 的文件中写入数据的文件输出流对象，并从文件的开始处写入数据
FileOutputStream(File file, boolean append)	创建一个向指定的 file 文件中写入数据的文件输出流对象，并指定文件的写入方式。当 append 为 true 时，为追加写入数据方式；当 append 为 false 时，为重写数据方式

注意： 与文件输入流 FileInputStream 类不同，默认情况下，当指定文件不存在时，将创建一个新文件写入数据；当没有指定 append 参数或 append 的值为 false 时，将使用重写方式从文件开始处写入数据，这样会覆盖文件中的原有数据。

【程序 8-5】 利用文件输入/输出字节流实现文件的复制操作。

问题分析

使用字节流实现文件的复制，实质就是通过创建文件的字节输入流对象实现源文件的读取，然后将读取的文件内容通过创建文件字节输出流对象实现目标文件的写入。

程序代码

```
01  import java.io.*;
02  public class FileCopyOperator {
03      public static void main(String args[]) throws IOException {
04          String byteFilename = "byteFile.dat";
05          String copyFilename = "copyByteFile.dat";
06          //创建文件输入流对象
07          FileInputStream fin = new FileInputStream(byteFilename);
08          //创建文件输出流对象
09          FileOutputStream fout = new FileOutputStream(copyFilename, false);
10          byte[] buffer = new byte[512];     //字节缓冲区
11          int count = 0;
12          do {
13              count = fin.read(buffer);   //读取输入流
14              if (count != -1) {
15                  fout.write(buffer);      //写入输出流
16              }
17          } while (count != -1);
18          fin.close();    //关闭输入流
19          fout.close();   //关闭输出流
20          System.out.println("Copyfile from " + byteFilename + " to " + copyFilename);
21      }
22  }
```

程序 8-5 解析

运行结果

Copyfile from byteFile.dat to copyByteFile.dat

程序说明

程序使用 FileInputStream 类的 read(byte[] b) 方法，每次从文件中读取 512 字节（读取字节大小可根据需要设置），并存储在缓冲区 buffer 中。第 12~17 行的 do-while 循环实现数据的读取和写入，并根据 read(buffer) 方法的返回值是否为 -1 来判断文件是否结束。

8.4 数据流和对象流

按字符或字节进行文件输入输出是 Java 文件处理基本的操作。但是，有时人们希望能直接按数据类型读写数据，如写一个整数、写一个浮点数等。如何按数据类型实现输入输出呢？本节介绍的数据流和对象流可以满足这种需求。

8.4.1 数据流

实现数据流的类是数据输入流 DataInputStream 和数据输出流 DataOutputStream。这两个类使用 Java 基本的数据类型进行数据的输入和输出，可以与机器无关的方式进行数据的 I/O 处理。使用数据流可以在读写数据的同时对数据进行处理，以达到性能的改善，提高程序执行效率。

1. 数据流对象的创建

（1） public DataInputStream(InputStream in)：根据其他输入流类创建数据输入流。

（2） public DataOutputStream(OutputStream out)：根据其他输出流类创建数据输出流。

2. 数据流类读/写数据的方法

DataInputStream 和 DataOutputStream 两个类所提供的方法都比较简单（见表 8-10），基本形式为 readXXX() 和 writeXXX()，其中 XXX 为 Java 的基本数据类型或 String 字符串类型。

表 8-10 数据流类常用的读/写数据方法

DataInputStream 类	DataOutputStream 类	功能描述
readShort()	writeShort()	短整型数据的读/写
readByte()	writeByte()	字节型数据的读/写
readInt()	writeInt()	整型数据的读/写
readLong()	writeLong()	长整形数据的读/写
readFloat()	writeFloat()	单精度浮点数的读/写
readDouble()	writeDouble()	双精度浮点数的读/写
readChar()	writeChar()	字符型数据的读/写
readBoolean()	writeBoolean()	布尔型数据的读/写
readUTF()	writeUTF()	readUTF()：读取用 UTF-8 格式编码的 Unicode 字符格式的字符串，然后以 String 类型返回此字符串。 writeUTF()：以与机器无关方式使用 UTF-8 编码将一个字符串写入基础输出流

【程序 8-6】 在文件流的基础上建立数据流，利用该数据流读写数据。

问题分析

数据流与缓冲流一样，属于过滤流。需要在文件流的基础上外包装数据流。程序实现基本数据类型数据和字符串型数据的读写操作。

程序代码

```
01 import java.io.*;
02 public class DataFileOperator {
03     public static void main(String[] args) throws IOException {
04         //根据文件输出字节流创建数据输出流
05         DataOutputStream dout = new DataOutputStream(new FileOutputStream ("sample.dat"));
06         dout.writeByte(-12);              //输出字节数据
07         dout.writeChar('\t');             //在数据间加入制表符
08         dout.writeInt(25);                //输出整型数据
09         dout.writeChars("\r\n");          //换行
10         dout.writeLong(12L);              //输出长整型数据
11         dout.writeChar('\t');
12         dout.writeFloat(1.01F);           //输出浮点型数据
13         dout.writeChars("\r\n");
14         dout.writeUTF("Java 程序设计");    //输出字符串型数据
15         dout.writeChar('\t');
16         dout.writeChars("\r\n");
17         dout.flush();
18         dout.close();
```

程序 8-6 解析

```
19    }
20 }
```

运行结果

在当前目录下生成包含各种类型数据的 sample.dat 文件。

程序说明

（1）第 05 行在文件字节输出流（FileOutputStream）的基础上外包装数据输出流（DataOutputStream）。

（2）第 06～16 行使用 DataOutputStream 类提供的输出各种基本数据类型数据和字符串的方法，向文件中写入相应类型的数据。由于 DataOutputStream 类没有提供写入换行符的方法，因此本程序中利用写入多个字符的方法 writeChars，通过写入换行标记"\r\n"实现换行。

8.4.2 对象流

java.io 包提供了以对象为单位读取或写入数据的对象流，分为对象输入流 ObjectInputStream 类和对象输出流 ObjectOutputStream 类两种。

1. 对象流的创建

（1）public ObjectInputStream(InputStream in) throws IOException：根据其他输入流类创建对象输入流。

（2）public ObjectOutputStream(OutputStream out) throws IOException：根据其他输出流类创建对象输出流。

2. 对象流类提供的读取数据的方法

ObjectInputStream 类提供的 readObject 方法，可以读取一个对象，ObjectOutputStream 类提供的 writeObject 方法可以将对象写入输出流中。

【**程序 8-7**】向文件中写入当前日期对象，并将从文件中读取的日期对象输出。

问题分析

使用对象流时需要在字节流的基础上外包装对象流。程序使用 java.util 包的 Date 类创建日期对象，通过对象流实现日期对象的读写操作。

程序代码

```
01 import java.io.*;
02 import java.util.Date;
03 public class DateFileOperator {
04     public static void main(String[] args) throws IOException, ClassNot
                FoundException {
05         Date d = new Date();
06         ObjectOutputStream out = new ObjectOutputStream(
                      new FileOutputStream("date.dat"));
07         out.writeObject(d);
08         ObjectInputStream in = new ObjectInputStream(
                      new FileInputStream("date.dat"));
09         System.out.println((Date) in.readObject());
10         out.flush(); out.close(); in.close();
11     }
12 }
```

程序 8-7 解析

运行结果

Wed Oct 17 19:30:43 CST 2018

程序说明

使用对象流操作数据时，转化为流的对象必须是序列化对象。Java 语言提供了序列化接口 java.io.Serializable，程序中使用的 Date 类是序列化接口的具体实现，因此可以用于对象流的读写操作。如果是自己创建的对象，也必须实现这一接口。若读者想进一步了解有关"序列化"方面的知识，可自行查阅其他相关资料。

8.5 专题应用：记录式文件的读写

在数据统计中，通常数据是以记录的形式保存在文件中的，这样的文件称为记录式文件，也就是文件是由一条一条的记录组成的。每条记录都有相同的数据结构，构成记录数据的类型是多种多样、互相有关联的。比如学生信息、职工信息等，每一条记录就代表一名学生或一位职工的个人信息。在 Java 语言中，可以使用对象来描述每一条记录。如何使用对象流实现记录式文件的读写操作呢？本专题应用具体展示记录式文件的读写方法。

【程序 8-8】 编写程序，将学生信息存入指定的文件中，要求能实现数据的插入及修改。学生成绩类已给出，如下所示。

```
01  class Student implements Serializable {
02      String no;
03      String name;
04      float math;
05      float english;
06      float sum;
07      public Student(String no, String name, float math, float english) {
08          this.no = no;
09          this.name = name;
10          this.math = math;
11          this.english = english;
12          this.sum = this.math + this.english;
13      }
14      public void setNo(String no) {
15          this.no = no;
16      }
17      public String getNo() {
18          return this.no;
19      }
20  }
```

问题分析

给出的学生类中包含学生学号、姓名、各科成绩及总成绩等属性。同时，Student 类实现了序列化接口 Serializable，因此 Student 对象是序列化对象，可以使用对象流来读写学生信息。

程序代码

```
01  import java.io.*;
02  import java.util.ArrayList;
03  //实现记录式文件数据的插入及修改
04  class StudentOperator {
```

```java
05      String fileName;   //文件名
06      File myFile; //文件对象
07      public StudentOperator(String fileName) throws IOException {
08          this.fileName = fileName;
09          this.myFile = new File(fileName);
10          if (!this.myFile.exists()) {
11              this.myFile.createNewFile();
12          }
13      }
14      //向文件中插入学生信息
15      public void insert(ArrayList<Student> students)
                  throws FileNotFoundException, IOException {
16          //创建对象输出流
17          ObjectOutputStream ou = new ObjectOutputStream(
                                  new FileOutputStream(myFile));
18          for (Student stu:students) {
19              ou.writeObject(stu);//将学生对象写入指定文件
20          }
21          ou.close();      //关闭输出流
22      }
23      //修改指定学生的信息
24      public void update(Student student) throws FileNotFoundException,
25                      IOException, ClassNotFoundException {
26          //创建读取文件记录的数据输入流
27          ObjectInputStream in = new ObjectInputStream(
                                  new FileInputStream(myFile));
28          //创建存放新记录的临时文件及数据输出流
29          File copyFile = new File("temp.dat");
30          ObjectOutputStream ou = new ObjectOutputStream(
                                  new FileOutputStream(copyFile));
31          while (true) {
32              try {
33                  Student stu = (Student) in.readObject();
34                  String no = stu.getNo();
35                  //如果当前记录为修改对象，则将新数据写入目标文件
36                  if (no.equals(student.getNo())) ou.writeObject(student);
37                  //否则复制原文件中的记录
38                  else ou.writeObject(stu);
39              } catch (EOFException e) {
40                  in.close();
41                  ou.close();
42                  break;
43              }
44          }
45          myFile.delete();    //删除原文件
46          //将复制后的文件更名为原文件名
47          copyFile.renameTo(new File(this.fileName));
48          in.close();
49          ou.close();
```

```java
50      }
51      //将文件中保存的学生信息输出到屏幕
52      public void print() throws FileNotFoundException, IOException,
                                    ClassNotFoundException {
53          ObjectInputStream in = null;
54          try {
55              in = new ObjectInputStream(new FileInputStream(this.myFile));
56              while (true) {
57                  try {
58                      Student stu = (Student) in.readObject();
59                      System.out.println("学号\t姓名\t数学\t英语\t总分");
60                      System.out.print(stu.no + "\t");
61                      System.out.print(stu.name + "\t");
62                      System.out.print(stu.math + "\t");
63                      System.out.print(stu.english + "\t");
64                      System.out.println(stu.sum);
65                  } catch (EOFException e) {
66                      break;
67                  }
68              }
69          } finally {
70              in.close();
71          }
72      }
73  }
74
75  //用于测试记录式文件数据的插入及修改操作
76  public class RecordFileTester {
77      public static void main(String[] args) throws IOException,
                                    ClassNotFoundException {
78          StudentOperator op = new StudentOperator("test.dat");
79          ArrayList<Student> students = new ArrayList<Student>();
80          Student student1 = new Student("00001", "张华", 100.0F, 98.0F);
81          Student student2 = new Student("00002", "李璐", 56.0F, 78.0F);
82          students.add(student1);
83          students.add(student2);
84          System.out.println("创建学生记录：");
85          op.insert(students);
86          op.print();
87          Student student = new Student("00001", "张华", 100.0F, 85.0F);
88          System.out.println("修改张华同学成绩：");
89          op.update(student);
90          op.print();
91      }
92  }
```

运行结果

创建学生记录：

学号   姓名   数学   英语   总分

00001	张华	100.0	98.0	198.0
学号	姓名	数学	英语	总分
00002	李璐	56.0	78.0	134.0

修改张华同学成绩：

学号	姓名	数学	英语	总分
00001	张华	100.0	85.0	185.0
学号	姓名	数学	英语	总分
00002	李璐	56.0	78.0	134.0

程序说明

（1）本程序设计了 3 个类：Student 类用于存放学生信息，StudentOperator 类实现学生信息的读写操作，RecordFileTester 类用于测试。

（2）本程序设计 insert 方法实现多名学生信息的输入。其中，第 17 行使用文件字节输出流向指定文件中写入数据。由于写入的学生信息是对象型数据，所以这里采用文件流外包装对象流的方式实现学生对象的读写。

（3）update 方法用于更新、修改指定学生信息。由于读取的学生信息是对象数据，当读取到文件末尾时，对象不存在会引发 EOFException 异常，表示已经到文件末尾，所以通过 try-catch 语句来捕获该异常。

自测与思考

一、自测题

1. 下列叙述中，错误的是_____。
   A. File 类能够存储文件
   B. File 类能够读写文件
   C. File 类能够建立文件
   D. File 类能够获取文件目录信息

2. 下面程序代码中的 name 表示文件名且这个文件在文件系统下不存在，则程序执行后，在文件系统下会发生的是_____。

```
File createFile(String name) {
    File myFile = new File(name);
    return myFile;
}
```

   A. 生成以 name 命名的文件，但这个文件还没有被打开
   B. name 指定的位置变为当前目录
   C. 生成以 name 命名的文件，并且打开这个文件
   D. 上面的代码只是创建 myFile 文件对象，文件系统什么也不会发生

3. 下面的程序，已知其源程序的文件名是"J_Test.java"，其所在路径和当前路径都是"C:\example"，则结论正确的是_____。

```
import java.io.File;
public class J_Test {
```

```
public static void main(String[] args) {
    File f = new File("J_Test.class");
    System.out.println(f.getAbsolutePath());
}
```

  A. 程序可以通过编译并正常运行，结果输出 "J_Test.class"
  B. 程序可以通过编译并正常运行，结果输出 "\example"
  C. 程序可以通过编译并正常运行，结果输出 "C:\example\J_Test.class"
  D. 程序无法通过编译或无法正常运行

4. 下列数据流中，属于输入流的是_____。
  A. 从内存流向硬盘的数据流 B. 从键盘流向内存的数据流
  C. 从键盘流向显示器的数据流 D. 从网络流向显示器的数据流

5. 字符流与字节流的区别是_____。
  A. 前者带有缓冲，后者没有 B. 前者是块读写，后者是字节读写
  C. 二者没有区别，可以互换使用 D. 每次读写的字节数不同

6. 下列流中使用了缓冲区技术的是_____。
  A. BufferedReader B. FileInputStream
  C. DataOutputStream D. FileReader

7. 下列 InputStream 类中可以关闭流的是_____。
  A. skip() B. close() C. mark() D. reset()

8. 现有下列 Java 语句。
```
ObjectOutputStream out = new ObjectOutputStream
                        ( new_____("employee.dat"));
```
在横线处应填_____。
  A. File B. FileWriter
  C. FileOutputStream D. OutputStream

9. 用 "new FileOutputStream("data.txt", true)" 创建一个 FileOutputStream 实例对象，下面说法中正确的是_____。
  A. 如果文件 data.txt 存在，则抛出 IOException 异常
  B. 如果文件 data.txt 不存在，则抛出 IOException 异常
  C. 如果文件 data.txt 存在，则覆盖文件中已有的内容
  D. 如果文件 data.txt 存在，则在文件的末尾开始添加新内容

10. 编译并运行下面程序，在命令行界面输入"12345"，输出结果是_____。
```
01  public class A {
02      public static void main(String[] args) {
03          BufferedReader buf=new BufferedReader(
                            new InputStreamReader(System.in));
04          String str = buf.readLine();
05          int x = Integer.parseInt(str);
06          System.out.println(x / 100);
07      }
08  }
```
  A. 45 B. 5 C. 123 D. 12345

二、思考题

1. File 类有哪些构造方法和常用方法？
2. File 类能否实现文件的读写操作？Java 语言提供了什么机制来实现文件的读写？
3. Java 中定义了哪几种流？这些流类分别实现何种数据的读写操作？
4. 为什么在输入流和输出流处理中使用缓冲区技术？
5. 利用 ObjectOutputStream 可以存储什么样的对象？写入对象与读取对象的方法分别是什么？

第 8 章自测题解析

Chapter 9

第 9 章
Swing 程序设计

在前面章节所涉及的程序中,输入输出都是通过控制台完成的。但实际应用中的软件和程序多数都采用友好直观的图形用户界面,通过鼠标或键盘实现对界面的操作及控制。本章介绍如何编写具有图形用户界面的 Java 程序。

本章导学

◆ 了解容器和布局管理器的作用
◆ 理解 Swing 组件的概念,掌握使用 Swing 组件创建图形用户界面程序的一般方法
◆ 理解 Java 事件模型,能够编写代码对组件对象进行事件监听和处理
◆ 掌握事件监听器常用的实现方式

9.1 GUI 程序设计简介

Java 提供了非常强大且丰富的图形用户界面开发包。它们包含哪些组件，如何利用它们使界面设计美观？

图形用户界面（Graphical User Interface，GUI）指采用图形方式显示计算机操作环境的用户接口，它能够让用户和程序之间方便友好地进行交互。Java API 提供了抽象窗口工具包（Abstract Window ToolKit，AWT）和 Swing 包来实现 java 图形用户界面的构建。

AWT 是 Sun 公司提供的早期版本。利用 AWT 来构建图形用户界面时，实际上是利用操作系统所提供的图形库，因此在 Windows 系统上的 AWT 窗口是 Windows 风格，在 UNIX 系统上的是 X Window 风格，故 AWT 通常被称为重量级组件。为此，AWT 不得不牺牲某些功能来实现和保持 Java 程序的平台无关性。也就是说，AWT 所提供的图形功能是各种通用型操作系统所提供的图形功能的交集，可用组件数量不多，功能较弱。AWT 的相关类都被组织到 java.awt 包及它的子包中。

由于 AWT 本身有很多不完善的地方，所以 Sun 公司重新设计了新的 GUI 类库，即现在广为使用的 Swing 包。除提供 AWT 具备的所有功能之，Swing 还用纯粹的 Java 代码对 AWT 的功能进行了大幅扩充，它没有本地代码，与具体的操作系统无关，因此通常被称为轻量级组件。尽管 Swing 中也含有重量级组件（JFrame、JApplet、JDialog、Jwindow），但 Swing 的跨平台性能已明显提升。Swing 的相关类被组织到 javax.swing 包及它的子包中。

java.awt 包及 javax.swing 包主要的类与继承关系如图 9-1 所示。

从图 9-1 中可以看出，AWT 包中用于 GUI 中进行交互的元素（Label、Button 等）都是抽象类——Component（组件）类的子类。另外，Container（容器）类也是组件类的子类，它可以容纳其他组件，如可在容器类组件中放置 Label、Button 类组件等。

在 javax.swing 包中，Swing 组件都是 JComponent 抽象类的直接或间接子类，JComponent 类定义了所有子类组件的通用方法，而 JComponent 类是 java.awt.Container 类的子类。可见，Swing 是在 AWT 组件基础上构建的，所有 Swing 组件实际上是对 AWT 的扩展。同时，Swing 使用了 AWT 的事件模型和支持类，如 Colors、Images、Graphics 和布局管理器等。因此，Swing 与 AWT 是合作关系，而非替代关系。从图 9-1 中还可以看出，Swing 和 AWT 有很多相似的组件，例如标签和按钮，在 java.awt 包中用 Label 和 Button 表示，在 javax.swing 包中则用 JLabel 和 JButton 表示，多数 Swing 组件均以字母"J"开头。虽然两个类中有很多相似的组件，但在构建界面时如果将二者同时使用，就有可能出现先后遮挡关系等不正常的现象，因此建议不要将两种组件混用。在实际编程中，推荐使用 Swing 组件。

Swing 组件从功能上可做如下划分。

（1）顶层容器：JFrame、JApplet、JDialog、Jwindow。

（2）中间容器：JPanel、JScrollPane、JSplitPane、JtoolBar。

（3）特殊容器：在 GUI 上起特殊作用的中间层，如 JInternalFrame、JLayeredPane。

（4）基本控件：实现人机交互的组件，如 JButton、JComboBox、JList、JMenu、JSlider、JTextField 等。

（5）不可编辑信息的显示：向用户显示不可编辑信息的组件，如 JLabel、JProgressBar、ToolTip 等。

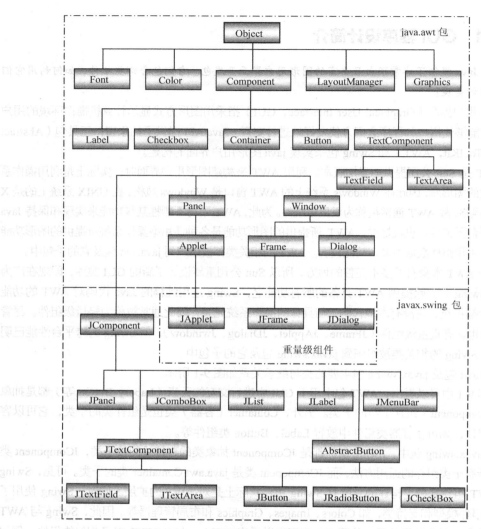

图 9-1　java.awt 包及 javax.swing 包主要的类与继承关系

（6）可编辑信息的显示：向用户显示能被编辑的格式化信息的组件，如 JColorChooser、JFileChooser、JTable、JTextArea 等。

9.2　Swing 容器

在图 9-1 中似乎有很多熟悉的名称，如 JDialog（对话框）、JButton（按钮）、JMenuBar（菜单栏）等，这些组件怎样才能在图形用户界面上显示？它们之间的排列是否有层次关系？

在图形用户界面上，任何窗口都可以被分成一个空的容器和大量的基本组件，通过设置组件的层次关系以及大小、位置等相关属性，就可以将空容器和组件放置在一起，从而组成一个满足功能要求并且美观的窗口。实际上，这个窗口就类似于一块拼图，容器相当于拼图的"底板"，而基本组件相当于拼图的"图块"，拼图的"底板"可以有多层，每块拼图不同的颜色、大小及位置代表拼图具有不同的特征。创建图形用户界面的过程就是完成拼图的过程。

在 Swing 组件中，能够用作最底层"底板"容器的组件只能是 4 个顶层容器组件。
（1）JFrame 是基本、常用的窗口容器，它是带有标题行和控制按钮的独立窗口。
（2）Jwindow 是不带有标题行和控制按钮的窗口，通常很少使用。
（3）JApplet 是专供 Java 小程序使用的窗口界面形式。
（4）JDialog 是对话框的窗口形式。

在最底层"底板"上既可以直接放置基本组件组成图形界面窗口，又可以采用叠加的方式放置各种其他类型的"底板"以便设计出灵活的窗口。位于中间层的"底板"可以是中间容器或特殊容器，常用的是 JPanel，它既可以直接放在 JFrame 上，又可以以叠加方式放在另一个 JPanel 上。同时，还可以在 JPanel 上绘制图形和文字，放置其他基本组件。本节将详细介绍 JFrame 和 JPanel 容器的用法，JDialog 容器将在 9.5 节介绍，JApplet 容器将在第 10 章介绍。

9.2.1 JFrame 容器

1. JFrame 窗口容器实例

【**程序 9-1**】设计图 9-2 所示的界面，在窗体上放置一个按钮（EXIT）。

图 9-2　JFrame 实例

问题分析

按钮不能单独显示出来，必须先为 GUI 界面创建最底层的"底板"——JFrame 对象，再通过 add( )方法将按钮加入该对象中。

程序代码

```
01  import javax.swing.*;
02  import java.awt.*;
03  public class FirstFrameDemo {
04      public static void main(String[] args) {
05          // 创建 JFrame 对象，构造方法的参数指明标题栏的信息
06          JFrame myWindow=new JFrame("第一个窗体");
07          // 创建 JButton 对象，构造方法的参数指明按钮上显示的内容
08          JButton button1=new JButton("EXIT");
09          //得到 myWindow 的内容窗格，并在其上放置已创建好的 button1 对象
10          myWindow.getContentPane().add(button1);
11          //新创建的窗口默认大小为 0，用 setSize 方法重新设置窗口的大小
12          myWindow.setSize(300, 200);
13          // 新创建的窗口默认为不可见，用 setVisible 方法设置窗口可见
14          myWindow.setVisible(true);
15      }
16  }
```

程序 9-1 解析

运行结果

程序运行结果如图 9-2 所示。

程序说明

(1) 创建 Java 图形用户界面程序一般需要 java.awt 和 javax.swing 两个包。

(2) 在早期版本的 JDK 中,若要在 JFrame 对象中添加除菜单以外的组件,都要加在内容窗格上。但从 JDK 5.0 后,可以直接调用 JFrame 的 add 方法添加组件,这样就不需要调用窗口对象的 getContentPane 方法。因此,第 10 行语句可以更改如下。

```
myWindow.add(button1);
```

getContentPane 方法的返回类型为 java.awt.Container,因此,上述代码也可改写如下。

```
Container cp= myWindow.getContentPane();
cp.add(button1);
```

另外,内容窗格是否在任何情况下都可以忽略?在程序 9-1 中将第 10 行语句改为下面两条语句,查看运行效果。

```
myWindow.setBackground(Color.black);
myWindow.getContentPane().setBackground(Color.black);
```

第 1 条语句调用的是 JFrame 对象的 setBackground 方法,运行后会发现背景颜色并未发生改变;第 2 条语句调用的是内容窗格对象的 setBackground 方法,运行后可以看到窗口背景颜色变成黑色。可见,不能完全忽略内容窗格。实际上,在创建 JFrame 对象时会默认添加一个内容窗格。在 JDK 5.0 后,JFrame 类只是从 java.awt.Container 类继承了 add、setLayout 和 remove 3 个方法,并不是全部方法。因此,在书写过程中可以根据个人习惯采用不同的方法,本书的实例均采用向内容窗格中添加组件的方法。

(3) 程序运行后,单击窗口界面右上角的 "×" 按钮时,窗口只是被隐藏起来了,但仍在后台运行。若要真正关闭窗口,可调用 JFrame 对象的 setDefaultCloseOperation(int operation)方法实现,operation 参数常有以下 4 种值。

```
myWindow.setDefaultCloseOperation(0);
myWindow.setDefaultCloseOperation(myWindow.DO_NOTHING_ON_CLOSE);
//以上两条语句是等价的,表示不执行任何操作,也即不会关闭窗口
myWindow.setDefaultCloseOperation(1);   //HIDE_ON_CLOSE,隐藏窗口
myWindow.setDefaultCloseOperation(2);
//DISPOSE_ON_CLOSE,隐藏并释放窗口,最后一个窗口被释放后,程序随之运行结束
myWindow.setDefaultCloseOperation(3);   //EXIT_ON_CLOSE,直接关闭应用程序
```

2. JFrame 类的常用方法

程序 9-1 涉及 JFrame 类的一个构造方法和 3 个成员方法,熟练地掌握这些方法有助于灵活运用 JFrame 的属性及相关行为,表 9-1 列出了 JFrame 类的常用方法。

表 9–1　JFrame 类的常用方法

方法	作用
JFrame ()	构造方法,构造一个没有任何标题且初始时不可见的新窗体
JFrame (String title)	构造方法,构造一个标题为 title 且初始时不可见的新窗体

续表

方法	作用
Container getContentPane()	获得窗体的内容窗格，返回为容器类
void pack()	自动调整窗口的大小，以适合窗口上组件的布局
void setLayout(LayoutManager manager)	设置窗体的布局管理器
String getTitle()	获得窗体的标题
void setTitle(String title)	设置窗体的标题，内容由参数 title 决定
void setSize(int width, int height)	设置窗体的大小，宽度由 width 参数决定，高度由 height 参数决定
void setVisible(boolean b)	设置窗体是否在屏幕上显示，b 为 true 时显示窗口

程序 9-1 是在自定义类中直接创建 JFrame 对象，还可以通过定义子类继承 JFrame 类的方法来创建窗口，例如下面的程序段。

```java
public class FirstFrameDemo1 extends JFrame {
    public FirstFrameDemo1(){
        super("第一个窗体");
        JButton button1 =new JButton("EXIT");
        Container cp= getContentPane();
        cp.add(button1);
        pack();
        setVisible(true);
        setDefaultCloseOperation(this.EXIT_ON_CLOSE);
    }
}
```

9.2.2　JPanel 容器

面板（JPanel）是常用的中间容器，在面板容器上可以放置各类组件，也包括面板，即面板容器可以嵌套，从而实现设计复杂、灵活的图形用户界面。然而，要注意的是，面板不能独立于顶层容器而单独显示。JPanel 类的常用方法如表 9-2 所示。

表 9-2　JPanel 类的常用方法

方法	作用
JPanel()	构造方法，构造一个面板
JPanel(LayoutManager layout)	构造方法，构造一个面板并设置指定的布局管理器
void add(Component c)	向面板中加入组件
void setLayout(LayoutManager manager)	设置面板的布局管理器

【**程序 9-2**】设计一个图形用户界面，要求有两个不同颜色的面板，在每个面板上放置一个按钮，按钮上的文本分别为"这里是红色"和"这里可以变色"。

问题分析

JPanel 对象不能单独作为最底层的"底板"，必须放在 JFrame 容器中使用，面板在容器中的排放位置是通过布局管理器完成的。

程序代码

```
01  import javax.swing.*;
02  import java.awt.*;
03  public class FirstPanelDemo {
04      private JFrame myWindow;
05      private JPanel panel1;
06      private JPanel panel2;
07      private JButton button1;
08      private JButton button2;
09      public void designFrame(){
10          myWindow=new JFrame("JPanel 实例");
11          panel1=new JPanel();
12          panel2=new JPanel();
13          button1=new JButton("这里是红色");
14          button2=new JButton("这里可以变色");
15          panel1.add(button1);
16          panel2.add(button2);
17          panel1.setBackground(Color.blue); //设置面板的背景颜色
18          panel2.setBackground(new Color(255,255,0));
19          myWindow.getContentPane().add(panel1,BorderLayout.CENTER);
20          myWindow.getContentPane().add(panel2,BorderLayout.SOUTH);
21          myWindow.setSize(300,200);
22          myWindow.setVisible(true);
23          myWindow.setDefaultCloseOperation(myWindow.EXIT_ON_CLOSE);
24      }
25      public static void main(String[] args) {
26          FirstPanelDemo windows1= new FirstPanelDemo();
27          windows1.designFrame();
28      }
29  }
```

程序 9-2 解析

运行结果

图 9-3　程序 9-2 运行结果

程序运行效果如图 9-3 所示。

程序说明

designFrame()方法主要完成构建窗口内所有组件对象，将组件在容器内按照默认的布局方式进行排列。"BorderLayout.SOUTH"表示 panel2 对象将被放到窗体南侧（即下端），BorderLayout 的具体使用方法详见 9.3 节。

9.3　布局管理器

从图 9-3 可以看出，两个按钮以水平居中方式显示在面板上，两个面板却是以上大下小的方式被放到窗体中，为什么会出现这种排列方式？如果想使按钮靠左对齐，或面板按照左右结构放置，可以吗？用什么方法可以随心所欲地排列各种组件呢？

Java 为容器提供了布局管理器（LayoutManager）。布局管理器负责管理组件在容器中的排列位置。布局是容器的特征，每个容器类都有一个默认的布局管理器，顶层容器 JFrame 或内容窗格的默认布局管理器是 BorderLayout，JPanel 和 JApplet 的默认布局是 FlowLayout。一般情况下，可以在组件加入容器之前，使用 setLayout(LayoutManager manager) 方法来改变容器的默认布局。

Java 平台提供了许多种布局管理器，包括 java.awt 包中的 FlowLayout 类、BorderLayout 类、GridLayout 类、GridBagLayout 类、CardLayout 类，以及 java.swing 包中的 BoxLayout 类和 SpringLayout 类等，下面对其中较常用的几种布局管理器及绝对定位进行介绍。

9.3.1　FlowLayout 布局管理器

FlowLayout（流式布局）是将容器内的组件像水流一样往某方向流动（排列），遇到障碍（边界）时便折回，继续从下一行开始排列。默认情况下，FlowLayout 布局管理器从左向右排列所有的组件，当排不满一行时，所有组件在容器的中间排列。FlowLayout 类的构造方法如表 9-3 所示。

表 9-3　FlowLayout 类的构造方法及作用

构造方法	作用
FlowLayout()	构造一个新的 FlowLayout 对象，默认为居中对齐方式，各组件的水平和垂直间距是 5 个像素
FlowLayout(int align)	构造一个新的 FlowLayout 对象，组件的对齐方式由 align 指定，取值可以是 FlowLayout.RIGHT（靠右）、FlowLayout.CENTER（居中）和 FlowLayout.LEFT（靠左），组件的水平和垂直间距是 5 个像素
FlowLayout(int align,int hgap,int vgap)	构造一个新的 FlowLayout 对象，组件的对齐方式由 align 指定，水平间距由 hgap 指定，垂直间距由 vgap 指定

【程序 9-3】采用 FlowLayout 布局管理器来排放 JFrame 中的 10 个按钮组件。

问题分析

10 个按钮组件依次排放在窗体上，需要创建一个 FlowLayout 对象，用于管理按钮的排放方式。

程序代码

```
01  import javax.swing.*;
02  import java.awt.*;
03  public class FlowLayoutDemo {
04      public void designFrame(){
05          JFrame myWindow=new JFrame("FlowLayoutDemo");
06          Container cp=myWindow.getContentPane();
07          //设置 FlowLayout 布局管理器
08          cp.setLayout(new FlowLayout(FlowLayout.LEFT, 10, 20));
09          //通过循环创建 10 个按钮对象
10          for (int i=1; i<=10; i++){
11              cp.add(new JButton("Button"+ i));
12          }
13          myWindow.setTitle("FlowLayoutDemo");
14          myWindow.setSize(400, 200);
```

程序 9-3 解析

```
15              myWindow.setVisible(true);
16              myWindow.setDefaultCloseOperation(myWindow.EXIT_ON_CLOSE);
17      }
18      public static void main(String[] args) {
19              FlowLayoutDemo window1 = new FlowLayoutDemo ();
20              window1.designFrame();
21      }
22  }
```

运行结果

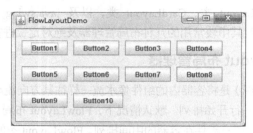

图 9-4　FlowLayout 布局

程序运行效果如图 9-4 所示。

程序说明

JFrame 内容窗格的默认布局是 BorderLayout，必须使用 setLayout 方法更改布局方式。当容器大小发生变化时，用 FlowLayout 管理的组件大小不变，但是相对位置会发生改变。

9.3.2　BorderLayout 布局管理器

BorderLayout（边框布局）将容器划分为 5 个区域，分别为东（EAST）、南（SOUTH）、西（WEST）、北（NORTH）、中（CENTER）。采用 BorderLayout 布局的容器，需要在添加组件时指明需要放置的区域，若没有指定任何区域，则默认放到中间（CENTER）；若某个区域没有放置组件，则其他组件将占据它的空间；若在同一个区域内放置多个组件，则最后放入的组件会覆盖前面的组件。

在 FlowLayout 布局方式中，容器是通过 add(Component c)方法添加组件的。然而，在 BorderLayout 布局方式中容器是通过 add(Component c, int index)方法添加组件的，参数 index 指明组件所放置的区域，常用 BorderLayout 的静态数据成员 EAST、SOUTH、WEST、NORTH、CENTER 来表示，即 BorderLayout 加 "." 的形式，如，"BorderLayout.EAST"。BorderLayout 的构造方法如表 9-4 所示。

表 9-4　BorderLayout 类的构造方法及作用

构造方法	作用
BorderLayout()	构造一个新的 BorderLayout 对象，组件的间距为 0
BorderLayout(int x,int y)	构造一个新的 BorderLayout 对象，组件的水平间距为 x，垂直间距为 y

【**程序 9-4**】采用 BorderLayout 布局管理器，将东、南、西、北、中 5 个按钮按方位排放。

问题分析

由于 JFrame 的默认布局管理器就是 BorderLayout，因此只需要指明在哪个区域添加组件即可。

程序代码

```
01  import java.awt.*;
02  import javax.swing.*;
03  public class BorderLayoutDemo{
04      public void designFrame(){
05          JFrame myWindow=new JFrame();
06          JButton  b1=new JButton("EAST");
07          JButton  b2=new JButton("WEST");
08          JButton  b3=new JButton("SOUTH");
09          JButton  b4=new JButton("NORTH");
10          JButton  b5=new JButton("CENTER");
11          Container cp=myWindow.getContentPane();
12          cp.add(b1,BorderLayout.EAST);
13          cp.add(b2,BorderLayout.WEST);
14          cp.add(b3,BorderLayout.SOUTH);
15          cp.add(b4,BorderLayout.NORTH);
16          cp.add(b5,BorderLayout.CENTER);
17          myWindow.setTitle("BorderLayout");
18          myWindow.pack();
19          myWindow.setVisible(true);
20          myWindow.setDefaultCloseOperation(myWindow.EXIT_ON_CLOSE);
21      }
22      public static void main(String[] args){
23          BorderLayoutDemo window1=new BorderLayoutDemo();
24          window1. designFrame();
25      }
26  }
```

程序 9-4 解析

运行结果

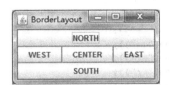

图 9-5 BorderLayout 布局

程序运行效果如图 9-5 所示。

程序说明

使用 BorderLayout 布局管理器时，容器大小发生改变，NORTH 和 SOUTH 组件在水平方向拉伸，EAST 和 WEST 组件在垂直方向拉伸，而 Center 组件在两个方向上都可以拉伸，从而填充所有剩余空间。

通过实例可以看出，采用 BorderLayout 布局的容器最多只能放置 5 个组件。然而，容器之间都可以嵌套，这样就可以完成较为复杂的 GUI 设计。比如可以将 JPanel 面板加入容器的某个方位，然后向 JPanel 中添加多个组件。

9.3.3 GridLayout 布局管理器

GridLayout（网格布局）将容器分割为行高和列宽都相同的多行多列网格，每个组件将依次从左到右、从上到下添加到网格中。GridLayout 的构造方法如表 9-5 所示。

表 9-5　GridLayout 类的构造方法及作用

构造方法	作用
GridLayout()	构造一个新的 GridLayout 对象，只有一行一列的布局
GridLayout(int rows,int cols)	构造一个新的 GridLayout 对象，具有 rows 行和 cols 列的布局
GridLayout(int rows, int cols, int hgap, int vgap)	构造一个新的 GridLayout 对象，具有 rows 行和 cols 列的布局，组件间的水平间距由 hgap 指定，垂直间距由 vgap 指定

【**程序 9-5**】采用 GridLayout 布局方式，设置一个可以进行加减乘除运算的简易计算器窗口。

问题分析

计算器窗口应该有多个按钮，可以用 FlowLayout 布局管理器，但是，一旦窗口的大小发生变化，按钮位置也会随之发生变化，这不符合常规的使用方法。因此，用 GridLayout 布局管理器会比用 FlowLayout 布局管理器更加合理。

程序代码

```
01  import java.awt.*;
02  import javax.swing.*;
03  public class GridLayoutDemo{
04      public void designFrame(){
05          JFrame myWindow=new JFrame("计算器");
06          JPanel p1=new JPanel();
07          JTextField text1=new JTextField(30);
08          Container cp=myWindow.getContentPane();
09          //设置面板的布局方式 GridLayout
10          p1.setLayout(new GridLayout(3,5,5,5));
11          cp.add(text1,BorderLayout.NORTH);
12          for(int i=0;i<10;i++){
13              p1.add(new JButton(" "+i));
14          }
15          p1.add(new JButton(" +"));
16          p1.add(new JButton(" -"));
17          p1.add(new JButton(" *"));
18          p1.add(new JButton(" /"));
19          p1.add(new JButton(" ="));
20          cp.add(p1,"Center");      //在窗口的中部放置面板容器
21          myWindow.pack();
22          myWindow.setVisible(true);
23          myWindow.setDefaultCloseOperation(myWindow.EXIT_ON_CLOSE);
24      }
25      public static void main(String[] args){
26          GridLayoutDemo window1=new GridLayoutDemo();
27          window1.designFrame();
28      }
29  }
```

程序 9-5 解析

运行结果

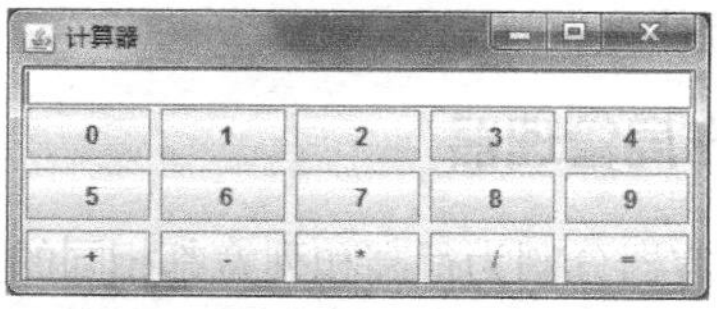

图 9-6　GridLayout 和 BorderLayout 混合布局

程序运行效果如图 9-6 所示。
程序说明
将所有的按钮放入一个面板中，该面板容器采用 GridLayout 布局方式。此时，如果改变容器的大小，按钮排列的相对位置不会发生变化，只是组件的大小会随之发生变化。

9.3.4 绝对定位

Java 还提供了一种精确定位的方式来控制组件在容器中的坐标，并且可以指定组件的大小。这种方式就是绝对定位。使用绝对定位来确定组件位置的方法：首先用 setLayout 方法将容器的布局方式设成 null，即 setLayout(null)，然后调用组件的 setBounds 方法来设置组件的位置和大小，最后把组件添加到容器中。setBounds 方法的语法格式如下。

```
void setBounds(int x,int y,int width,int height)
```

其中，x、y 用于设置组件在窗口的位置，width、height 用于设置组件的宽度和高度。
例如，下面的代码段是将容器对象设置为无布局管理方式，然后调用 setBounds() 方法将标签（JLabel）对象放在容器对象里。

```
JFrame myWindow=new JFrame("NullLayoutDemo");
Container cp=myWindow.getContentPane();
cp.setLayout(null);
…
JLabel l1=new JLabel("绝对定位");
l1.setBounds(30, 30, 70, 30);
```

9.4 Java 事件处理

前面的所有实例始终致力于 GUI 的设计，每个程序运行后，除了视觉上的美观外，没有什么实际意义。也就是说，任何按钮都不会按照文字提示来响应用户的操作（比如单击 EXIT 按钮不会退出窗口），那么怎样才能让组件"动"起来呢？

在 Java 程序设计中，要想使图形用户界面中的组件能响应用户的操作，需要用到事件驱动的编程机制。所谓事件驱动，是指触发一个事件（如单击按钮），程序就会执行一个操作（如关闭窗体）。然而，任何组件本身都没有事件处理能力，需要编写程序代码在特定的模型基础上达到预期的目的。

9.4.1 事件模型

Java 中的事件处理基于委托事件模型。所谓委托事件模型，是指事件源引起的事件响应，并不是由引起事件的组件本身处理，而是委托独立的事件监听器对象进行处理。该事件模型主要涉及以下 3 类对象。

1. 事件（Event）

事件指一种状态的改变或一个动作的发生，比如单击按钮。Java 把所有组件可能发生的事件分类，将具有共同特征的事件抽象为一个事件类，例如 ActionEvent（动作事件）类。

2. 事件源（Event Source）

事件是由用户操作各种组件产生的，被操作的组件对象称为事件源。例如，单击某按钮时，按钮就是事件源。各种类型的组件在操作过程中会触发不同的事件类。

3. 事件监听器（Event Listener）

事件监听器监听事件源发生的事件，并对各种事件做出相应的处理。事件监听器包含在一个类中，这个类实现了某些特殊的接口，称为事件监听器接口，在接口中定义了处理事件的抽象方法。如果需要某个事件源对某个事件做出响应，那么就需要注册一个事件监听器对象，当事件发生时，系统就会调用监听器类中某个具体的方法来处理相应的事件。

下面以单击按钮对象（button1）后关闭窗口为例，来说明 Java 事件处理的过程。

（1）确定需要处理的事件。设计一个类作为事件监听器，实现需处理事件所对应的监听器接口，即在该类中重写监听器接口中的抽象方法。当单击按钮时，就会触发事件类 ActionEvent，它所对应的监听器接口是 ActionListener，在 java.awt.event 包可以看到 ActionListener 接口内只有一个抽象方法 actionPerformed，那么事件监听器类（比如 Handler）就可以定义如下。

```java
class Handler implements ActionListener{     //实现接口的事件监听器类
    public void actionPerformed(ActionEvent e){  //实现接口中的抽象方法
        //下面的语句将结束程序运行，等价于 JFrame 的 setDefaultCloseOperation(3)方法
        System.exit(0);
    }
}
```

（2）将监听器类对象与事件源关联起来。也就是说，让程序在单击按钮时可以执行上述代码中的 actionPerformed 方法。这个过程常称为向事件源对象注册事件监听器。每个可以触发事件的组件类都有形如 addXXXListener 的方法用于注册事件监听器，如按钮被单击后所触发的事件需要用 addActionListener 方法进行注册，代码如下。

```java
button1.addActionListener(new Handler());
```

其中，参数 new Handler()是实现了 ActionListener 接口类的一个实例对象。

经过以上两个步骤后，事件监听器一直监视 button1 按钮，一旦按钮被单击，就通知所委托的事件监听者 new Handler()，之后便可找到实现接口的方法来处理事件（关闭窗口）。整个事件处理过程如图 9-7 所示。

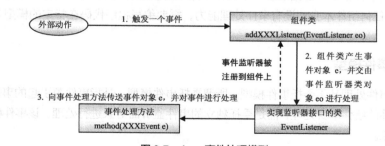

图 9-7　Java 事件处理模型

【**程序 9-6**】完善程序 9-1，要求单击 EXIT 按钮后能关闭窗口，结束程序。

问题分析

本例要求程序与用户通过按钮进行交互，因此需要事件驱动程序执行。用户单击按钮，该按钮需要注册相应的事件监听器，该事件监听器必须是实现了 ActionListener 接口的类对象。

程序代码

```
01  import javax.swing.*;
02  import java.awt.*;
03  import java.awt.event.*;
04  public class ActionEventDemo {
05      public static void main(String[] args) {
06          JFrame myWindow=new JFrame("ActionEventDemo");
07          JButton button1=new JButton("EXIT");
08          //注册事件监听程序，new Handler()是实现接口的一个实例
09          button1.addActionListener(new Handler());
10          myWindow.getContentPane().add(button1);
11          myWindow.setSize(300, 200);
12          myWindow.setVisible(true);
13      }
14  }
15  // Handler 类的定义
16  class Handler implements ActionListener{
17      //当触发单击按钮事件时，事件监听器将通知执行该方法
18      public void actionPerformed(ActionEvent e){
19          System.exit(0);      //结束程序的运行
20      }
21  }
```

程序 9-6 解析

运行结果

参见图 9-2。

程序说明

java.awt.event 包中存放有 Java 中的大部分事件类，因此，编写需要进行事件处理的程序时，必须导入这个包。同时，程序定义了事件监听器类 Handler，该类实现了 ActionListener 接口，重写了接口中的 actionPerformed(ActionEvent e)方法，并把该类对象注册到按钮 button1 组件上。可见，通过事件监听机制，程序实现了交互能力，当单击按钮时，可结束程序运行。

9.4.2 事件类和事件监听器

1. 事件类

Java 中的大部分常用的事件类都被放在 java.awt.event 包中，其继承关系如图 9-8 所示。

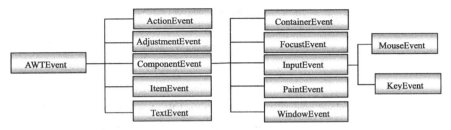

图 9-8　Java 事件处理中的常用事件类及其继承关系

2. 事件监听器

设计事件监听器类是整个事件处理的重要部分。处理不同的事件类时，需要不同的事件监听器类，因为它们需要实现不同的事件监听器接口。java.awt.event 包和 javax.swing.event 包中定义

了很多事件监听器接口来监听组件所可能触发的事件。表 9-6 列出了常见的事件类、所对应的监听器接口、接口所提供的方法以及该方法常被哪些组件的动作触发。

表 9-6 常用的事件类型及接口

事件类	监听器接口名称	接口方法及可能触发情况
ActionEvent（动作事件类）	ActionListener	actionPerformed(ActionEvent e) 单击按钮、选择菜单项或在文本框中按 Enter 键时
AdjustmentEvent（调整事件类）	AdjustmentListener	adjustmentValueChanged(AdjustmentEvent e) 改变滚动条滑块位置时
ComponentEvent（组件事件类）	ComponentListener	componentMoved(ComponentEvent e) 组件移动时
		componentHidden(ComponentEvent e) 组件隐藏时
		componentResized(ComponentEvent e) 组件缩放时
		componentShown(ComponentEvent e) 组件显示时
ContainerEvent（容器事件类）	ContainerListener	componentAdded(ContainerEvent e) 添加组件时
		componentRemoved(ContainerEvent e) 移除组件时
FocusEvent（焦点事件类）	FocusListener	focusGained(FocusEvent e) 组件获得焦点时
		focusLost(FocusEvent e) 组件失去焦点时
ItemEvent（选择事件类）	ItemListener	itemStateChanged(ItemEvent e) 选择复选框、单击组合框和列表框选项或选中带复选标记的菜单项时
KeyEvent（键盘事件类）	KeyListener	keyPressed(KeyEvent e) 键按下时
		keyReleased(KeyEvent e) 键释放时
		keyTyped(KeyEvent e) 击键时
MouseEvent（鼠标事件类）	MouseListener	mouseClicked(MouseEvent e) 单击鼠标时
		mouseEntered(MouseEvent e) 鼠标进入时
		mouseExited(MouseEvent e) 鼠标离开时
		mousePressed(MouseEvent e) 鼠标键按下时
		mouseReleased(MouseEvent e) 鼠标键释放时
MouseMotionEvent（鼠标移动事件类）	MouseMotionListener	mouseDragged(MouseEvent e) 鼠标拖曳时
		mouseMoved(MouseEvent e) 鼠标移动时
TextEvent（文本事件类）	TextListener	textValueChanged(TextEvent e) AWT 包中文本框、多行文本框内容被修改时
WindowEvent（窗口事件类）	WindowListener	windowOpened(WindowEvent e) 窗口打开后
		windowClosed(WindowEvent e) 窗口关闭后
		windowClosing(WindowEvent e) 窗口关闭时
		windowActivated(WindowEvent e) 窗口激活时
		windowDeactivated(WindowEvent e) 窗口失去焦点时
		windowIconified(WindowEvent e) 窗口最小化时
		windowDeiconified(WindowEvent e) 最小化窗口还原时
ListSelectionEvent（列表选择类）	ListSelectionListener	valueChanged(ListSelectionEvent e) 列表中的值发生改变时

续表

事件类	监听器接口名称	接口方法及可能触发情况
DocumentEvent（文档事件）	DocumentListener	changedUpdate(DocumentEvent e)Swing 包中文本属性发生改变时
		insertUpdate(DocumentEvent e)Swing 包中文本插入内容时
		public void removeUpdate(DocumentEvent e)Swing 包中文本内容被删除时

每个组件需要处理某个事件类时，都是通过 **addXXXListener** 方法来注册事件监听器，本书将在 9.5 节进一步介绍常用组件的事件处理。

在 Java 的事件处理机制中，每个事件监听器可以监听多个组件对象。例如，两个按钮的单击事件都会触发 ActionEvent 事件，可由同一个事件监听器进行监听。另外，一个组件也可能触发多种事件，例如：画布对象既可能发生鼠标事件，又可能发生键盘事件。此时，可以为该组件注册多个监听器。

【**程序 9-7**】完善程序 9-2，使两个按钮"动"起来。

问题分析

单击任何一个按钮触发的都是 ActionEvent 事件，因此，可以设计一个事件监听器类，同时监听两个按钮。在重写的 actionPerformed()抽象方法中，通过 ActionEvent 对象的 getSource()方法判断用户单击的是哪个按钮。

程序代码

```
01  import javax.swing.*;
02  import java.awt.*;
03  import java.awt.event.*;
04  public class MultiListenerDemo implements ActionListener {
05      private JFrame myWindow;
06      private JPanel panel1;
07      private JPanel panel2;
08      private JButton button1;
09      private JButton button2;
10      public void designFrame(){
11          myWindow=new JFrame("JPanel 实例");
12          panel1=new JPanel();
13          panel2=new JPanel();
14          button1=new JButton("这里是红色");
15          button2=new JButton("这里可以变色");
16          panel1.add(button1);
17          panel2.add(button2);
18          panel1.setBackground(Color.blue); //设置面板的背景颜色
19          panel2.setBackground(new Color(255,255,0));
20          button1.addActionListener(this);
21          button2.addActionListener(this);
22          myWindow.getContentPane().add(panel1,BorderLayout.CENTER);
23          myWindow.getContentPane().add(panel2,BorderLayout.SOUTH);
24          myWindow.setSize(300,200);
25          myWindow.setVisible(true);
26          myWindow.setDefaultCloseOperation(myWindow.EXIT_ON_CLOSE);
27      }
```

程序 9-7 解析

```
28      public void actionPerformed(ActionEvent e){
29          int a=(int)(Math.random()*256);
30          int b=(int)(Math.random()*256);
31          int c=(int)(Math.random()*256);
32          if(e.getSource()==button1)
33              panel1.setBackground(Color.red);
34          else
35              panel2.setBackground(new Color(a,b,c));
36      }
37      public static void main(String[] args) {
38          MultiListenerDemo window1=new MultiListenerDemo();
39          window1.designFrame ();
40      }
41  }
```

运行结果

参见图 9-3。

程序说明

本程序为 button1 和 button2 注册的事件监听器对象为 this, 代表本类对象, 这是因为所定义的 MultiListenerDemo 类直接实现了 ActionListener 接口。此外, 本程序使用了 Color 类, 可以为 GUI 组件设置颜色, 颜色是由红、绿、蓝三原色构成的, 每种颜色都是由一个 0~255 之间的整型值构成的。当然, Color 类中还定义了 13 种标准颜色常量, 例如, red 为红色。

前面的实例都是监听单击按钮时的 ActionEvent 事件, ActionEvent 事件还常发生在选择菜单项或在文本框中按下回车键时, 此时需要实现 ActionListener 接口, ActionListener 接口提供了一个抽象方法 actionPerformed。同时, ActionEvent 类还有一些常用的方法, 如表 9-7 所示。

表 9–7 ActionEvent 类常用方法

方法	作用
Object getSource()	返回事件源对象名
String getActionCommand()	返回事件源的字符串信息

下面再介绍两个常用的事件类——鼠标事件和键盘事件, 以帮助大家进一步了解和熟悉 Java 事件处理的方法。

3. 鼠标事件

鼠标事件包括 MouseEvent 和 MouseMotionEvent。MouseEvent 指鼠标单击、双击以及鼠标进入或离开某组件区域时所触发的事件, MouseMotionEvent 指鼠标拖曳或移动时所触发的事件。任何组件都可以触发鼠标事件, MouseEvent 类需要实现 MouseListener 接口, MouseMotionEvent 类需要实现 MouseMotionListener 接口。MouseEvent 类的常用方法如表 9-8 所示。

表 9–8 MouseEvent 类常用方法

方法	作用
int getX()	返回鼠标所在 X 坐标
int getY()	返回鼠标所在 Y 坐标
int getButton ()	获得改变了状态的鼠标按键, 常用 MouseEvent 的静态数据成员 BUTTON1、BUTTON2 等表示

第9章 Swing 程序设计

【程序 9-8】 监视鼠标动作，将鼠标进入窗体内按下的键、按下时的位置以及在窗体内是拖曳还是移动记录下来。

问题分析

要监视鼠标动作，事件监听器类一般需要实现 MouseListener 和 MouseMotionListener 两个接口。获得鼠标所在 X 和 Y 坐标位置可分别使用 getX()、getY()方法，获得鼠标按下的是哪个键可以使用 getButton()方法。

程序代码

```java
01  import java.awt.*;
02  import java.awt.event.*;
03  import javax.swing.*;
04  public class MouseDemo {
05      public void designFrame() {
06          JFrame mywindow=new JFrame("MouseDemo");
07          Container container = mywindow.getContentPane();
08          mywindow.setVisible(true);
09          mywindow.setBounds(0, 0, 300, 100);
10          container.addMouseListener(new MouseHandler());
11          container.addMouseMotionListener(new MouseHandler());
12          mywindow.setDefaultCloseOperation(mywindow.EXIT_ON_CLOSE);
13      }
14      //内部类为事件监听器
15      class MouseHandler implements MouseListener,MouseMotionListener{
16          public void mouseClicked(MouseEvent e) {   //鼠标单击
17              int x=e.getX();
18              int y=e.getY();
19              System.out.println("鼠标单击的位置 x:"+x+"\ty:"+y);
20          }
21          public void mousePressed(MouseEvent e) {   //鼠标按下
22              int i = e.getButton();
23              if (i == MouseEvent.BUTTON1)
24                  System.out.println("按下鼠标左键");
25              if (i == MouseEvent.BUTTON2)
26                  System.out.println("按下鼠标中键");
27              if (i == MouseEvent.BUTTON3)
28                  System.out.println("按下鼠标右键");
29          }
30          public void mouseReleased(MouseEvent e) {}//鼠标释放
31          public void mouseEntered(MouseEvent e) {} //鼠标进入窗口
32          public void mouseExited(MouseEvent e) {   //鼠标离开窗口
33              System.out.println("鼠标移出窗口");
34          }
35          public void mouseDragged(MouseEvent e) {   //鼠标拖曳
36              System.out.println("鼠标在窗体上拖曳");
37          }
38          public void mouseMoved(MouseEvent e) {    //鼠标移动
39              System.out.println("鼠标在窗体上移动");
40          }
41  }
```

程序 9-8 解析

```
42    public static void main(String[] args) {
43        MouseDemo myframe = new MouseDemo();
44        myframe.designFrame();
45    }
46 }
```

运行结果

```
鼠标在窗体上拖曳
鼠标在窗体上拖曳
按下鼠标右键
鼠标单击的位置x:141    y:46
按下鼠标左键
鼠标单击的位置x:141    y:46
鼠标在窗体上移动
鼠标移出窗口
```

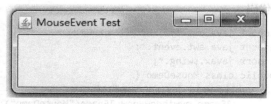

图 9-9 鼠标事件实例结果

程序运行效果如图 9-9 所示。

程序说明

事件监听器类 MouseHandler 是内部类，同时实现了 MouseListener 和 MouseMotionListener 两个接口。由表 9-6 可知，两个接口共有 7 个抽象方法，即便有不需要实现的方法，在实现时也不能省略。这样的代码无疑显得累赘。因此，Java 引入了事件适配器类来解决此类问题，详见 9.4.3 节。

4. 键盘事件

键盘事件（KeyEvent）指按下键盘的任何键都会触发的事件。事件监听器类需要实现 KeyListener 接口，KeyListener 接口提供了 3 个抽象方法：keyPressed、keyReleased、keyTyped。前两个方法指任何键按下或释放时都会被调用，最后一个方法只在产生字符时会被调用。例如，按下 Shift 键就不能调用 keyTyped 方法。KeyEvent 类中常用的方法如表 9-9 所示。

表 9-9 KeyEvent 类常用方法

方法	作用
getChar()	返回按下的字符
getCharCode()	返回按下字符对应的代码
isActionKey()	返回一个 boolean 值，用于判断按下的键是否是"动作"键，如方向键、功能键等

【程序 9-9】通过上下左右 4 个方向键控制窗体内按钮的移动。

问题分析

在 KeyEvent 类有许多静态数据成员，例如，从 VK_0 到 VK_9 以及从 VK_A 到 VK_Z 定义了与这些数字和字符等价的 ASCII 码。而 VK_ENTER、VK_ESCAPE、VK_CANCEL、VK_UP、VK_DOWN、VK_LEFT、VK_RIGHT、VK_PAGE_DOWN、VK_PAGE_UP、VK_SHIFT、VK_ALT、VK_CONTROL 等表示相对应的控制字符，该程序涉及其中的 4 个控制字符。

程序代码

```
01 import java.awt.*;
02 import javax.swing.*;
```

```
03  import java.awt.event.*;
04  public class KeyDemo {        //继承键盘事件适配器类
05    public void designFrame(){
06      JFrame myWindow=new JFrame("KeyDemo");
07      JPanel p1=new JPanel();
08      JButton b1=new JButton("key press");
09      p1.add(b1);
10      myWindow.getContentPane().add(p1);    //注册事件监听器
11      myWindow.setSize(300,300);
12      myWindow.setVisible(true);
13      myWindow.setDefaultCloseOperation(myWindow.EXIT_ON_CLOSE);
14      b1.addKeyListener(new KeyListener(){   //匿名内部类
15       public void keyPressed (KeyEvent e){
16         JButton button1=(JButton)e.getSource();
17         int x=0,y=0;
18         x=button1.getBounds().x;    //获得按钮对象的x坐标
19         y=button1.getBounds().y;    //获得按钮对象的y坐标
20         switch(e.getKeyCode()){    //判断按键
21         case KeyEvent.VK_UP:    //向上方向键
22           button1.setLocation(x,y-5);    //按钮的位置发生改变
23           break;
24         case KeyEvent.VK_DOWN: //向下方向键
25           button1.setLocation(x,y+5);
26           break;
27         case KeyEvent.VK_LEFT: //向左方向键
28           button1.setLocation(x-5,y);
29           break;
30         case KeyEvent.VK_RIGHT:    //向右方向键
31           button1.setLocation(x+5,y);
32           break;
33         }
34      }
35       public void keyReleased (KeyEvent e){};
36       public void keyTyped (KeyEvent e){}; });    //匿名内部类结束
37    }
38    public static void main(String args[]){
39      KeyDemo window1=new KeyDemo();
40      window1.designFrame();
41    }
42  }
```

运行结果

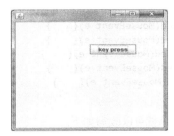

图 9-10 键盘事件实例结果

按下方向键及右方向键 10 次后的运行效果如图 9-10 所示。

程序说明

（1）本程序代码没有判断按钮移至窗体边界后的情况，当按钮移至窗体边界时便会消失，读者可以自行修改完善程序。

（2）如第 14～36 行所示，程序使用匿名内部类作为监听器对象。

（3）由于实现接口就需要实现所有的抽象方法，因此，尽管程序的功能仅需在 keyPressed() 方法中实现，但是不得不采用"空实现"的方式实现另外两个抽象方法。

9.4.3 事件适配器

通过 5.9 节的学习，读者已经了解实现接口就意味着必须实现该接口中的所有抽象方法。然而，在程序设计的过程中，事件监听器接口的某些抽象方法并不是程序设计所关心的。为此，Java 提供相应的适配器类来简化编程。

适配器类就是为包含多个抽象方法的事件监听器接口"配套"的一个抽象类。这个抽象类实现了所对应的监听器接口，并为该接口里的每个方法都提供了默认实现，但这种实现只是一种空实现。这样，程序中的事件监听器类可以作为适配器类的子类，便无须实现监听器接口里的每个方法，而只需重写所需要的方法，达到简化事件监听器类代码的目的。监听器接口与适配器类的对应关系如表 9-10 所示。

表 9-10　监听器接口与适配器类的对应关系

监听器接口	对应适配器	说明
MouseListener	MouseAdapter	鼠标事件适配器
MouseMotionListener	MouseMotionAdapter	鼠标运动事件适配器
WindowListener	WindowAdapter	窗口事件适配器
FocusListener	FocusAdapter	焦点事件适配器
KeyListener	KeyAdapter	键盘事件适配器
ComponentListener	ComponentAdapter	组件事件适配器
ContainerListener	ContainerAdapter	容器事件适配器

由于 Java 是单继承机制，因此适配器类并不能完全取代监听器接口。例如，某个监听器类需要处理两种以上的事件，那么它只能通过继承一个适配器类，同时实现其他监听器接口的方式来完成。

简化程序 9-8，就需要用到适配器类 MouseAdapter。该抽象类的定义如下。

```java
public abstract class MouseAdapter implements MouseListener {
    public void mouseClicked(MouseEvent e){    }
    public void mousePressed(MouseEvent e){    }
    public void mouseReleased(MouseEvent e){    }
    public void mouseEntered(MouseEvent e){    }
    public void mouseExited(MouseEvent e){    }
}
```

那么，程序 9-8 的第 15 行代码就可以改写如下。

```java
class MouseHandler extends MouseAdapter implements MouseMotionListener{
```

同时，将第 30 行和第 31 行空抽象方法删除。

9.4.4 事件监听器的实现方式

在事件处理过程中，事件监听器类必须实现监听器接口或继承事件适配器类；注册事件监听器的语句通常在图形用户界面类中，这两个类之间需要一定的关联。通常事件监听器类的实现有以下 4 种方法。

1. 外部类作为事件监听器（程序 9–6）

该方法是将事件监听器定义为一个外部类，那么事件监听器就不能自由访问创建的图形用户界面类中的组件，因此该方法有很大的局限性，很少使用。

2. 自身类作为事件监听器（程序 9–7）

该方法是将图形用户界面类的本身作为事件监听器。这种方法形式非常简洁，是一种常用的方法。但是，如果图形用户界面类继承了某个父类，就不能再继承事件适配器类，必须用实现接口的方法重写所有的抽象方法。

3. 内部类作为事件监听器（程序 9–8）

该方法是将事件监听器定义为图形用户界面类的内部类。这种方法程序较易维护，事件监听器类也可以自由访问外部类的所有组件对象，是一种较常用的方法。

4. 匿名内部类作为事件监听器（程序 9–9）

该方法使用匿名内部类创建事件监听器。由于匿名内部类通常用在程序中只使用某个类的一个对象（匿名对象）的情形下，因此这种方法只能用在事件监听器对象被一个组件注册的情况，不能有多个组件同时注册一个事件监听器类对象。

9.5 常用 Swing 组件

读者可能会发现目前所有的实例所实现的 GUI 界面都很单一，大部分都只由容器和按钮组件构成，这种设计肯定无法满足实际应用程序设计的需要。那么，其他的组件又怎么创建和使用呢？

Swing 提供了 20 多种不同的组件，合理地使用它们可以设计出满足需求的图形用户界面。在使用不同的组件之前，需要了解它们的构造方法、成员方法以及可能要处理的事件类。构造方法能够正确地创建一个实例对象；成员方法能够得心应手地修改或获得对象有关属性值；确定组件所要处理的事件类，就能够在相应的事件方法中编写代码来响应用户的操作。

从图 9-1 中可以看出，大部分的 Swing 组件都是从 javax.swing.JComponent 类派生而来的，它们都继承了 JComponent 类所特有的属性和方法。表 9-11 列出了 JComponent 类常用的成员方法。

表 9–11　JComponent 类常用的成员方法

成员方法	作用
void setBackground(Color c)	设置组件的背景色
void setForeground(Color c)	设置组件的前景色，通常是字体的颜色
void setSize(int width,int height)	设置组件的大小。参数 Width 表示宽度，height 表示高度

续表

成员方法	作用
void setBounds(int x,int y,int width,int height)	移动组件并调整其大小。参数 x 表示组件新的 x 方向的坐标，参数 y 表示组件新的 y 方向的坐标
void setEnabled(boolean b)	设置组件是否可被激活
void setVisible(boolean b)	设置组件在该容器中的可见性

9.5.1 标签

标签（JLabel）是用来显示图像或只读的文本信息的，用户不能修改这些信息。JLabel 类在通常情况下不需要对事件做出响应，它主要是在界面上提供静态的图形文本信息。JLabel 类的构造方法和成员方法分别如表 9-12、表 9-13 所示。

表 9-12　JLabel 类的构造方法

构造方法	作用
JLabel()	创建一个空白标签
JLabel(Icon image)	创建一个带指定图标的标签，图标的默认对齐方式是 CENTER
JLabel(Icon image,int horizontalAlignment)	创建一个带指定图标的标签，并指定水平对齐方式。horizontalAlignment 的取值可以是 JLabel 的静态数据成员 LEFT、CENTER、RIGHT 等，例如：JLabel.RIGHT
JLabel(String text)	创建一个文本为 text 的标签，文字的默认对齐方式是 LEFT
JLabel(String text, Icon icon, int horizontalAlignment)	创建一个指定图标为 icon、文本为 text 的标签，并指定水平对齐方式
JLabel(String text, int horizontalAlignment)	创建一个文本为 text 的标签，并指定水平对齐方式

表 9-13　JLabel 类的常用成员方法

成员方法	作用
String getText()	获取标签中的文本信息，并以字符串返回
void setText(String text)	设置标签上显示的文本信息
void setIcon(Icon icon)	设置标签上的图标
void setHorizontalAlignment (int alignment)	设置标签内容的水平对齐方式
void setVerticalAlignment(int alignment)	设置标签内容的垂直对齐方式
Void setFont(Font f)	设置标签文字内容的字体。Font 类的构造方法是 Font("字体名字",字体样式,字体大小)

JLabel 类的典型用法如下。

```
01  JLabel label1=new JLabel("请输入姓名：");
02  JLabel label2=new JLabel("请输入密码：",
                new ImageIcon("exit.gif"),JLabel.RIGHT);
03  label1.setFont(new Font("隶书",Font.BOLD,20));
04  label2.setForeground(Color.red);
05  JLabel[] jl={new JLabel("用户名：" ),new JLabel("密　码："),
```

```
    new JLabel("确认密码:"),new JLabel("性  别: "),
        new JLabel("现居地: "),new JLabel("爱好: "),new JLabel("签名档: ")};
```

在上述代码中，第 01 行语句创建了一个显示文本的标签 label1；第 02 行语句创建了一个既显示文本又显示图标的标签 label2，其中 exit.gif 文件需要与相关的 class 文件放在同一个文件夹内；第 03 行语句设置 label1 标签文本的字体及字号；第 04 行语句设置 label2 标签文字的颜色；第 05 行创建含有 7 个标签的数组，如果需要访问"签名档"的标签，只需要访问对象 jl[6]即可。

9.5.2 按钮

按钮（JButton）是 GUI 中常用的组件之一，单击按钮会触发 ActionEvent 事件。如果程序需要对用户单击按钮做出响应，按钮就需要通过 addActionListener()方法注册事件监听器，事件监听器类实现 ActionListener 接口的 actionPerformed 抽象方法。JButton 类的构造方法和常用成员方法分别如表 9-14 和表 9-15 所示。

表 9-14 JButton 类的构造方法

构造方法	作用
JButton()	创建一个既没有文本又没有图标的按钮
JButton(Icon icon)	创建一个仅仅带有图标 icon 的按钮
JButton(String text)	创建一个显示内容为 text 的按钮
JButton(String text, Icon icon)	创建一个显示内容为 text 并带有一个 icon 图标的按钮

表 9-15 JButton 类的常用成员方法

成员方法	作用
String getText()	获取当前按钮上的文本信息
void setText(String text)	重新设置当前按钮的文本信息，内容由参数 text 指定
void setIcon(Icon icon)	重新设置当前按钮上的图标
void setActionCommand(String actionCommand)	设置此按钮的动作命令
String getActionCommand()	返回此按钮的动作命令
void setMnemonic(int mnemonic)	设置按钮的快捷键，键值使用 KeyEvent 类中定义的 VK_XXX 键之一指定

JButton 类的典型用法如下。

```
01  JButton b1=new JButton("确定");
02  JButton b2=new JButton("关闭",new ImageIcon("exit.gif"));
03  b2.setMnemonic(KeyEvent.VK_B);
04  b2.setActionCommand("exit");
```

在上述代码中，第 01 行语句创建了一个文本信息为"确定"的按钮 b1；第 02 行语句创建了一个文本信息为"关闭"且有一个图标的按钮 b2；第 03 行语句设置 b2 按钮的快捷键为 Alt+B；第 04 行语句设置 b2 按钮的动作命令名为"exit"，以便后续的程序中通过 getActionCommand 方法得到该命令名。

9.5.3 文本组件

在 Swing 中文本编辑组件主要有文本域（JTextField）、密码域（JPasswordField）和文本区（JTextArea）3 种。其中，JTextField 只显示单行可编辑文本，使用单一字体和颜色；JPasswordField 实现文本域的字符隐藏功能，常用来输入密码项；JTextArea 可以显示多行纯文本。

在 AWT 中的文本组件内容发生变化时会触发 TextEvent 事件。然而，在 Swing 包中不再保留相应的 TextListener 接口，而是将对文本的监听任务放入了 Document 中。Document 是一个接口，它定义了一些方法，让程序在使用所有与 Text 相关的组件时，能够将输入文字的内容加以结构化或规格化。其中，addDocumentListener()方法可使组件具有处理 DocumentEvent 事件的能力。文本组件触发该事件时，先要创建一个 Document 的接口对象［文本对象.getDocument()］，该对象可以调用 addDocumentListener()方法得到一个和 TextListener 功能类似的监听接口。另外，文本域和密码域仅可以输入一行文本。因此，当用户输入结束按回车键时，就会触发 ActionEvent 事件；而文本区可以输入多行文本，当用户按回车键时，文本区自动换行，因此不会触发 ActionEvent 事件。JTextField 类的构造方法和常用的成员方法分别如表 9-16、表 9-17 所示。

表 9-16　JTextField 类的构造方法

构造方法	作用
JTextField ()	创建一个空的文本域
JTextField (int columns)	创建一个列数为 columns 的文本域
JTextField (String text)	创建一个初始文本为 text 的文本域
JTextField (String text, int columns)	创建一个列数为 columns、初始文本为 text 的文本域

表 9-17　JTextField 类的常用成员方法

成员方法	作用
void setText(String text)	改变文本域中的文本内容
String getText()	获取文本域中的文本内容，以字符串的形式返回
void setEditable(boolean b)	指定文本域是否可以编辑，默认为可编辑的
void setHorizontalAlignment(int alignment)	设置文本在文本域中的对齐方式

JPasswordField 类是 JTextField 类的子类，输入的字符默认以 "*" 显示，JPasswordFiled 类的构造方法与 JTextField 类的类似，此处不再赘述。JPasswordField 类的常用成员方法如表 9-18 所示。

表 9-18　JPasswordField 类的常用成员方法

成员方法	作用
void setEchoChar(char c)	设置回显字符，默认的回显字符是 "*"
char[ ] getPassword()	获取密码框中的密码

JTextField 和 JPasswordField 组件的一般用法如下。

```
01  JTextField txtname=new JTextField("用户名",10);
02  JPasswordField pw1=new JPasswordField(10);
03  JPasswordField pw2=new JPasswordField(10);
```

```
04    pw2.setEchoChar('@');
05    str=txtname.getText();       //str 是字符串变量
06    txtname.setText("");
```

在上述代码中，第 01、02、03 行语句共创建了一个文本域和两个密码域，并且指定了它们的宽度为 10 列；第 04 行语句修改 pw2 对象中显示的字符；第 05 行是将文本域中的字符串放入变量 str 中；第 06 行是将文本域中的内容清空。

假设有两个密码框对象分别为 pw1、pw2，在 pw2 中输入密码并按回车键后，判断两次输入的密码是否一致。代码段如下。

```
01  pw2.addFocusListener(new FocusAdapter(){
02      public void focusLost(FocusEvent e) {     //失去焦点
03          String str1=new String(pw1.getPassword());
04          String str2=new String(pw2.getPassword());
05          if(str1.equals(str2)==false){        //判断两个密码的字符串是否相等
06              pw2.setText("");//将第二个密码框内容设置为空
07              JOptionPane.showMessageDialog(null, "两次密码不一致！");//对话框
08          }
09      }
10  });
```

这里，读者有必要了解一下焦点的概念。所谓焦点，就是指当前光标被激活的位置，获得焦点（focusGained）指组件被选中，可以被操作的瞬间；反之，失去焦点（focusLost）指组件刚刚结束被操作后的瞬间，这个事件也是文本框经常监听的事件之一。

JTextArea 文本区可以输入多行文本，但是文本区组件不能根据组件的大小或文本的内容自动出现滚动条，由于 JTextArea 类实现了 Swing.Scrollable 接口，因此可以将 JTextArea 放在 JScrollPane 的内部，实现带有滚动条的文本区对象。JTextArea 类的构造方法和常用成员方法分别如表 9-19、表 9-20 所示。

表 9-19　JTextArea 类的构造方法

构造方法	作用
JTextArea ()	创建一个空的文本区
JTextArea (int rows, int cols)	创建一个 rows 行、cols 列的文本区
JTextArea (String text)	创建一个初始文本为 text 的文本区
JTextArea (String text, int rows, int cols)	创建一个 rows 行、cols 列、初始文本为 text 的文本区

表 9-20　JTextArea 类的常用成员方法

成员方法	作用
String getText()	获取文本区的文本
void setText(String text)	设置文本内容
void append(String text)	在文本区的尾部追加文本
void insert(String text,int x)	在文本区的 x 位置插入文本 text

续表

成员方法	作用
void copy()	复制选中的内容
void cut()	剪切选中的区域
void paste()	将内容粘贴到当前位置
String getSelectedText()	获取选中的文本
void setLineWrap(boolean b)	决定输入的文本能否在文本区的右边界自动换行,默认情况下是不换行的

JTextArea 组件的一般用法如下。

```
01  JTextArea ta1=new JTextArea(3,10);
02  JTextArea ta2=new JTextArea(3,10);
03  JTextArea ta3=new JTextArea(3,10);
04  JScrollPane jsp1=new JScrollPane(ta2);
05  ta3.setLineWrap(true);
```

在上述代码中,第 01、02、03 行语句创建了 3 个文本区对象。在默认情况下,文本区大小会根据内容自动调整,不会出现滚动条。第 04 行语句将 ta2 文本区对象放入滚动窗格中,即给 ta2 文本区对象装配滚动条。第 05 行语句设定 ta3 文本区对象可以自动换行。

9.5.4 单选按钮和复选框

单选按钮(JRadioButton)和复选框(JCheckBox)都是具有两种状态的按钮,即选中与未选中。一般情况下,JRadioButton 按钮会成组出现,在一个单选按钮被选中后,该组中的其他单选按钮都会自动变成未选中状态。然而,直接放入容器中的单选按钮不会自动被分组。为了解决这个问题,javax.swing 包中提供了一个按钮组类(ButtonGroup)。按钮组也是一个容器,它可以通过 add 方法将单选按钮加入,加入同一个按钮组中的所有单选按钮就构成了一种互斥关系。JCheckBox 指在一组选项中任意选择合适的选项。

单击单选按钮或复选框都会触发 ItemEvent 事件,两种组件都可以通过 addItemListener 方法注册事件监听程序,实现 ItemListener 接口中的抽象方法。JRadioButton 和 JCheckBox 的构造方法与使用方法非常相似,本书只列出 JRadioButton 类的构造方法和常用的成员方法,分别如表 9-21、表 9-22 所示。

表 9-21 JRadioButton 类的构造方法

构造方法	作用
JRadioButton ()	创建一个没有任何标签的单选按钮
JRadioButton (Icon icon)	创建一个以图标作为标签的单选按钮
JRadioButton (Icon icon,boolean b)	创建一个以图标作为标签并设置初始状态的单选按钮
JRadioButton (String text)	创建一个以文本作为标签的单选按钮
JRadioButton(String text,boolean b)	创建一个以文本作为标签并设置初始状态的单选按钮
JRadioButton(String text,Icon icon)	创建一个既有图标又有文字标签的单选按钮
JRadioButton(String text,Icon icon,boolean b)	创建一个既有图标又有文字标签并设置了初始状态的单选按钮

表 9-22　JRadioButton 类的常用成员方法

成员方法	作用
boolean isSelected()	获得当前按钮的状态。返回 true 时表示处于选中状态，反之则处于未选中状态

JRadioButton 组件的一般用法如下。

```
01  JRadioButton rbMan=new JRadioButton("男");
02  JRadioButton rbWoman=new JRadioButton("女",true);
03  ButtonGroup bg=new ButtonGroup();
04  bg.add(rbMan);
05  bg.add(rbWoman);
06  JCheckBox[] jcb={new JCheckBox("运动健身"),new JCheckBox("旅游度假"), new JCheckBox("音乐")};
```

在上述代码中，第 01、02 行语句分别创建单选按钮 rbMan 和 rbWoman，第 03 行语句创建一个 ButtonGroup 对象，进而将 rb1 和 rb2 添加到按钮组中构成互斥关系的按钮；第 06 行创建由多个复选框组成的对象数组。

另外，假设有字符串变量 str，要将当前选中的单选按钮的标签内容（男、女）和当前选中的复选框的标签内容（运动健身、旅游度假、音乐）均存储到 str 字符串中，可进一步设计如下的代码。

```
if(rbWoman.isSelected()==true)        //判断性别
    str=rbWoman.getText();
else
    str=rbMan.getText();
for(int i=0;i<3;i++){
    if(jcb[i].isSelected()==true)
        str=str+" "+jcb[i].getText();    //将所选兴趣爱好字符串连接
}
```

在上述代码中，通过 if 选择结构判断哪个单选按钮被选中，通过 getText() 方法得到单选按钮的标签内容。然后，通过 for 循环结构判断每个复选按钮是否被选中，若选中，则将复选框的标签内容连接到 str 中。

9.5.5　列表框

列表框（JList）用来提供一组列表项，从中可以选择一项或多项。列表框的当前选项发生变化时，会触发 ListSelectionEvent 事件，列表框对象可以通过 addListSelectionListener 方法注册事件监听器，实现 ListSelectionListener 接口的抽象方法。另外，列表框也常常监听 MouseEvent 事件，来响应用户单击列表项的动作。JList 类的构造方法如表 9-23 所示。

表 9-23　JList 类的构造方法

构造方法	作用
JList ()	创建一个没有任何选项的列表框
JList (Object[] listData)	创建一个列表框，列表项内容由数组对象 listData 决定
JList (Vector listData)	创建一个列表框，列表项内容由向量表 listData 决定
JList (ListModel dataModel)	创建一个列表框，列表项内容由 ListModel 型参数 dataModel 指定

初始化一个列表框中的列表项可以使用数组创建，示例如下。

```
String[] data = {"one", "two", "three", "four"};
JList myList = new JList(data);
```

还可以采用 Vector 类创建，示例如下。

```
Vector data = new Vector();
data.addElement("one");
data.addElement("two");
data.addElement("three");
data.addElement("four");
JList myList = new JList(data);
```

用数组或 Vector 创建列表时，构造方法将自动创建一个默认的、不可变的对象在列表中。当程序中需要删除或插入列表项时，不能简单地认为将数组中的元素增加或减少，就能够让 JList 的内容随之增加或减少。JList 组件将数据处理工作委托给 ListModel 接口来完成。其中，DefaultListModel 类实现了 ListModel 接口，当 DefaultListModel 类集合中的项目发生改变时，系统便会自动更改与之相关的 JList 中的列表项，这样就可以动态地显示项目列表。初始化列表项的代码如下。

```
DefaultListModel dataModel=new DefaultListModel();
dataModel.addElement("one");
dataModel.addElement("two");
dataModel.addElement("three");
dataModel.addElement("four");
JList myList = new JList(dataModel);
```

这样，在程序中就可以通过 DefaultListModel 类的 addElement(Object obj) 方法添加元素，通过 removeElement(Object obj) 方法来删除元素。当 DefaultListModel 对象内的数据发生变化时，与之关联列表框中的数据会自动地随之变化。

JList 类的常用成员方法如表 9-24 所示。

表 9-24　JList 类的常用成员方法

成员方法	作用
Object getSelectedValue()	获得列表框中第一个选定项的内容
int getSelectedIndex()	获得列表框中选定项的序号，如果没有选中的，则返回-1
void setModel(ListModel model)	重新设置 ListModel
Void setSelectionModel(ListSelectionModel selectionModel)	指定选取方式。取值为 SINGLE_SELECTION（单项）、SINGLE_INTERVAL_SELECTION（单区间项）和 MULTIPLE_INTERVAL_SELECTION（多区间项）
Object[] getSelectedValues()	获得列表框中多个选定项的内容，返回一个数组对象
int[] getSelectedIndices()	获得列表框中多个选定项的序号，返回一个数组对象

例如，在如图 9-11 所示的 GUI 界面中，若希望单击左边列表框对象（list1）中的科目名称时，该科目能被移到右边的列表框对象（list2）中，可编写如下的代码。

```
JList list1=new JList(dataMode1);
JList list2=new JList(dataMode2);
```

```
list1.addMouseListener(new MouseAdapter(){   //匿名内部类
    public void mouseClicked(MouseEvent e){
    //向列表框对象 2 中加入列表框对象 1 的选中项
        dataMode2.addElement(list1.getSelectedValue());}
});
```

在上述代码中，创建了两个 DefaultListModel 对象（dataMode1 和 dataMode2），分别用于管理两个列表框中列表项的内容。因此，当 dataModel 和 dataMode2 中的元素发生变化时，对应的列表框中的列表项会随之发生变化。

图 9-11　列表框示例

9.5.6　组合框

组合框（JComboBox）是由一个编辑区和一个可选择选项的下拉列表组成的。其中，编辑区分为可编辑和不可编辑两种，下拉列表部分是隐藏的。与 JList 类似，JComboBox 把数据管理工作交给实现 ComboBoxModel 接口的一个对象来处理。DefaultComboBoxModel 类实现了 ComboBoxModel 接口，提供数据存储方法。但是，JComboBox 本身有 addItem() 和 removeItem() 方法，可动态地对可选项进行操作。

当用户单击组合框右边的下拉箭头选择选项时，会触发 ItemEvent 事件，对象可以通过 addItemListener() 方法注册事件监听程序并实现 ItemListener 接口中的抽象方法。当用户直接在可编辑区内输入内容并按回车键时，触发 ActionEvent 事件，组合框对象可以通过 addActionListener() 方法注册事件监听程序并实现 ActionListener 接口中的抽象方法。JComboBox 类的构造方法和常用成员方法分别如表 9-25、表 9-26 所示。

表 9-25　JComboBox 类的构造方法

构造方法	作用
JComboBox ()	创建一个没有选项的组合框
JComboBox (Object[] items)	创建一个组合框，选项内容由数组对象 items 决定
JComboBox (Vector items)	创建一个组合框，选项内容由向量表 items 决定
JComboBox (ComboBoxModel cModel)	创建一个组合框，选项内容由 ComboBoxModel 参数 cModel 指定

表 9-26　JComboBox 类的常用成员方法

成员方法	作用
void addItem(Object obj)	向下拉列表中增加选项
int getSelectedIndex()	获得当前下拉列表中被选中选项的索引，索引的起始值是 0

续表

成员方法	作用
Object getSelectedItem()	获得当前下拉列表中被选中的选项
Object getItemAt(int index)	获得指定索引处的列表项
void removeItemAt(int index)	从下拉列表的选项中删除索引值是 index 的选项
void removeAllItems()	删除组合框下拉列表中的全部选项
void removeItem(Object obj)	从组合框的下拉列表中移除选项
void insertItemAt(Object obj,int index)	在索引 index 位置添加新的列表项
void setEditable(boolean b)	设置区是否可以编辑。参数 b 为 true 时表示可编辑，默认情况为不可编辑

JComboBox 组件的一般用法如下。

```
01  String[] itemlist={"北京","上海","广州"};
02  JComboBox jcb1=new JComboBox(itemlist);
03  JComboBox jcb2=new JComboBox(itemlist);
04  jcb1.setEditable(true);
05  jcb1.getSelectedItem();
```

在上述代码中，第 02、03 行语句分别创建组合框 jcb1 和 jcb2，初始化列表项为 itemlist 字符串数组中的内容；第 04 行语句设定 jcb1 的编辑区是可以编辑的；通过第 05 行语句可以得到当前被选中选项的文本内容。

9.5.7 对话框

对话框（JDialog）是用户交互的常用窗口，是顶层容器组件。对话框可以分为模式窗口和非模式窗口两类。如果用户没有响应该窗口，那么其他窗口将无法接受任何响应，这样的窗口称为模式窗口，否则即为非模式窗口。创建及使用自定义对话框的方法与 JFrame 相似，故此处不再赘述。本小节简要地介绍 Swing 中提供的 4 种标准对话框。

Swing 提供了一个很方便的 JOptionPane 类，这个类能让程序员不需要编写复杂的代码就可以创建一个要求用户输入值或直接发出提示的标准对话框。JOptionPane 类常用下列方法构建对话框。

（1）showMessageDialog：消息对话框，显示一条提示消息并等待用户单击"OK"按钮。
（2）showConfirmDialog：确认对话框，显示一条问题信息并等待用户单击一组按钮中的某按钮。
（3）showOptionDialog：选择对话框，显示一个有特殊的按钮、消息、图标、标题的对话框。
（4）showInputDialog：输入对话框，允许用户输入内容。

这些对话框都是模式对话框。除了 showOptionDialog 外，其他都有许多同名的方法，这些同名方法的参数基本上由 4 个部分组成：对话框的标题、图标、消息、按钮。方法定义如下。

```
public static int showConfirmDialog
(Component parentComponent,    //对话框所依赖的窗体，如果为 null 则使用默认的窗体
Object message,         //对话框上显示的消息
String title,           //对话框的标题
int optionType,         //对话框的按钮组
int messageType);       //对话框的消息类型
```

对话框的消息类型有 5 种，分别代表不同的信息图标，用 JOptionPane 类的静态成员表示如下。

```
ERROR_MESSAGE
INFORMATION_MESSAGE
WARNING_MESSAGE
QUESTION_MESSAGE
PLAIN_MESSAGE    //无显示的效果
```

按钮类型主要有以下 4 个静态成员。

```
DEFAULT_OPTION
YES_NO_OPTION
YES_NO_CANCEL_OPTION
OK_CANCEL_OPTION
```

例如，下面的语句创建了一个确认的消息对话框，消息框中显示问号的信息图标，出现是、否、取消 3 个按钮，如图 9-12 所示。

```
JOptionPane.showConfirmDialog(frame,"确认要注册一个新账户吗？","消息框",JOptionPane.YES_NO_CANCEL_OPTION, JOptionPane.QUESTION_MESSAGE);
```

图 9-12　对话框示例

9.5.8　菜单

菜单是一种较为常用的组件。在 Java 语言中，一个菜单是由菜单条（JMenuBar）、菜单（JMenu）和菜单项（JMenuItem）3 个组件类共同构成的。每个菜单项实际上就是一个按钮，因此，单击它们会触发 ActionEvent 事件。图 9-13 给出了由 3 个菜单类构成的菜单在 GUI 界面中的实际位置。

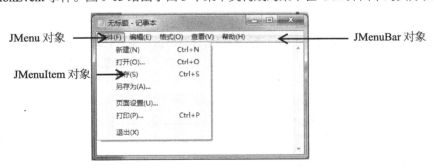

图 9-13　常见的菜单形式

1. JMenuBar

JMenuBar 是用来放置菜单组件的容器，可以包含一个或多个 JMenu 组件。要将创建好的

JMenuBar 对象加入窗口中，需要调用 setJMenuBar(JMenuBar m)方法，示例如下。

```
JFrame myWindow=new JFrame();
JMenuBar mb=new JMenuBar();
myWindow.setJMenuBar(mb);
```

2. JMenu

JMenu 用来表示一个带有菜单项的最顶层菜单，可以包含一个或多个 JMenuItem 组件、分割符或其他组件。将菜单加入菜单条可使用 add 方法，示例如下。

```
JMenu jm=new JMenu("文件");
mb.add(jm);
```

3. JMenuItem

JMenuItem 是组成菜单的最小单位，将菜单项加入菜单中是通过 add 方法完成的。由于用户一般是通过单击菜单项进行操作的，因此必须通过 addActionListener 方法给菜单项注册事件监听器，示例如下。

```
JMenuItem jmi=new JMenuItem("新建");
jm.add(jmi);
jm.addSeparator();    //在菜单中加入一条分割线
jmi.addActionListener(this);
```

9.6 专题应用：GUI 的设计与实现

通过本章的学习，读者已对 Java 图形用户界面的程序设计方法有了一定的了解。在实际的程序设计中，如何考虑界面设计和事件处理？本节将带领读者完成一个注册界面的设计与实现。

【**程序 9-10**】采用 Swing 组件，设计一个注册界面，可输入用户名和密码，可选择性别、兴趣爱好及居住地等。要求：输入的两次密码必须一致，如果不一致则给出警告。注册成功后出现消息对话框，显示注册人的基本信息。

问题分析

注册对话框中，用户名用文本域组件，密码用密码域组件，性别用单选按钮组件，爱好用复选框组件，居住地用组合框组件。通过布局管理器将这些组件合理放置，使界面美观。事件监听器需要处理的是新旧密码是否一致、用户名是否为空。用户的基本注册信息存储到字符串中。

程序代码

```
01  import java.awt.*;
02  import javax.swing.*;
03  import java.awt.event.*;
04  import javax.swing.event.*;
05  public class GUIDemo {
06      boolean flag=true;       //标识两次输入的密码是否相等
07      String[] listItem={"北京","上海","重庆","天津","哈尔滨","长春",
                          "沈阳","广州","浙江","海南","云南","广西"};
08      //创建数组标签对象
09      JLabel[] jl={new JLabel("用户名："),new JLabel("密  码："),
```

程序 9-10 解析

```java
                        new JLabel("确认密码:"),new JLabel("性  别: "),
       new JLabel("现居地: "),new JLabel("爱好: "),new JLabel("签名档: ")};
10   JTextField txtname=new JTextField(10);        //文本对象
11   JPasswordField pw1=new JPasswordField(10);    //密码域对象
12   JPasswordField pw2=new JPasswordField(10);
13   JRadioButton rbWoman=new JRadioButton("女",true);   //单选按钮
14   JRadioButton rbMan=new JRadioButton("男");
15   JComboBox jcbStay=new JComboBox(listItem);     //组合框项为 listItem 数组
16     //复选框用数组来表示
17   JCheckBox[] jcb={new JCheckBox("运动健身"),
                new JCheckBox("旅游度假"),new JCheckBox("音  乐"),
                new JCheckBox("逛街购物"),new JCheckBox("电脑游戏")};
18   JTextArea jta=new JTextArea();
19   JButton btnOk=new JButton("确认"); JButton btnCancel=new JButton("取消");
20   JPanel[] p=new JPanel[8];
21   public void designFrame(){
22     //窗口的布局,创建 8 个面板对象,最后加入窗体容器中
23     JFrame mywindow=new JFrame("注册窗口");
24     for(int i=0;i<=6;i++)
25       p[i]=new JPanel(new GridLayout(1,2));
26     p[7]=new JPanel();
27     p[0].add(jl[0]);
28     p[0].add(txtname);
29     p[1].add(jl[1]);
30     p[1].add(pw1);
31     p[2].add(jl[2]);
32     p[2].add(pw2);
33     ButtonGroup bg=new ButtonGroup();
34     bg.add(rbMan) ;
35     bg.add(rbWoman);
36     p[3].add(jl[3]);
37     p[3].add(rbMan);
38     p[3].add(rbWoman);
39     p[4].add(jl[4]);
40     p[4].add(jcbStay);
41     p[5].add(jl[5]);
42     for(int i=0;i<=4;i++)
43        p[5].add(jcb[i]);
44     p[6].add(jl[6]);
45     JScrollPane jsp1=new JScrollPane(jta);
46     jta.setLineWrap(true);
47     p[6].add(jsp1);
48     p[7].add(btnOk);
49     p[7].add(btnCancel);
50     Container c=mywindow.getContentPane();
51     c.setLayout(new GridLayout(8,1));
52     for(int i=0;i<=7;i++)
53        c.add(p[i]);
54     //匿名内部类,监听确认密码框焦点事件,实现失去焦点的方法的代码编写
55     pw2.addFocusListener(new FocusAdapter(){
56       public void focusLost(FocusEvent e) {    //失去焦点
57          String str1=new String(pw1.getPassword());
```

```java
58              String str2=new String(pw2.getPassword());
59              if(str1.equals(str2)==false){      //判断两个密码的字符串是否相等
60                  flag=false;
61                  pw2.setText("");
62                  JOptionPane.showMessageDialog(null, "密码错误! ");
63              }
64              else
65                  flag=true;  //密码相等
66          }
67      });
68      //匿名内部类，监听注册按钮的动作事件
69      btnOk.addActionListener(new ActionListener(){
70          public void actionPerformed(ActionEvent e){
71              if(flag==true && txtname.getText().length()!=0){
72                  //str 用于存储用户注册信息，以便在对话框中显示
73                  String str=new String();
74                  str=txtname.getText()+",你的基本信息为";
75                  if(rbWoman.isSelected()==true)  //判断性别
76                      str=str+"女性，";
77                  else
78                      str=str+"男性，";
79                  str=str+"\n 现居住地"+jcbStay.getSelectedItem()+"。";
80                  str=str+"\n 你的兴趣爱好:";
81                  boolean b=false; //标识是否选择了兴趣爱好复选框
82                  for(int i=0;i<5;i++){
83                      if(jcb[i].isSelected()==true){
84                      b=true;
85                      str=str+" "+jcb[i].getText();      //将所选兴趣爱好字符串连接
86                      }
87                  }
88                  if(b==false)
89                      str=str+"无。\n 恭喜你注册成功!";
90                  else
91                      str=str+"。\n 恭喜你注册成功!";
92                  JOptionPane.showMessageDialog(null, str);    //对话框
93              }
94              else if(txtname.getText().length()==0)
95                  JOptionPane.showMessageDialog(null, "请输入用户名");
96          }
97      });
98      //匿名内部类，监听取消按钮的动作事件
99      btnCancel.addActionListener(new ActionListener(){
100         public void actionPerformed(ActionEvent e){
101             //设置所有组件的初始未输入状态
102             txtname.setText("");
103             pw1.setText("");
104             pw2.setText("");
105             jta.setText("");
106             rbWoman.setSelected(true);
107             jcbStay.setSelectedIndex(0);
108             for(int i=0;i<5;i++){
```

```
109                    jcb[i].setSelected(false);
110                }
111            }
112        });
113        mywindow.setSize(500,300);
114        mywindow.setVisible(true);
115        mywindow.setDefaultCloseOperation(JFrame.EXIT_ON_CLOSE);
116    }
117    public static void main(String[] args) {
118        GUIDemo window1=new GUIDemo();
119        window1. designFrame();
120    }
121 }
```

运行结果

图 9-14 注册实例运行界面

程序运行效果如图 9-14 所示。

程序说明

本程序声明了多个数组组件，容器采用 GridLayout 布局管理器完成界面设计。判断两次输入的密码是否一致是通过让文本框监听焦点事件 FocusEvent 来完成的。两个按钮监听动作事件 ActionEvent。单击确定按钮后，程序从上到下遍历每个组件对象，获取有效信息，再通过 "+" 文本连接运算符将各种描述性文字存储到 str 字符变量中。

自测与思考

一、自测题

1. 下面不是 Swing 顶层容器的是_____。
   A. Jframe　　　　　　　　　　B. Jpanel
   C. Jdialog　　　　　　　　　　D. JApplet
2. 每个使用 Swing 组件的程序必须要有一个_____。
   A. 按钮　　　　　　　　　　　B. 文本框
   C. 菜单　　　　　　　　　　　D. 容器
3. 单击按钮时，需要触发_____类型的事件。
   A. KeyEvent　　　　　　　　　B. ActionEvent
   C. MouseEvent　　　　　　　　D. WindowEvent

4. 下列组件中，在布局时常被放入 JScrollPane 中的是_____。
   A. JPasswordField B. JCombobox
   C. JTextArea   D. JTextField
5. 下列不是 JList 成员方法的是_____。
   A. addElement(Object obj)   B. setModel(ListModel model)
   C. getSelectedValue( )   D. getSelectedIndex( )
6. 可以把 JFrame 的布局管理器设为 FlowLayout 类型的是_____。
   A. addFlowLayout();
   B. addLayout(new FlowLayout());
   C. setFlowLayout();
   D. setLayout(new FlowLayout());
7. 要在当前窗体中显示如图 9-15 所示的信息提示框，需要编写的代码是_____。
   A. new JOptionPane.messageDialog(null,"请输入登录名！","提示信息", JOptionPane.CLOSED_OPTION);
   B. new JOptionPane.showMessageDialog(null,"请输入登录名！","提示信息", JOptionPane.CLOSED_OPTION);
   C. JOptionPane.showMessageDialog(null,"请输入登录名！","提示信息", JOptionPane.CLOSED_OPTION);
   D. JOptionPane.messageDialog(null,"请输入登录名！","提示信息", JOptionPane.CLOSED_OPTION);

图 9-15　信息提示对话框

8. 下面的叙述中，不正确的是_____。
   A. JButton 对象可以使用 addActionListener(ActionListener 1)方法将没有实现 ActionListener 接口的类的实例注册为自己的监听器
   B. 对于有监听器的 JTextField 文本框，当该文本框处于活动状态（有输入焦点）时，用户即使不输入文本，只要按回车键，就可以触发 ActoinEvent 事件
   C. 监听 KeyEvent 事件的监听器必须实现 KeyListener 接口
   D. 监听 WindowEvent 事件的监听器必须实现 WindowListener 接口
9. 在下面的叙述中，不正确的是_____。
   A. 使用 BoderLayout 布局的容器被划分为 5 个区域
   B. 使用 FlowLayout 布局的容器最多可以添加 5 个组件
   C. JPanel 的默认布局是 FlowLayout 布局
   D. JDialog 的默认布局是 BorderLayout 布局

10. Container 是_____类的子类。
    A. Graphics　　　B. Window　　　C. Applet　　　D. Component

二、思考题

1. 向 Jframe 和 JPanel 中添加组件时，是否都需要使用 getContentPane 方法呢？
2. FlowLayout、BorderLayout、GridLayout 3 种布局管理器各有什么特点？
3. 在程序中编写事件处理的程序代码时，基本的步骤是什么？
4. 事件适配器的作用是什么？
5. AWT 组件和 Swing 组件的区别是什么？它们之间有什么联系？

第9章自测题解析

Chapter 10

第 10 章
Applet 程序设计

在 Java 技术刚出现时,人们对 Applet 程序十分感兴趣,因为 Applet 程序能跨平台、跨操作系统、跨网络运行。同时,由于 Applet 程序代码短小,易于快速下载和发送,并且具有不需要修改程序代码就可增加 Web 页面新功能(特别是多媒体功能)的特性,因此 Applet 程序一经推出就深受用户喜爱,并在交互式多媒体网页设计中得到广泛应用。本章主要介绍 Java Applet 程序的基本知识、开发过程以及如何将 Applet 程序应用于网页中。

本章导学

- ❖ 了解 Applet 程序的特点及其与 Java 应用程序的差别
- ❖ 理解 Applet 程序的执行流程和生命周期
- ❖ 掌握 Applet 类和 JApplet 类的使用方法
- ❖ 掌握 Applet 程序的开发过程
- ❖ 了解 Applet 在多媒体方面的应用

10.1 Applet 简介

Applet 程序曾经在网络上风行一时，成为网络互动的先驱。Applet 程序与前面介绍的应用程序有什么区别？如何编写和运行 Java Applet 程序呢？

"Applet"是由应用程序的缩写"App"和代表"小"的后缀"let"组成的，因此，Applet 程序又称为 Java 小应用程序。Applet 是一种在 Web 环境下，运行于客户端的 Java 程序组件。通常每个 Applet 程序的功能都比较单一，例如，仅显示一个广告动画。

Applet 程序与前几章介绍的 Java 应用程序的相同之处在于都可以完成文本和图形的显示、接受用户输入和处理等工作，不同之处主要是执行方式不同。Applet 程序不是通过 main 方法来运行的，它必须运行于某个特定的容器，这个容器既可以是浏览器，又可以是各种插件，还可以是支持 Applet 的移动设备上的其他各种程序。Applet 程序的运行方式如图 10-1 所示。

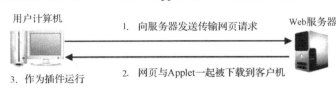

图 10-1　Applet 程序的运行方式

10.1.1 编写并运行第一个 Applet 程序

下面通过一个简单的例子，介绍 Java Applet 程序的编写和运行过程。

【程序 10-1】编写一个在网页中显示字符串的 Applet 程序。

问题分析

Applet 程序必须运行于某个特定的容器，如浏览器，因此，除了编写一个 Applet 程序，还必须创建相应的网页，将编译好的 Applet 程序的字节码文件内嵌其中。

1. 编写、编译 Applet 程序

将下面的代码写入文件名为 HelloApplet.java 的源代码文件中，并将其编译成字节码文件 HelloApplet.class。

程序代码

```
01  import java.applet.Applet;
02  import java.awt.Graphics;
03  public class HelloApplet extends Applet {
04      public String s;
05      public void init() {
06          s = "Hello Applet!";
07      }
08      public void paint(Graphics g){
09          g.drawString(s, 100, 100);
10      }
11  }
```

程序 10-1 解析

程序说明

（1）Applet 程序一般是 Applet 类的子类，虽然它不包含传统 Java 应用程序的 main 方法，但是，它有自己特有的方法，并且也需要将源程序进行编译，得到相应的字节码文件。

（2）本程序定义的 HelloApplet 类为 Applet 类的子类，它重写了 init 方法和 paint 方法。其中，init 方法用于初始化 Applet 程序，paint 方法则在屏幕上显示相应的内容。

2. 将 Applet 程序放入网页容器中

在编译好的 HelloApplet.class 文件所在的文件夹中建立一个网页文件 HelloApplet.html，并输入以下代码。

```
01  <HTML>
02  <HEAD>
03    <TITLE>Applet HTML 页</TITLE>
04  </HEAD>
05  <BODY>
06    <APPLET code="HelloApplet.class" width=350 height=200></APPLET>
07  </BODY>
08  </HTML>
```

3. 运行浏览 Applet 程序

Applet 程序既可以在支持 Applet 的浏览器中运行，又可以采用 JDK 提供的 Applet 查看工具 appletviewer.exe 进行查看。

（1）使用浏览器运行。用 IE 浏览器打开网页 HelloApplet.html，单击"允许阻止内容"，结果如图 10-2 所示。

（2）使用 appletviewer 运行。在命令行窗口中运行命令：appletviewer HelloApplet.html。此时，将打开小应用程序查看器，结果如图 10-3 所示。

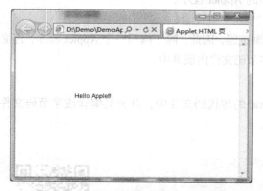
图 10-2　使用 IE 浏览器运行 Applet 程序

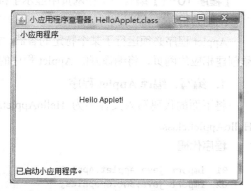
图 10-3　使用 appletviewer 运行 Applet 程序

10.1.2　Applet 程序的执行流程与生命周期

一个 Applet 程序从开始运行到结束的整个过程被称为 Applet 的生命周期。在 Applet 的生命周期内，系统会在不同的阶段调用 Applet 对象的成员方法：init()、start()、stop()和 destroy()。编写的 Applet 程序既可以继承这些方法，也可以重写这些方法。此外，为了能在 Applet 程序中实现输出功能，Applet 程序一般需要重写 Applet 类的 paint()方法。Applet 程序的执行流程如图 10-4 所示。

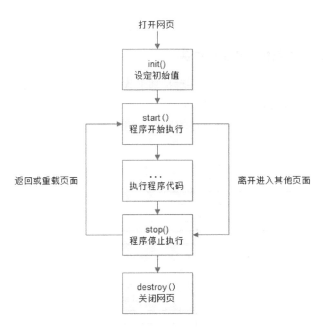

图 10-4 Applet 程序的执行流程

1. public void init()方法

当启动 Applet 程序时，系统首先调用此方法。该方法仅执行一次，其功能是对 Applet 程序进行初始化操作。

2. public void start()方法

在第一次调用 init()方法后或 Applet 程序重新被加载时都会自动执行此方法。因此，如果每次访问 Web 页都需要执行一些操作的话，就可以重写 Applet 类的 start()方法。在 Applet 程序中，系统总是先调用 init()方法，然后调用 start()方法。

3. public void stop()方法

停止 Applet 程序运行时调用该方法。例如，离开 Applet 程序所在的网页时，该方法被调用。

4. public void destroy()方法

离开浏览器时调用该方法，该方法通常不需要被重写。重写该方法通常用于释放一些在 stop()方法中尚未释放的资源。在 Applet 程序中，系统总是先调用 stop()方法，然后调用 destroy()方法。

5. public void paint(Graphics g)方法

该方法可以使 Applet 程序在屏幕上显示某些信息，如文字、色彩、背景或图像等。参数 g 是 Graphics 类的一个实例对象，其中提供了许多绘制方法，如 drawString()方法可用于输出字符串。

另外，Applet 类还包括 repaint()和 update()两个用于绘制窗口的方法。repaint()方法有选择地调用 update()或 paint()方法：对于轻量级 Swing 组件，repaint()方法将调用 paint()方法进行图形重绘；对于重量级 AWT 组件，repaint()方法将调用 update()方法，update()方法将在清屏完成后调用 paint()方法。

值得注意的是，Applet 类中没有提供 init()、start()、stop()、destroy()和 paint()方法的具体实

现,因此,这几个方法一般都要由编程人员自行实现。

10.1.3 Applet 类和 JApplet 类

Java 小应用程序的父类主要有两种:一种是基于 AWT,继承于 java.applet.Applet 类;另一种是基于 Swing,继承于 javax.swing.JApplet 类。

java.applet.Applet 类是所有 Applet 程序的基类,要编写 Applet 程序需继承于 Applet 类。Applet 类的继承关系如图 10-5 所示。

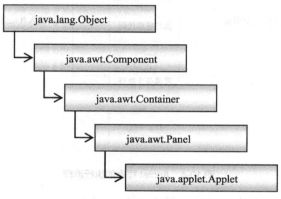

图 10-5 Applet 类的继承关系

从图 10-5 可以看出,java.applet.Applet 类是 java.awt.Container 和 java.awt.Panel 类的子类,因此 Applet 是一种"面板型"容器,默认的布局管理器为 FlowLayout,由于 Applet 是 AWT 组件,所以可以在 Applet 中进行图形绘制操作。

javax.swing.JApplet 类是 Applet 类的直接子类,JApplet 类继承了 Applet 类的方法与执行机制。JApplet 类与 Applet 类有细微差别:首先,JApplet 类默认使用 BorderLayout 作为其内容窗格的布局管理器;其次,JApplet 类只包含一个内容窗格的容器组件 JRootPane,其他所有的组件添加到该内容容器组件中,而不是把它们直接添加到 Applet 类中。也就是说,JApplet 类用 getContentPane().add()方法而不是 Applet.add()方法加入组件。

10.1.4 Applet 程序的安全性

Applet 程序是运行在客户端的代码,出于安全性考虑,大多数浏览器为 Applet 添加了以下限制。

(1)不允许读写客户端计算机的文件系统。因为 Applet 程序有可能破坏文件并传播病毒。

(2)不允许运行客户端浏览器所在的计算机上的任何程序和动态链接库。因为 Applet 程序有可能调用具有破坏能力的本地程序,并破坏用户计算机的本地系统。

(3)除了存储 Applet 的服务器外,不允许 Applet 程序建立用户计算机与其他计算机的连接。这是为了防止在用户不知道的情况下,Applet 程序将用户计算机与另一台计算机相连。

只要不违反上述安全限制原则,Applet 程序一般都能转化为功能相同的应用程序。

10.2 Applet 程序开发过程

在前面的章节中,读者已逐渐熟悉使用 NetBeans 开发一般 Java 应用程序的方法。那么，怎样在 NetBeans 中开发 Applet 程序呢？如何将设计好的 Applet 程序嵌入网页，并与网页一起供客户下载和进行交互呢？

10.2.1 使用 NetBeans 创建 Applet 程序

在 NetBeans 中，没有专门创建 Applet 项目的模板。但作为高效的 Java 集成开发工具，NetBeans 既可以用于创建不带可视化编辑界面的 Applet 程序，又可以用于创建能通过窗体编辑器进行编辑的 Applet 程序。使用 NetBeans 创建 Java Applet 程序的一般过程如下。

1. 创建项目

创建一个 Java 标准应用项目，项目的名称为 AppletDemo。创建项目时，不创建主类。同时，将创建的项目设置为主项目。

2. 新建文件并设置文件类型

选择 NetBeans 主菜单中的"文件→新建文件"命令，打开"新建文件"对话框，如图 10-6 所示。

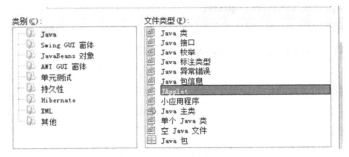

图 10-6　新建 Applet 程序的对话框

此时，若要创建不带可视化编辑界面的 Applet 程序，可在"类别"列表中选择"Java"选项，然后在"文件类型"列表中选择"小应用程序"，以创建一个基于 AWT 的 Applet 程序（或选择"JApplet"，以创建一个基于 Swing 的 JApplet 程序）。单击"下一步"按钮，输入 Applet 的名称，如"HelloApplet"，之后便可在打开的源代码编辑窗口中编写 Applet 程序。

在图 10-6 中，若在"类别"列表中选择"Swing GUI 窗体"选项，在"文件类型"列表中选中"JApplet 窗体"（或在"类别"列表中选择"AWT GUI 窗体"选项，在"文件类型"列表中选择"小应用程序窗体"），则可创建能通过窗体编辑器进行编辑的 Applet 程序。这类程序的设计方法和第 9 章介绍的 GUI 程序相似，具体过程不再赘述。

3. 运行 Applet 程序

在 NetBeans 开发环境中，可以方便地运行 Applet 程序，而不必手工编写包含 Applet 标记的 HTML 页面。运行 Applet 程序的具体方法：在"项目"窗口或"文件"窗口中选中要运行的 Applet 文件，然后选择"运行→运行文件"命令，或单击右键，从弹出的快捷菜单中选择"运行文件"命令，即可打开小程序查看器运行该 Applet 程序。

Applet 程序运行后，NetBeans 会自动生成包含<APPLET>标记的 HTML 页面。因此，可以直接使用这个自动生成的 HTML 文件，而不必自己手工编写。单击"文件"选项卡，展开 build 子目录，可以看到自动生成了和程序名相同的对应网页文件。

10.2.2 将 Applet 程序嵌入网页中

要将 Applet 程序嵌入网页中，可使用<APPLET>标记，并且放在<BODY>标记内。该标记有若干属性，其中较重要的属性是 CODE、WIDTH 和 HEIGHT，其余均为可选项。下面对<APPLET>标记常用的属性做简要介绍。

1. CODEBASE=Codebase URL

可选属性，它指定 Java 字节码文件的路径或 URL。如果未指定该属性，则将使用与 "*.html" 文档相同的目录。

2. CODE=Applet File

必须属性，用于指定 Applet 程序的名称（扩展名为 ".class" 的文件）。

3. NAME=Applet Instance Name

可选属性，它用来为 Applet 程序指定一个符号名，该符号名在相同网页的不同 Applet 程序之间通信时使用。

4. WIDTH=pixels, HEIGHT=pixels

必须属性，用于设置 Applet 程序显示区域的初始宽度和高度，单位为像素。

5. <PARAM NAME=Applet Attribute VALUE=value>

可选属性，它指定给 Applet 程序传递参数的名字和数据，可以为多个。HTML 中使用<APPLET>标记的属性的大部分是比较容易理解的，唯有这个传递参数的属性比较复杂（实例请参看专题应用）。使用这个属性主要是为了提高 Applet 程序的灵活性，可以根据需要在 Applet 程序中设置一些参数，以接受来自 Web 页面的信息，即在 HTML 中需要传递参数给 Applet 程序。在 Applet 程序中，可以使用 String getParameter(String name)方法得到 HTML 中<APPLET>标记的 PARAM 属性传递的参数值，该方法可以在 Applet 程序的任何地方被调用，但一般在 init()方法中使用。需要注意的是，getParameter()方法中的参数名不区分大小写。

10.3 利用 Applet 程序展示多媒体

Applet 程序具有强大的多媒体处理能力，最初就是因为在网页中实现多媒体较为困难，从而使得 Applet 成为当时流行的技术之一。那么，如何使用 Applet 程序来绘制图形、播放声音和展示图片呢？

10.3.1 图形绘制

【程序 10-2】使用 Graphics 类进行图形绘制。

问题分析

在 Applet 程序中绘制图形需要使用 Graphics 类，该类由 java.lang.Object 类派生而来，是 Java 程序绘图的核心，直接使用该类中的各种方法便可以绘制各种图形。

程序代码

```
01  import java.applet.Applet;
02  import java.awt.Graphics;
03  import java.awt.*;
04  public class DrawApplet extends Applet {
```

```
05      public void paint(Graphics g) {
06          g.drawLine(250,5,250,495);
07          g.drawLine(5,250,495,250);
08          g.drawRect(10,10,480,480);
09          g.drawRoundRect(50,50,400,400,30,30);
10          g.drawOval(50,50,400,400);
11          int[] xCoods = {0,250,500,250};
12          int[] yCoods = {250,0,250,500};
13          g.drawPolygon(xCoods,yCoods,4);
14          Font myFont = new Font("Times New Roman",Font.BOLD,24);
15          g.setFont(myFont);
16          g.drawString("This is a sample.",20,40);
17          Color redColor = new Color(255,0,0);
18          g.setColor(redColor);
19          g.fillOval(200,200,100,100);
20      }
21  }
```

相关的 HTML 代码如下。

```
<APPLET code="DrawApplet.class" width="640" height="480"></APPLET>
```

运行结果

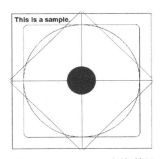

图 10-7　DrawApplet 运行效果

程序运行效果如图 10-7 所示。

程序说明

绘制图形，需要使用 Graphics 类中各种绘制图形的方法。本例中使用了画线的 drawLine 方法，画矩形的 drawRect 方法，画圆角矩形的 drawRoundRect 方法，画椭圆形的 drawOval 方法，画多边形的 drawPolygon 方法等，这些方法的具体使用可查阅相关手册。

10.3.2　图像处理

【**程序 10-3**】装载本地磁盘图片。

问题分析

Applet 主要应用于网页，因此其只使用网页中常用的 GIF、JPEG 或 PNG 等图像格式。在 Applet 程序内使用图像文件时需定义 Image 对象，然后用 getImage 方法把 Image 对象和图像文件联系起来，示例如下。

```
Image picture;
picture=getImage(getCodeBase(),"ImageFileName.gif");
```

getImage 方法有两个参数：第一个参数是对 getCodeBase 方法的调用，该方法返回 Applet 程序的 URL 地址；第二个参数指定从 URL 装入的图像文件名。如果图像文件位于 Applet 程序之下的某个子目录，则文件名中应包括相应的目录路径。用 getImage 方法把图像文件装入后，Applet 程序便可用 Graphics 类的 drawImage() 方法显示图像，形式如下所示。

```
g.drawImage(picture,x,y,this);
```

drawImage 方法的参数指明了待显示的图像、图像左上角的 x 坐标和 y 坐标。第四个参数 this 指定一个实现 ImageObServer 接口的对象，即定义了 imageUpdate 方法的对象，Applet 程序可通过 imageUpdate 方法测定一幅图像已经装入内存多少，即可监视绘图的过程，this 表示使用当前 Applet 对象进行监视。

程序代码

```
01  import java.applet.Applet;
02  import java.awt.*;
03  public class ImageApplet extends Applet {
04      Image picture;
05      public void init() {
06          picture=getImage(getCodeBase(),"Demo.jpg");
07      }
08      public void paint(Graphics g) {
09          g.drawImage(picture,0,0,this);
10      }
    }
```

程序 10-3 解析

相关的 HTML 代码如下。

```
<APPLET CODEBASE = "."ARCHIVE ="AppletDemo.jar" code="ImageApplet.class" width="500" height="354"></APPLET>
```

运行结果

屏幕上显示一个 Applet 窗口，窗口内显示一张图片。

程序说明

（1）建议将要显示的图片文件、applet 字节码文件及网页放在同一个文件夹中。

（2）用浏览器运行时，由于访问了本地磁盘文件，需要打成 jar 包，并对包进行签名。

（3）运行该 Applet 程序，在图像显示时可能发生闪烁，尤其是图片较大时，这种闪烁情况更为突出。这是因为 drawImage 方法创建了一个线程，该线程与 Applet 程序的原有执行线程并发执行，使得图片一边装入一边显示，从而产生了这种不连续现象。为了提高图像的显示效果，许多 Applet 程序采用双缓冲技术，即首先把图像装入内存，然后显示在屏幕上。

10.3.3 声音输出

【程序 10-4】播放本地磁盘声音。

问题分析

Applet 程序播放声音使用 AudioClip 类来完成，该类能支持的声音文件格式不多，默认支持 AU、WAV、MID 格式文件，若想播放其他格式的声音文件（如 MP3），要么将其转换成这 3 种格式之一，要么使用 Java 媒体框架（Java Media Framework，JMF）。对于 AudioClip 类来说，在 Applet 程序内使用声音文件时要先定义 AudioClip 对象，然后用 getAudioClip 方法把 AudioClip

对象和声音文件联系起来。之后，如果只将声音播放一遍，则调用 play 方法，如果要循环播放，则调用 loop 方法。

程序代码

```
01  import java.applet.*;
02  import java.awt.*;
03  public class SoundApplet extends Applet {
04      public void paint(Graphics g) {
05          AudioClip audioClip=getAudioClip(getCodeBase(),"Demo.mid");
06          g.drawString("Sound Demo!",5,15);
07          audioClip.loop();
08      }
09  }
```

程序 10-4 解析

相关的 HTML 代码如下。

```
<APPLET  ARCHIVE ="AppletDemo.jar" code="SoundApplet.class" ></APPLET>
```

运行结果

屏幕上显示一个 Applet 窗口并伴有音乐。

程序说明

建议将要播放的声音文件、applet 字节码文件及网页放在同一个文件夹中。此外，用浏览器运行时,由于访问了本地磁盘文件，需要打成 jar 包，并对包进行签名。

10.4　专题应用：图片轮换

如前所述，Applet 可以通过 getImage 方法把一个图像文件加载到程序中，再通过 drawImage 方法把加载的图像输出到 Applet 程序窗口。如果加载和输出的不是一个图像，而是一组图像，并依次每隔一段时间显示，就能实现"图片轮换"的动画效果。

【**程序 10-5**】用 Applet 程序制作"图片轮换"动画效果。

问题分析

动画就是在一定时间内显示一组图片，相同时间内放映的图像数量越多，动画看上去就越平滑连贯，可以通过时钟控制图片切换的速度。为了较好地展现动画效果，开启一个新的线程专门进行计时。Java 的线程被当作一个类，类 Thread 封装了所有有关线程的控制，用来控制线程的运行、睡眠、挂起和中止。由于 Java 不支持多重继承，因此，若要在 Applet 程序中实现多线程，则必须通过实现 Runnable 接口且继承 Applet 类来完成。有关 Java 多线程编程，详见本书的第 11 章。

程序代码

```
01  import java.applet.Applet;
02  import java.awt.Color;
03  import java.awt.Graphics;
04  import java.awt.Image;
05  public class MovieApplet extends Applet implements Runnable{
06      Image img[];
07      Thread thd;
08      int num,pause;
09      public void init() {
```

程序 10-5 解析

```
10        String fps;    //帧数
11        img = new Image[4];
12        thd = null;
13        num = 0;
14        for(int i=0;i<4;i++)
15            img[i]=getImage(getCodeBase(),(i+1)+".jpg");
16        fps = getParameter("speed");        //获取网页参数，调整速度
17        if(fps!=null)
18            pause=1500/Integer.parseInt(fps);
19        else pause=1500/5;//获取参数失败，取默认的5
20    }
21    public void start() {
22        if(thd==null) {
23            thd = new Thread(this);
24            thd.start();
25        }
26    }
27    public void paint(Graphics g) {
28        boolean done=g.drawImage(img[num++], 0, 0,this);
29        if(num>=4) num=0;
30    }
31    public void run() {
32        while(true){
33            try {
34                repaint();
35                Thread.sleep(pause);
36            }
37            catch(InterruptedException e){
38            }
39        }
40    }
41    public void update(Graphics g) {
42        paint(g);
43    }
44 }
```

相应的 HTML 代码如下。

```
<APPLET CODEBASE = "." ARCHIVE="AppletDemo.jar" code="MovieApplet.class" width="100" height="100">
    <PARAM NAME="speed" VALUE="3"></PARAM>
</APPLET>
```

运行结果

4 张图片循环切换，形成动画片段。

程序说明

（1）编写并编译好上述 Applet 程序后，将 4 张图片（文件名分别为 1.jpg、2.jpg、3.jpg、4.jpg）放入同一个文件夹中。同样，如果用浏览器运行，由于访问了本地磁盘文件，需要打成 jar 包，并对包进行签名。

（2）HTML 中<APPLET>标记中的参数 speed，用于控制图片显示的速度。数字越大，切换越快。如果获取 speed 参数失败，则采用默认的值。

（3）在 NetBeans 中运行查看，由于无法获取 HTML 中<APPLET>标记中的参数 speed，会发

生取值 null 的错误，所以代码中使用了 if 判断语句。

自测与思考

一、自测题

1. Applet 的基本方法不包括_____。
   A. start()   B. stop()
   C. init()   D. kill()

2. 关于 Applet 的生命周期，正确的说法是_____。
   A. stop()方法在 start()方法之前执行
   B. init()方法在 start()方法之后执行
   C. stop()方法在 Applet 程序退出时被调用，只能被调用 1 次
   D. stop()方法在 Applet 程序不可见时会被调用，可以被调用多次

3. 下面的操作中，Applet 程序可以完成_____。
   A. 读取客户端文件
   B. 在客户端创建新文件
   C. 读取 Applet 程序所在服务器的文件
   D. 在客户端调用其他程序

4. 下面程序代码正确的排列顺序是_____。
   ① import java.applet.*;
   ② ex10_1_a()
   ③ package myclasses;
   ④ public class ex10_1 extends java.applet.Applet{}
   A. ①、②、③、④   B. ①、③、②、④
   C. ③、①、④、②   D. ①、③、④、②

5. 下列关于 Java Application 与 Applet 的说法中，正确的是_____。
   A. 都包含 main()方法
   B. 都通过 appletviewer 命令执行
   C. 都通过 javac 命令编译
   D. 都嵌入 HTML 文件中执行

6. Applet 类的直接父类是_____。
   A. Component 类   B. Container 类
   C. Frame 类   D. Panel 类

7. 下列关于 Applet 程序的叙述中，错误的是_____。
   A. Applet 程序都和 java.applet.Applet 类或 javax.swing.JApplet 类有关
   B. Applet 是 Java 类，因此可以由 JDK 中的解释器 java.exe 直接解释运行

C. Applet 与 Application 的主要区别在执行方式上
D. 通过在 HTML 文件中采用 <PARAM> 标记可以向 Applet 程序传递参数
8. Applet 类缺省使用的布局管理器是_____。
   A. BorderLayout   B. FlowLayout   C. GridLayout   D. CarLayout
9. Applet 程序的运行过程要经历 4 个步骤，其中_____不是运行步骤。
   A. 浏览器加载指定 URL 中的 HTML 文件
   B. 浏览器显示 HTML 文件
   C. 浏览器加载 HTML 文件中指定的 applet 类文件
   D. 浏览器中的 Java 运行环境运行该 applet 程序
10. paint 方法使用_____类型的参数。
    A. Graphics   B. Graphics2D   C. String   D. Color

二、思考题

1. 简述 Java Applet 程序的开发和运行过程。
2. Applet 程序的执行过程中，涉及哪些方法？它们各有什么作用？
3. Applet 程序是如何控制其安全性的？
4. 如何把一个 Applet 程序嵌入网页中？
5. 在 Applet 程序中，如何绘制图形？

第 10 章自测题解析

Chapter 11

第 11 章
多线程程序设计

迄今为止，大家熟悉的程序都是按顺序从头到尾一步步执行的，也就是每个程序都有一个起点，执行一系列语句后，到达一个终点。然而，现实生活中，许多事情往往是同步进行的。例如，大家一边听歌，一边喝茶。对于应用服务器来说，同时要处理多个用户的请求等。多线程程序能让程序多头并进，同时执行。多线程是 Java 的主要特点之一，Java 语言内置对多线程的支持，利用 JVM 提供的复杂同步机制，简化了多线程编程的复杂性。本章主要介绍 Java 语言的多线程编程技术。

本章导学

- ❖ 了解线程的概念以及 Java 的多线程机制
- ❖ 理解线程状态和生命周期
- ❖ 了解线程调度与优先级
- ❖ 掌握基于 Thread 类和 Runnable 接口的 Java 多线程程序设计方法
- ❖ 理解线程同步、死锁和合并的概念

11.1 线程的概念

> 很多人对多任务有一定的了解，知道计算机同一时间可以运行多个程序。多线程又是什么呢？它和多任务有什么关系？

线程与前面介绍的程序类似，一个线程也有一个起点，执行一系列语句，最后到达一个终点。但是线程本身不是程序，线程不能单独运行而只能在一个程序内运行，即线程是程序内的一个单一的顺序控制流程。

11.1.1 程序与进程

程序是一段静态的代码，通常就是外部磁盘上保存的可执行二进制文件。进程就是将外部磁盘程序载入内存中，进行一次动态执行的过程，可以理解为"正在执行的程序"。一个进程对应了从代码加载、执行到整个代码执行结束的一个完整过程。现代的操作系统可以同时管理系统中正常运行的多个进程，并让多个进程轮流使用CPU。

11.1.2 进程与线程

线程的行为类似于进程，但又不是进程，是比进程更小的执行单位。一个进程在其执行过程中，可以产生多个线程，形成多条执行线路。代表了线程的每条执行线路都有自身的产生、运行和消亡的过程。

线程可以看作轻量级的进程。每个线程都有独立的运行栈和程序计数器，即CPU的程序代码切换，以线程为基本单位。进程共享操作系统的资源，而线程共享同一个进程中的内存资源（代码和数据），并利用这些共享内存来实现数据交换、通信和同步。与进程相比，由于线程共享代码和数据空间，因此线程切换开销更小。（多）进程、（多）线程的主要区别如下。

（1）进程：每个进程都有独立的代码和数据空间（进程上下文）。
（2）线程：同一进程内的所有线程共享代码和数据空间。
（3）多进程：操作系统中，同时运行的多个任务（程序）。
（4）多线程：同一个进程中，有多个顺序流同时执行。

11.1.3 Java的多线程机制

表面上看多个线程是同时执行的，但计算机的CPU在某个时刻只能执行这些线程中的一个。Java虚拟机能控制这些线程轮流被执行，使得每个线程都有机会使用CPU资源，由于线程之间切换很快，使人们产生这些线程被同步执行的感觉。

大家已知，Java应用程序总是从主类中的main()方法开始执行的。在JVM加载代码，发现main()方法后，就会启动一个线程，这个线程称为"主线程"，该线程负责执行main()方法中的代码。每个进程都有一个默认的"主线程"。如果在main()内部再创建线程，就称为"其他线程"，如图11-1所示。如果没有创建线程，则main()方法最后一条语句被执行完后，整个应用程序就结束了。但如果创建了其他线程，主线程和其他线程就会轮流切换执行。并且，即使执行完main()方法中的最后一条语句，主线程结束后，只要有其他线程还没有结束的话，整个应用进程就不会结束。直到所有线程都结束后，应用进程才会结束。

图 11-1　多线程模型

11.1.4　线程状态和生命周期

一个线程从产生到消亡的过程称为线程的生命周期。一个线程的完整生命周期通常包括新建、运行、阻塞、等待、超时等待、消亡等状态。一个线程在其生命周期内，总处于某一种状态中。图 11-2 反映了一个线程所具有的不同状态以及各状态之间的转换。

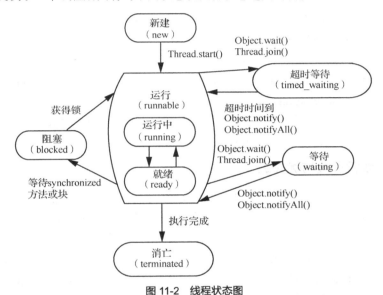

图 11-2　线程状态图

1. 新建（new）状态

通过 new 语句创建一个 Thread 类或其子类的线程对象时，该线程处于新建状态。此时线程已经有了相应的内存空间和其他资源，但是还没有运行。

2. 运行（runnable）状态

Java 线程将就绪（ready）和运行中（running）两种状态统称为运行状态。

就绪（ready）状态：线程对象创建后，其他线程（比如 main 线程）调用了该对象的 start() 方法。该状态的线程位于可运行线程池中，等待被线程调度选中，获取 CPU 资源，此时处于就绪状态。

运行中（running）状态：就绪状态的线程获得 CPU 资源后就变为运行中状态，也就是线程调度程序从可运行池中选择一个线程作为当前线程时，线程所处的状态。这是线程进入运行状态的唯一方式。每个线程都有一个 run() 方法，这个方法定义了该线程的操作和功能。当线程对象获得 CPU 资源被调度执行时，该线程会自动调用其 run() 方法执行。

3. 阻塞（blocked）状态

阻塞状态又称为不可运行状态，通常线程阻塞于锁。线程往往因为人或系统的原因而转入阻塞状态，例如使用 synchronized 关键字修饰方法或代码块时（稍后介绍）。进入阻塞状态后，线程会保存当前状态，暂时中止执行，并让出 CPU 资源。在阻塞原因消除后，线程又转入就绪状态，重新进入线程排队队列等候 CPU 资源，一旦重新获得 CPU 资源，便从前面中断执行处继续执行。

4. 等待（waiting）状态

处于这种状态的线程不会被分配 CPU 执行时间，它们要等待其他线程做出一些特定动作（通知或中断），才能被显式地唤醒，否则会处于无限期等待的状态。

5. 超时等待（timed_waiting）状态

该状态不同于等待状态，处于这种状态的线程虽然不会被分配 CPU 资源，但是它们无须无限期等待被其他线程显示地唤醒，在达到一定时间后它们会自动唤醒。

6. 消亡（terminated）状态

在执行完 run()方法后，线程就进入消亡状态。线程也可以被提前强制性消亡。不管是何种情况，线程一旦终止了，就不能复生。在一个终止的线程上调用 start()方法，会抛出 java.lang.IllegalThreadStateException 异常。

需要注意的是，上述各种状态的转换不是由用户决定的，而是由系统运行的状态、同时存在的其他线程和线程本身的算法共同决定的。

11.1.5 线程调度与优先级

每个新建线程在启动后会进入就绪排队等候 CPU 资源队列。这就出现一个问题：队列中排队等待的线程如果不止一个，那系统将先选择哪个线程来执行呢？Java 提供线程调度器来管理当前进程中处于就绪状态的所有线程。在线程创建时，为每个线程设置一个优先级，线程调度器根据线程优先级的高低决定哪个线程先执行。也就是说，优先级高的先执行，优先级低的后执行。如果优先级相同，则按照队列的"先进先出"原则，先到的线程获得 CPU 资源。这种方式，既公平又可以兼顾任务紧急的重要线程优先执行。

Java 中线程的优先级是用数字来表示的，数字的取值范围是 1～10。数字越大优先级越高。如果没有明确地设置优先级，就将线程的优先级默认设置成 5。Thread 类还提供了以下 3 个有关线程优先级的静态属性。

NORM_PRIORITY：普通优先级或默认优先级，缺省为 5。

MIN_PRIORITY：最低优先级，通常为 1。

MAX_PRIORITY：最高优先级，通常为 10。

当创建一个线程时，这个线程继承它的父线程的优先级。父线程指创建线程对象的线程，它可能是进程的主线程，也可能是某一用户自定义的线程。通常主线程具有普通优先级。线程的优先级可以通过 setPriority(int grade)方法进行调整，这个方法需要一个 1～10 的整型值作为参数。另外，可以使用 getPriority()方法返回线程的优先级。

11.2 多线程程序的编写

多线程听上去有点复杂，那么，编写多线程程序是否复杂呢？本节将围绕 Java 多线程程序的编写方法展开介绍。

在 Java 中编写多线程程序其实较简单，可以通过两种方式来实现：一是继承 Thread 类创建其子类；二是实现 Runnable 接口。

11.2.1　继承 Thread 类

在 Java 语言中，要编写多线程程序，方法之一就是使用 Thread 类或其子类创建线程对象。在编写 Thread 类的子类时，需要重写 run()方法，目的是定义线程的具体功能。

对 Thread 类的常用方法介绍如下。

（1）start()：该方法用来启动线程，使得线程从新建状态进入就绪队列。一旦轮到该线程执行，该线程将脱离创建它的线程独立开始自己的生命周期。只有处于新建的线程才可以调用 start()方法，调用后不能再次调用它，否则将发生 IllegalThreadStateException 异常。

（2）run()：该方法用来定义线程对象被调度后执行的操作，由系统自动调用，用户程序不得引用。Thread 类中的 run()方法实现为空，用户需自行创建 Thread 子类并重写该方法。

（3）sleep(int millsecond)：线程调用该方法使得自己放弃执行，休眠一段时间。休眠长短由参数决定，单位是毫秒（ms）。如果线程在休眠时被打断，JVM 将会抛出异常。因此，该方法必须在 try-catch 语句块中调用。

（4）isAlive()：该方法返回线程是否处于运行状态。线程处于新建状态时，该方法返回 false。当线程调用 start()方法占用 CPU 资源时，该线程的 run()方法开始运行，在结束 run()方法之前，调用 isAlive()方法将返回 true。当线程处于消亡状态，即 run()方法结束，线程释放其占有的资源时，调用该方法将返回 false。

（5）currentThread()：该方法返回当前正在执行的线程。

（6）interrupt()：该方法常用于唤醒休眠的线程。一个占有 CPU 资源的线程，可以让休眠的线程调用该方法唤醒自己、结束休眠，从而重新进入排队队列等待 CPU 资源。

（7）yield()：暂停当前正在执行的线程（以及放弃当前拥有的 CPU 资源），并执行其他线程。调用该方法将让当前运行线程回到可运行状态，以允许具有相同优先级的其他线程获得运行机会。大多数情况下，yield()方法将导致线程从运行中状态转到就绪状态，但有可能没有效果。

【程序 11-1】使用继承 Tread 类的方法，编写一个多线程程序，要求能同时做 3 件事情，这 3 件事情就是输出各自的计数。

问题分析

由于该程序需要同时做 3 件事情，因此需要使用多线程技术，每个线程输出自己的信息。采用继承 Thread 类的方法编制多线程程序，需要实现 run()方法。在使用 start()方法启动线程后，JVM 会自动调用 run()方法。

程序代码

```
01   public class ThreadStauts {
02       public static void main(String[] args) {
03           new MyThread("第1个线程").start();
04           new MyThread("第2个线程").start();
05           new MyThread("第3个线程").start();
06       }
07   }
```

程序 11-1 解析

```
08  class MyThread extends Thread {
09      public MyThread (String str) {
10          super(str);
11      }
12      public void run () {
13          System.out.println(getName()+ "创建成功,开始计数");
14          for(int i=1;i<=3;i++) {
15              System.out.println(getName() + " "+ i);
16              try {
17                  sleep((int)(Math.random()*1000));    //随机休眠一段时间
18              } catch(InterruptedException e) {    }
19          }
20          System.out.println(getName() + "结束");
21      }
22  }
```

运行结果

第 1 个线程创建成功,开始计数

第 2 个线程创建成功,开始计数

第 2 个线程 1

第 3 个线程创建成功,开始计数

第 3 个线程 1

……

第 3 个线程 3

第 1 个线程结束

第 2 个线程结束

第 3 个线程结束

程序说明

由于哪个线程先输出不确定,所以每次运行结果(输出次序)可能会有所不同。程序一次启动 3 个线程,每个线程在启动时首先打印一条线程创建成功的信息。随后开始循环 3 次,每次输出该线程的计数信息后休眠一段随机时间,最后打印线程运行结果的信息。

11.2.2 实现 Runnable 接口

上面使用 Thread 子类的方式创建线程,虽然可以在子类中添加新的成员变量和新的方法,但由于 Java 不支持多重继承,因此,Thread 类的子类不能再扩展其他的类,其实,在 Java 语言中还可以使用实现 Runnable 接口的方式来编写多线程程序。

Runnable 接口只定义了一个抽象方法 run(),因此,所有实现 Runnable 接口的类都必须具体实现这个方法。与 Thread 类中的 run()方法一样,Runnable 接口中的 run()方法是被系统自动识别执行的。在 Applet 程序中也可以使用多线程技术,并且一般采用实现 Runnable 接口的方式,程序示例详见第 10 章的专题应用。这里,读者可以思考一下:为什么 Java Applet 一般采用实现 Runnable 接口的方式编写多线程程序呢?

【**程序 11-2**】使用实现 Runnable 接口的方式,编写一个多线程程序,要求能同时不断地做两件事情,这两件事情就是不断地输出各自的计数。

问题分析

该程序和程序 11-1 类似，也是每个线程在各自的线程中输出各自的信息。程序要求使用实现 Runnable 接口的方式来编制多线程程序，因此，程序必须实现 run() 方法。

程序代码

```
01  public class RunnableStauts {
02      public static void main(String [] args){
03          TestThread t = new TestThread();       //创建 TestThread 的实例对象
04          Thread thread = new Thread(t);    //创建线程对象
05          thread.start();    //开启线程，执行线程的 run() 方法
06          while(true){
07              System.out.println("main 方法里面运行");
08          }
09      }
10  }
11  class TestThread implements  Runnable {
12      public void run(){     //线程的代码，调用 start() 时，线程从此处开始执行
13          while(true){
14              System.out.println("TestThread 中运行");
15          }
16      }
17  }
```

程序 11-2 解析

运行结果

main 方法里面运行
TestThread 中运行
TestThread 中运行
……

程序说明

由于哪个线程先输出不确定，所以每次运行结果（输出次序）可能会有所不同。启动线程也是使用 start() 方法，启动之后 JVM 会默认地自动调用 run() 方法。

11.3 线程同步、死锁与合并

考虑下面这些问题：如果有两个人在同一时刻对一个银行账户进行存款和取款操作，会出现什么问题？如果甲、乙两人都想写文章，必须同时拥有纸和笔才行，但纸和笔只有一套，甲拿了笔，乙拿了纸，双方都想先写，都希望对方放弃自己手头的纸或笔，怎么解决这一问题？甲、乙两人协作完成某项工作，在某个时刻，甲需要乙的工作结果才能继续，该怎么办？

在多线程程序中，每个线程通常都是独立运行的，它们都需要占有一些资源，而有些资源又是共享的。出现这种情况后，就要考虑线程之间的协调与配合，否则就会造成系统的严重问题。

11.3.1 线程同步

为了保证多个线程对共享资源操作的一致性和完整性，Java 使用线程同步机制。线程同步机制的基本思想是协调各线程对共享资源的使用，避免多个线程在某段时间内对同一资源（数据、

设备或代码等）的访问。线程同步的具体实现方法是确保每个线程在一个完整的操作执行过程中，独享相关资源而不被侵占。

Java 使用关键字 synchronized 来表明被同步的资源。若某个资源被 synchronized 关键字修饰，系统在运行时就会给这个资源加一把"锁"，称之为信号锁，表明该资源同一时刻只能由一个线程访问。同时，Java 还使用了以下 3 个方法配合信号锁来解决线程同步问题。

1. public final void wait( )

该方法是等待方法。该方法不能被重载，只能在同步方法（使用了 synchronized 关键字修饰的方法）中被调用。调用该方法将使当前正在运行的线程挂起，释放所占的资源，从运行状态转为阻塞状态，并进入 wait 等待队列等待被唤醒。

2. public final void notify( )

该方法是唤醒方法。该方法不能被重载，只能在同步方法中被调用。执行该方法将唤醒 wait 等待队列中优先级最高的一个线程，并占有 CPU 资源。

3. public final void notifyAll( )

与唤醒方法类似，该方法将唤醒 wait 等待队列中所有的线程。

上述 3 个方法必须在同步方法中被调用，因此只能出现在 synchronized 作用的范围内。

【程序 11-3】 使用线程同步机制，模拟 3 个售票点同时出售火车票的情况。

问题分析

由于 3 个售票点同时出售火车票，因此，必须采用多线程技术，用 3 个线程模拟这 3 个售票点的售票情况。需要注意的是，由于同一张火车票不能重复被卖出，因此火车票是共享资源，需要使用关键字 synchronized 来修饰。也就是说，一个售票点正在出售某张火车票时，给售票系统加一把"锁"，其他人需等这张火车票卖掉后才能继续购买。

程序代码

```
01  public class TicketSaleSystem implements Runnable {
02      public int ticket = 100;    // 定义变量——票数
03      public int count = 0; // 定义变量——票号
04      public void run()  {   // 重写 run()方法
05          while (ticket > 0) {   // 定义 while 循环，循环售票
06              // 根据要求，实现同步，此时定义同步代码块
07              synchronized (this) { // 传入对象，使用 this 代替当前类对象
08                  if (ticket > 0) {    // 判断是否还有票，如果 ticket>0，则说明还有票可卖
09                      try {
10                          Thread.sleep(500);      // 线程休眠 0.5 秒
11                      } catch (InterruptedException e) {
12                          e.printStackTrace();
13                      }
14                      count++;    // 票号++
15                      ticket--;   // 循环售票，卖一张少一张
16                      System.out.println(Thread.currentThread().getName()
17                              + "\t 当前票号: " + count);   // 输出当前的售票窗口和票号
18                  }
19              }    //end synchronized
```

程序 11-3 解析

```
20            }    //end while
21        }
22 }
23 public class TicketTest {
24     public static void main(String[] args) {
25         TicketSaleSystem st = new TicketSaleSystem();  // 创建线程类对象
26         for (char i = 'A'; i <= 'C'; i++) {   // 启动 3 次线程
27             new Thread(st, "售票口" + i).start();
28         }
29     }
30 }
```

运行结果

售票口 A 当前票号：1
售票口 B 当前票号：2
售票口 B 当前票号：3
售票口 C 当前票号：4
售票口 C 当前票号：5
……

程序说明

本例采用实现 Runnable 接口来编写多线程程序。第 27 行，在调用 Thread 类的构造方法中，传入实现 Runnable 接口的对象 TicketSaleSystem 类的实例 st 来构造 Thread 线程对象，并启动该线程。

11.3.2 线程死锁

死锁指两个或两个以上的线程无休止地相互等待的过程。死锁的发生通常是因为同步不当产生的，例如，线程各自分别占用一部分资源，同时又需要对方所持有的资源，从而造成相互无休止地等待对方放弃资源，结果谁也无法继续往下执行。

为了避免死锁，在进行多线程设计时，一般需要遵循以下原则。

（1）指定的任务真正需要并发运算时，才采用多线程进行设计。

（2）必须小心地在一个同步方法中调用其他同步方法。

（3）对共享资源的占用时间尽可能短，做到尽可能晚地申请，尽可能早地释放。

11.3.3 线程合并

一个线程 t1 正在运行，可以让线程 t2 调用 join( )方法与之合并，调用语句如下。

```
t2.join();//将 t2 线程进行合并
```

t1 占有 CPU 资源期间，一旦 t2 合并进来，t1 线程立刻中断执行，一直等到合并进来的 t2 线程执行完毕，t1 线程再重新排队等待 CPU 资源，以便恢复执行。但是，如果 t1 准备合并 t2 线程时，t2 线程已运行结束，则 t2.join( )不会产生任何效果。

【程序 11-4】 用多线程程序演示：主线程等子线程完成后，才继续执行直到结束。

问题分析

由前述可知，主线程创建并启动了子线程后，子线程将独立执行。如果子线程中需要进行大量的耗时运算或读写外部的 I/O 设备，主线程往往将在子线程结束之前结束。但是，如果主线程执行中的某个时刻需要获得子线程执行完毕后的某个数据才能继续，这时就需要用到 join()方法等待子线程执行完毕。

程序代码

```
01  public class ThreadJoin {
02      public static class TimeConsumingThread extends Thread {
03          public void run() {
04              try {
05                  int m = (int) (Math.random() * 10000);
06                  System.out.println("子线程耗时: "+m);
07                  Thread.sleep(m);
08              } catch (InterruptedException e) { }
09          }
10      }
11      public static void main(String[] args) throws InterruptedException{
12          TimeConsumingThread t =new TimeConsumingThread();
13          t.start();
14          t.join();
15          System.out.println("main 主线程等待");
16      }
17  }
```

程序 11-4 解析

运行结果

子线程耗时：3984

main 主线程等待

程序说明

正常情况下主线程先执行完成。本程序为了突出子线程要做一些耗时的事情，子线程中会随机睡眠等待 0～9s。使用 join()方法后，主线程会等待子线程执行完毕后才执行。

11.4　专题应用：龟兔赛跑

❓ 乌龟和兔子跑步比赛，已知兔子的速度为 3m/s，每跑 6m 休息 10s；乌龟的速度为 1m/s，不休息；无论谁先跑到终点（胜利）后，另一只就不跑了。如果定义的跑道长度为 20m，最后谁胜利了？

【**程序 11-5**】龟兔赛跑程序演示。

问题分析

创建一个 Animal 动物类，它继承于 Thread 类。编写一个 running()抽象方法。重写 run()方法，并在 run()方法里面调用 running()方法。创建 Rabbit 和 Tortoise 子类，它们继承于 Animal 类，并且都需要重写 running()方法。由于任何一只动物胜利后，另外一只就停止赛跑，这就涉及线程通信，使用线程回调的方法来解决线程通信。在 Animal 动物类中创建一个回调接口，并创建一个回调对象。

程序代码

```
01  abstract class Animal extends Thread {
02      public double length = 20; //比赛的距离
```

```java
03      public abstract void running();//抽象方法，需要子类具体实现
04      public void run() {     //在父类实现线程的run()方法
05          super.run();
06          while(length>0) running();
07      }
08      //需要回调数据的地方（两个子类都需要），申明一个接口
09      public static interface LetOtherStop {
10          public void win();
11      }
12      public LetOtherStop letOtherStop;      //创建接口对象
13  }
14  class Tortoise extends Animal {
15      public Tortoise() { setName("乌龟"); }      //给线程赋名称
16      public void running() {     //重写running方法，编写乌龟跑步操作
17          double dist = 1;
18          length -=dist;
19          if(length<=0) {
20              length=0;
21              System.out.println("乌龟先跑到终点，获得了胜利");
22              //给回调函数赋值，通知兔子不要跑了
23              if(letOtherStop !=null) { letOtherStop.win(); }
24          }
25          else
26              System.out.println("乌龟跑了 "+dist+" 米，距离终点还有 " + (int)length +" 米");
27          try {
28              sleep(1000);
29          }catch(InterruptedException e) {
30              e.printStackTrace();
31          }
32      }
33  }
34  class Rabbit extends Animal {
35      public Rabbit() { setName("兔子"); }//给线程赋名称
36      public void running() {     //重写running方法，编写兔子跑步操作
37          double dist = 3;
38          length -=dist;
39          if(length<=0) {
40              length=0;
41              System.out.println("兔子先跑到终点，获得了胜利");
42              //给回调函数赋值，通知乌龟不要跑了
43              if(letOtherStop !=null) { letOtherStop.win(); }
44          }
45          else
46              System.out.println("兔子跑了 "+dist+" 米，距离终点还有 " + (int)length +" 米");
47          if(length%2==0) { //每跑两次，休息10秒
48              try {
49                  sleep(12000);
50              }catch(InterruptedException e) {
51                  e.printStackTrace();
52              }
53          }
54      }
```

```java
55  }
56  public class Race implements Animal.LetOtherStop{
57      Animal animal;      //动物对象
58      public Race(Animal animal) { this.animal = animal; }
59      public void win() { animal.stop(); }//让动物的线程停止
60      public static void main(String[] args) {
61          Tortoise tortoise = new Tortoise();    //实例化一只乌龟
62          Rabbit rabbit = new Rabbit();          //实例化一只兔子
63          //回调方法的使用，谁先调用 letOtherStop，另一只就不跑了
64          Race tortoiseRacer = new Race(tortoise);
65          //兔子的回调方法里面存在乌龟的值可以把乌龟线程 stop
66          rabbit.letOtherStop= tortoiseRacer;
67          Race rabbitRacer = new Race(rabbit);
68          //乌龟的回调方法里面存在乌龟的值可以把兔子线程 stop
69          tortoise.letOtherStop=rabbitRacer;
70          tortoise.start();
71          rabbit.start();
72      }
73  }
```

运行结果

乌龟跑了 1.0 米，距离终点还有 19 米

兔子跑了 3.0 米，距离终点还有 17 米

兔子跑了 3.0 米，距离终点还有 14 米

乌龟跑了 1.0 米，距离终点还有 18 米

……

乌龟跑了 1.0 米，距离终点还有 1 米

乌龟获得了胜利

程序说明

虽然乌龟每一步跑的距离很短，但它 sleep 的时间少，因此相对于兔子而言，乌龟跑动的次数更多，从而赢得了比赛。另外，多线程通信使用了回调，读者可查找相关资料了解。

自测与思考

一、自测题

1. 下列说法中错误的一项是_____。
   A. 线程就是程序
   B. 线程是一个程序的单个执行流
   C. 多线程指一个程序的多个执行流
   D. 多线程用于实现并发

2. 下列方法中，可以用来创建并启动一个新线程的是_____。
   A. 实现 java.lang.Runnable 接口，重写 start 方法，并调用 run 方法
   B. 实现 java.lang.Runnable 接口，重写 run 方法，并调用 start 方法

C. 实现 java.lang.Thread 类，重写 run 方法，并调用 start 方法

D. 实现 java.lang.Thread 类，重写 start 方法，并调用 start 方法

3. 下列关于线程优先级的说法中，正确的是_____。

A. 线程的优先级是不能改变的

B. 线程的优先级是在创建线程时设置的

C. 创建线程后，任何时候都可以设置

D. 程序执行过程中自动设置

4. 如果线程正处于运行状态，则它可能到达的下一个状态是_____。

A. 终止状态

B. 阻塞状态或终止状态

C. 可运行状态，阻塞状态或终止状态

D. 其他所有状态

5. 下列关于 Thread 类提供的线程控制方法的说法中，错误的一项是_____。

A. 在线程 A 中执行线程 B 的 join 方法，则线程 A 等待直到 B 执行完成

B. 线程 A 通过调用 interrupt 方法来中断其阻塞状态

C. 若线程 A 调用方法 isAlive 返回值为 true，则说明 A 正在执行中

D. currentThread 方法返回当前线程的引用

6. 用如下代码创建一个新线程并启动线程，下面选项中，可以保证这段代码能够通过编译并成功创建 target 对象的是_____。

```
public static void main(String[] args) {
    Runnable target=new MyRunnable( );
    Thread myThread=new Thread(target);
}
```

A. public class MyRunnable extends Runnable { public void run( ) { } }

B. public class MyRunnable extends Runnable { void run( ) { } }

C. public class MyRunnable implements Runnable { public void run( ) { } }

D. public class MyRunnable implements Runnable { void run( ) { } }

7. 现有下列程序，下列选项中，正确的是_____。

```
public class Test {
    public static void main(String[] args) {
    MyThread2 t1 = new MyThread2();
    Thread t2 = new Thread(new MyThread2());
    t2.start();
    }
}
class MyThread2 implements  Runnable  {
    public void run() { System.out.println("ok"); }
}
```

A. JVM 认为这个应用程序共有两个线程

B. JVM 认为这个应用程序只有一个主线程

C. JVM 认为这个应用程序只有一个 Thread 子线程

D. 程序有编译错误，无法运行

8. 在多个线程访问同一个资源时，可以使用_____关键字来实现线程同步，保证对资源安全访问。
   A. synchronized   B. transient   C. static   D. yield
9. 以下关于线程通信的说法中，错误的是_____。
   A. 可以调用 wait()、notify()、notifyAll()3 个方法实现线程通信
   B. wait()、notify()、notifyAll()必须在 synchronized 方法或代码块中使用
   C. wait()有多个重载的方法，可以指定等待的时间
   D. wait()、notify()、notifyAll()是 Object 类提供的方法，子类可以重写
10. 线程通过_____方法可以休眠一段时间，然后恢复运行。
    A. run()   B. setPrority()   C. yield()   D. sleep()

二、思考题

1. 简述程序、进程和线程的概念。
2. 简述线程的生命周期和状态。线程的生命周期中，各状态之间是如何转换的？
3. 实现多线程的方式有哪些？
4. 线程调度的原则是什么？为什么要定义线程优先级？定义线程优先级的作用是什么？
5. 什么是线程同步？为何以及如何实现线程同步？

第 11 章自测题解析

参考文献

［1］Bruce Eckel. Java 编程思想[M]. 4 版. 陈昊鹏，译. 北京：机械工业出版社，2007.

［2］凯 S.雷斯特曼. Java 核心技术卷 I[M]. 周立新，陈波，叶乃文，等译. 北京：机械工业出版社，2017.

［3］赫伯特·希尔德特. Java 9 编程参考官方大全[M]. 10 版. 吕争，李周芳，译. 北京：清华大学出版社，2018.

［4］K.Sierra，B.Bates. Head First Java[M]. 2nd Edition. O'Reilly，2005.

［5］Ivor Horton. Java 7 入门经典[M]. 梁峰，译. 北京：清华大学出版社，2012.

［6］普运伟，王建华. Java 程序设计[M]. 北京：高等教育出版社，2013.

［7］强彦，赵涓涓，蔡星娟，等. Java 编程基础及应用[M]. 北京：高等教育出版社，2015.

［8］耿祥义，张跃平. Java 2 实用教程[M]. 5 版. 北京：清华大学出版社，2017.

［9］李兴华，马云涛. 第一行代码 Java[M]. 北京：人民邮电出版社，2017.

［10］郎波. Java 语言程序设计[M]. 3 版. 北京：清华大学出版社，2016.

［11］龚炳江，文志诚，高建国. Java 程序设计（慕课版）[M]. 北京：人民邮电出版社，2016.

［12］刘宝林，胡博，谢锋波. Java 程序设计[M]. 2 版. 北京：高等教育出版社，2011.

［13］肖磊，李钟尉. Java 实用教程[M]. 北京：人民邮电出版社，2008.

［14］魔乐科技软件实训中心. Java 从入门到精通[M]. 北京：人民邮电出版社，2010.

［15］林信良. Java 学习笔记[M]. 北京：清华大学出版社，2012.

［16］常建功. 零基础学 Java[M]. 3 版. 北京：机械工业出版社，2012.

［17］刘慧宁. Java 程序设计[M]. 北京：机械工业出版社，2009.

［18］柳西玲，许斌. Java 语言程序设计基础[M]. 北京：清华大学出版社，2008.

［19］李刚. 疯狂 Java 讲义[M]. 北京：电子工业出版社，2008.

［20］叶核亚. Java 程序设计实用教程[M]. 3 版. 北京：电子工业出版社，2010.

［21］杨树林，胡洁萍. Java 语言最新实用案例教程[M]. 2 版. 北京：清华大学出版社，2010.

［22］杨万扣，温冬伟. 二级 Java[M]. 北京：电子工业出版社，2012.